用 WordPress 打造賺錢副業！

跟著帶路姬不用寫程式就能輕鬆架站，成為自媒體經營者

網站帶路姬・著

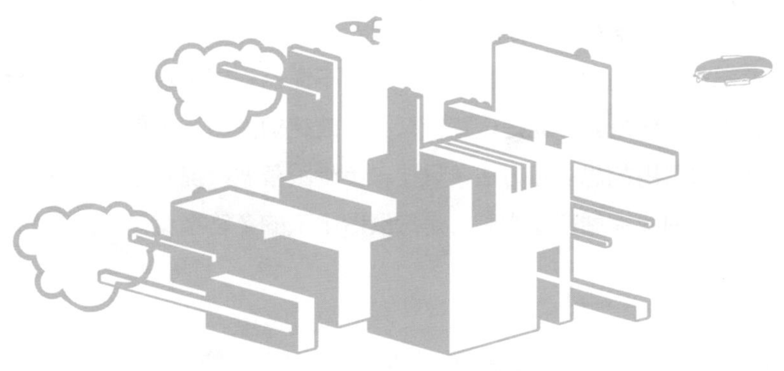

⊙ 小坪數・輕盈小日子

架設一個部落格並開始經營自媒體，是我近年來做過最美好的決定之一。

初次架站就與帶路姬Erin老師的教學內容相遇，是我的幸運。老師精選出架站必要步驟，降低了學習難度，並搭配實際操作畫面和詳細講解，讓初學者能無負擔地順著流程學習。

幾天時間內，我也順利架設出常被網友誇讚漂亮的網站，現在我依然享受著部落格帶給我的驚喜和成長，由衷推薦大家加入這個有趣的旅程！

⊙ 牧羊妮的Notion人生管理術

終於！有一本幫你從零開始打造個人網站的寶典！

還記得當初在創建品牌官網時，苦於不懂寫程式，也沒有預算外包團隊架設，正不知如何是好，就是帶路姬幫我打破這個困境！淺顯易懂的教學方式，精挑細選最實用的思維和方法，只要一步步跟著做，擁有自己的網站真的不是夢！許多人問我網站這麼漂亮，是怎麼做出來的？答案就是：跟帶路姬學準沒錯。

⊙ 林人青ReOpen中年女子日常

以圖文作為主要自媒體經營，WordPress自架站最適合，雖然建構相對簡便，過程還是有不少門檻和細節，很容易卡關，好在遇到網站帶路姬Erin無私又詳細的教學，貼近素人角度口語化說明、理解無障礙，跟著步驟操作短短一週就能將網站從無到有完成上線，真的很有成就感！現在將教學內容更有系統地集結成書，絕對是WordPress架站、經營的秘笈寶典，值得收藏！

⊙ 林長揚: 簡報技巧｜教學技巧｜懶人包製作｜閱讀筆記

我當初要架設個人網站時，在網路上搜尋了非常多資料，但依然架不出來。為什麼？因為大多數資料有著太多的專有名詞，雖然每個字拆開我都看得懂，但組合起來就像天書一樣。

所以看到網站帶路姬的教學時，就好像在沙漠看到綠洲一樣。藉著帶路姬平易近人又仔細的步驟，我的個人網站順利完成，也讓更多人能接觸到我。

因此如果你也想要有自己的自媒體網站，我相信網站帶路姬的這本新書一定能幫上你的忙，快入手閱讀，展開你的架站之旅吧！

⊙ 微笑娃生活旅行

身為創作者的微笑娃透過自學架部落格網站，在學習的路上因為有帶路姬的無私分享、簡單且有步驟的教學，讓初學的我才能夠更快上手，想自學自媒體第一站千萬不要錯過。

⊙ 鱷魚愛月亮

疫情改變了世界，你呢？改變了什麼？因為親人的離開那種遺憾，久久無法釋懷，於是起心動念，興起那就把心情記錄下來吧！當作人生的筆記本。

一開始，我試了最多人推薦的痞客邦，隨之而來的是廣告鋪天蓋地，不想出現廣告還要付錢，沒辦法寄人籬下只能配合，後來換到Blogger，介面簡單，寫著寫著，想要做一個分類的樹狀圖，或是加個特效，才發現事情沒有那麼簡單，沒有理科背景的我根本在看無字天書。

自己架一個網站最一勞永逸，當時心想有這麼簡單嗎？這時我找到了網站帶路姬的網站，標榜用五天下班時間學會架站，邊懷疑邊想，可能嗎？我這理科白癡，那就試試看吧！老師的教學超詳細，一看就欲罷不能，試著跟著帶路姬一步一步的買主機，買佈景主題，一點一滴的架好自己的網站，當文章一篇篇的貼上去，好像有那個樣子了呢！超級開心。

架好自己的網站後，才後悔，應該早早這麼作了，前面浪費了太多時間，找對老師可以事半功倍！

網站帶路姬的教學相當有條理，讓不懂程式的人也能無痛上手，期待老師的新書，能夠陪伴不懂程式的架站新手，順利踏上架站之路。

- 自序 -　網站帶路姬

在這個網路資訊爆炸的時代，網站技術的快速發展和社群媒體的崛起，都為我們提供了一個嶄新的舞台：自媒體。這個舞台對我們來說，既是一個分享想法和故事的平台，也是一種能夠帶來被動收入，實現時間和財富自由的副業機會。然而，為了能夠有效地在這個舞台上展現自己，因此需要掌握一定的知識和技能。

WordPress就是我們的鑰匙，為不懂程式的人打開了網站設計的大門。利用WordPress，這個全球最受歡迎的架站工具，完全不需要寫程式，只要透過簡單的操作，就像寫電子郵件一樣能輕鬆地撰寫內容，並使用佈景主題和外掛來改變網站的外觀和功能。當我們將這個網站視為自媒體的中心，再串接各個社群媒體，就能將內容效益最大化，同時保留內容與介面的完全控制權，不再被任何第三方的平台綁架。

然而，新手站長在創建網站時，往往會面臨許多困難和挑戰。例如，如何制定一個有效的企劃？如何維護網站以確保其持續運作？如何提升網站的搜尋排名以吸引更多的訪客？如何客製化網站風格，但不會越改越醜？以及最重要的，如何利用網站帶來收益等？在面對這些問題時，是需要有人來指引方向，提供有效的解決方案，也就是我為什麼決定寫這本書的原因。我希望能夠結合自己過去十幾年的架站經驗，以及花費數十萬元才獲得的各種佈景主題和外掛的使用心得，為你提供一本深入淺出的自媒體指南。

本書從使用者介面設計師的角度，逐步指導你制定一個符合人性化的企劃，用最短的時間做出最可能貼近目標的網站。並非以工程師的角度來教你架站，而是篩選出適合新手的知識，把抽象的觀念具體化，透過實際的案例、淺顯易懂的文字、視覺化的資訊圖表，以及各種示範截圖，帶著你輕鬆地把網站做出來。

本書還會解答新手的常見問題、分享新手常犯的錯誤、推薦許多高CP值的工具，以節省摸索的時間與減少卡關的機會，因為我衷心希望這本書不只是架站的指南，更重要的是觀念的分享與經驗的傳承。

做出一個WordPress網站雖然很簡單，但是使用不同的版本可能會造成操作的方式不同，本書統整出各種可能性，讓你不論是從哪個版本開始，都可以看得懂如何操作，而且搭配影片學習，更是不用擔心介面上的落差。

除了基礎知識外，本書也深入探討一些稍微進階的議題，像是網站壞了該怎麼辦？如何應對WordPress最新的外觀編輯器的過渡期？SEO是否會因為AI的出現而改變？還有哪些外掛是新手最需要的？佈景主題該怎麼選？本書會將這些知識整合在一起，提供最全面、最實用的教學內容。

當你完成這本書的學習後，你將掌握「一人」經營「自媒體」的所有技巧，並且理解如何利用WordPress架站來創建一個能夠為自己帶來額外收入的副業。只要你持續努力，真誠地創造對讀者有價值的內容，就能吸引更多的粉絲，提升網站流量，並且帶來源源不斷的收入。

最後，想特別謝謝悅知文化的支持與鼓勵，耐心陪伴我這個蠟燭多頭燒的二寶媽，在經營網站與社團、為客戶架站、照顧家庭之外，努力擠出時間寫書，完成了這項不可能的任務，希望這本書能夠成為各位在自媒體創業之路上的信賴夥伴，幫助你發光發熱，成為自媒體界的明日之星！

contents

chapter 04

輕鬆架站的五天課程：適合新手的 WordPress 架站流程 101

contents

善用WordPress架站，一手打造自媒體事業

經營自媒體不僅可以提升自我，還能幫助別人，同時又能取得工作與生活的平衡。用最低的成本小型創業，拓展人際關係，造就關乎一輩子的個人品牌事業。這是網路資訊時代，通往財富自由與時間自由的起點。

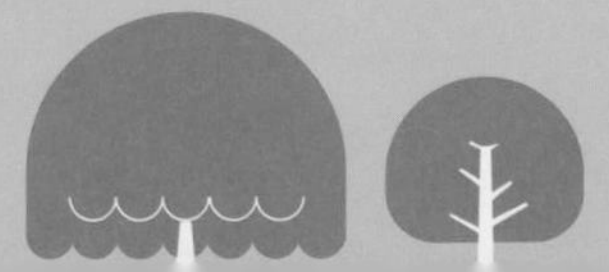

1-1 為什麼要經營自媒體？

什麼是自媒體呢？就字面上的意思來說，就是讓「自己」成為一個傳播資訊的媒介。

在早期年代，大家習慣用報章雜誌、電視廣播來傳遞資訊，除非本身是在媒體業上班，大部分的人都只能被動的接收訊息，無法主動發送資訊。

直到網路開始普及，尤其在2004～2006年間，出現了不少的社群平台與架站工具，像是Facebook、Twitter、YouTube和WordPress等，讓媒體業以外的人們，都有主動發聲的管道，聲量高的地方便開始聚集人流，漸漸地形成網路上的各個媒體中心，自媒體也正式出現。

1-1-1 滿足自我高層次心理需求，提升生活品質

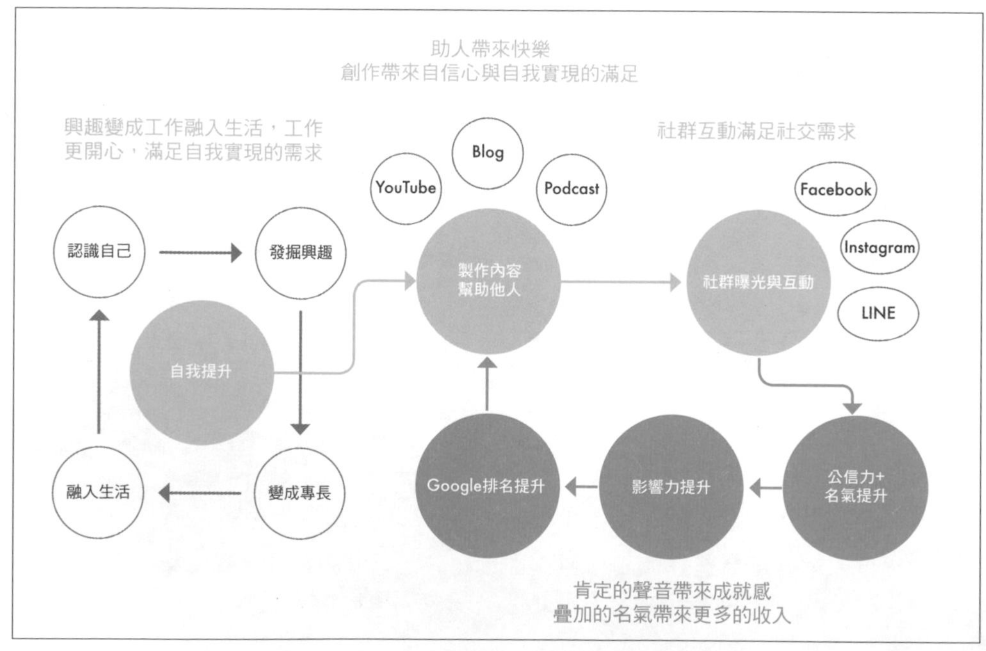

圖1-1：自媒體的成長正循環。

心理學家馬斯洛（Abraham Maslow）曾於1954年提出需求層次理論，指出人類的需求是有層次的，當基本的生理需求與安全需求都被滿足後，進而追求社交需求、尊重需求、自我實現需求，以及超自我實現需求，當以上需求皆被滿足時，人類才會感到生活品質提高、身心靈更為健康、充滿幸福、獲得滿滿的成就感等。

而經營自媒體，正是一份能夠讓人滿足各種高層次心理需求的工作，非常符合人類的本能，因此，讓人可以很自然地上手，並且從中獲得各種好處，例如：

◉**了解自己的潛能：**經營自媒體時，要發掘自己的興趣、把興趣變成專長、把專長融入工作與生活，讓自己充分發揮，有種自我實現的滿足感。

◉**拓展人際關係：**因為自媒體的內容會分享至各大社群媒體，與粉絲交流互動，技能幫助大家，又能拓展自己的視野，滿足社交的需求。

◉**獲得成就感：**累積了不少忠實粉絲後，名氣、公信力與影響力都逐漸提升，也獲得眾人的尊重，也滿足了自己對尊重的需求。

◉**全然的工作自主權：**經營自媒體時，可以自己決定接受哪些工作、如何安排時程、與誰交際應酬等，只要安排得宜，會比傳統上班族更容易達到工作與生活的平衡，進而提升生活品質。

以「WordPress網站帶路姬」為例，雖然部落格已經邁入第六年，但我仍不停的學習更多的知識與技能、持續產出內容來幫助更多的人、每天到Facebook社團回答學員的問題、學習管理時間、督促自己維持正常作息。每天都過得忙碌，但是可以把時間的主控權拿回來，不用配合公司的制式時間，也不用看老闆的臉色休假，對我的生活品質和家庭關係都有很大的幫助，是我感到最幸福的事！我真的很開心當初做了這個決定，開始經營自媒體，也相信自己會一直持續下去。

你不妨也思考看看，這樣的生活是不是你嚮往的呢？如果是的話，這本書將會引導著你，一步步邁向這樣的生活。

1-1-2挑戰個人創業的可能性，增加主被動收入

每個人都希望自己可以過上最好的生活，有錢又有閒，為了達到這些目標，許多人選擇創業當老闆，然而，當創業涉及招募員工、製作產品時，培育時間與研發費用成本會很高，風險也相對增加，對一般的上班族來說，根本是遙不可及的夢，所以遲遲不敢跨出第一步。

經營自媒體時，自己就是老闆，初期也不會有其他員工，一人公司所花費的時間與金錢的成本當然就低，而且完全掌控在自己手裡，風險相對較小，對一般上班族來說，門檻較低，因此，經營自媒體成為許多想創業的人，優先考慮的一條路。

可是，多數人還是躊躇不前，因為擔心收入不如預期，或是無法超越目前薪資。其實，在無邊無際的網路世界中，自媒體的觸及對象是無法計數的各種人！相較於領固定薪資的上班族，服務範圍有限，收入當然也受到限制；但在經營自媒體時，服務的對象是無限，也增加了遇到貴人的機會，收入也會有無限可能。如果擔心初期名氣不夠、收入不多，可以採取斜槓方式，先以副業來經營，只要用心持續下去，人人都有機會累積有質量的粉絲、聚集有共同目的的人流，也可能帶來相對應的收入，而且隨著名氣越高、影響力越大，收入的來源也越多，就越有機會超過原本薪資，進而辭職當老闆，全職經營自媒體。

再次以「WordPress網站帶路姬」為例，我在2018年5月開始經營，最初的半年，幾乎是一週產出約三篇文章，並且將文章同步發佈到Facebook粉絲專

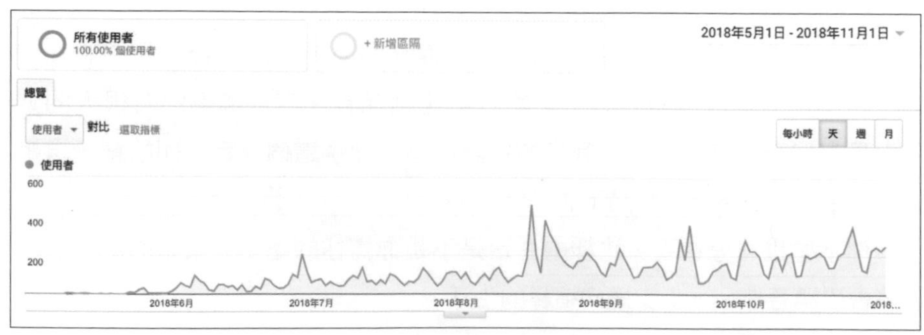

圖1-2：前三個月的平均日流量只有29人。

頁，以期望帶來流量，可是，前三個月的平均日流量只有29人，完全沒有收入。直到第四月～第六個月時，平均日流量上升到了100人左右，平均月收入則上升到了新台幣5000元左右，半年後才開始破萬，接著就逐步穩定上升。還記得第一年時，因為部落格的收入還很少，需要兼職接網頁設計的案子，才能有足夠的收入；一、兩年後，收入開始超過原本在科技公司上班時的收入，才放心的轉換成全職經營。

每個部落格的經營主軸不同，經營者的個人特質也不同，自媒體成長的曲線當然也會不一樣，但只要你願意開始，我會分享自身的經驗，包含如何擬定自媒體企劃、如何經營WordPress部落格、以及增加各種主被動收入的方式，將幫助你更有效率的建立你的自媒體王國，儘早開始獲得主被動收入。

1-1-3 拓展人際關係

經營自媒體的過程中，乍看好像是只有自己對外，其實，有非常多的機會與讀者互動，增加認識新朋友的機會，像是：網站文章下方，會有讀者留言分享心得；Facebook粉絲專頁的貼文，也會有粉絲來回覆；Facebook社團中有同好交流討論；各大社群平台，都有留言討論的地方；網站中的「聯絡我們」表單，也會有粉絲來信交流；舉辦各種線上線下活動時，可以直接面對自己的粉絲。

我在經營「WordPress網站帶路姬」時，也認識了各行各業的朋友，例如醫生、律師、廣播主持人、知名作家、精油商、咖啡商、占卜師、服裝印製商、清潔服務商、旅遊嚮導、美食專家、民宿經營者等，大部分住在台灣的各個角落，少部分住在香港、德國、泰國、馬來西亞、新加坡、美國等世界各地。如果沒有經營自媒體，應該無法短短幾年內，認識這麼多各路好友，真的是件很奇妙的事。

可見經營自媒體，不僅能幫助自己拓展人脈，也會帶來有助於私生活與工作上的資源和機會，如果你是一個喜歡認識新朋友的人，肯定會喜歡自媒體的這個優點。

1-1-4造就一輩子的個人品牌事業

股神巴菲特曾說，人生就像滾雪球，而影響雪球大小的因素有二：夠長的坡道和充足的雪量，隨著雪球越滾越大，投資成果也越來越豐碩。經營自媒體也是相同的道理，經營自媒體時，因為滿足了各種心理需求，不知不覺中就經營了很長的時間，甚至可能是一輩子！只要加上自己持續的努力，就有機會累積越來越多的粉絲與聲量，最後漸漸邁向財富自由。

不妨可以觀察生活周遭的自媒體經營者，像是資深作家吳淡如，她於1986年出版第一本書，至今已經累積超過三十七年的資歷，從傳統媒體時期發跡，到後來搭上網路崛起的順風車，現在她的Facebook粉絲專頁已擁有超過36萬的追蹤者，電視廣播、YouTube與Podcast都常看到她的身影，她只要在Facebook寫篇貼文，就能發揮其影響力，號召粉絲到她的網站購物，是一個很具代表性的自媒體經營範例。

知名網路作家九把刀，於2000年初開始在網路上創作，後來出書、執筆寫劇本、執導電影，成為作家兼導演，累積了高知名度後，現在的他也擁有自己的網站，不時發佈與自身相關的新聞，Facebook粉絲專頁更是累積了超過138萬的粉絲，發佈的貼文產生的影響力當然很大，這些發佈管道，在我來看，也是一種自媒體的經營。

另一個知名案例就是林氏璧夫婦所經營的部落格：「林氏璧和美狐團三狐的小天地」，根據網站上的資料顯示，他們從2007年於痞客邦開始寫作，2013年決定獨立架設WordPress部落格，專門提供日本的旅遊資訊，十年來已經累積破億點閱量；並且於2010年建立了Facebook粉絲專頁「日本自助旅遊中毒者」，至今已累積超過102萬的追蹤者；還建立了Facebook社團，也累積了超過63萬的社團成員，這些都讓他們成為了名副其實的自媒體，在日本自助旅遊的市場中，發揮非常大的影響力。

上述三個案例，雖然起始的方式不盡相同，最終都因為網路的崛起，使得他們走向自媒體之路，在各個領域嶄露頭角。由於現在的WordPress已經十分完善，自架網站已非遙不可及的夢想，任何人都能製作自己的部落格，並且對外發聲。只要規劃得當，並且堅持下去，每個人都有機會享受這段經營過程，都有可能成為下一個知名的自媒體，創造可觀的財富。

根據美國知名大數據網站Similarweb的分析，Google光在2022年6月單月就有高達853億次的拜訪量，Google每天要處理85億次的搜尋，每一次的搜尋都代表著無數網站與YouTube影片的曝光，這表示自媒體確實仍然持續成長著。根據美國知名「影響力行銷研究」網站的調查報告，預計在2022年，有75%的行銷人員打算把預算花在帶有影響力的網紅身上，並且預估全球已經有超過5000萬的內容創作者，越來越多人知道自媒體可能帶來收益，紛紛爭相投入，但對比歐美國家來説，華人世界還有很多的成長空間，種一棵樹最好的時間是十年前，其次是現在！現在開始真的還不算晚，開始了之後你只會後悔怎麼沒早點開始。

1-2 平台這麼多，為什麼要從自架網站開始？

現今的內容輸出與社群分享的平台很多，到底要選哪一個來作為首要的平台呢？每個平台的特質都不同，建議你這個老闆兼員工，可以做一次全面性的工作檢視，填寫下列自我審視表，將會有助於選擇更適合自己的工作平台，在此附上我的回答，可以讓你們好好的思考：

Ⓠ1.你有多少時間可以工作？

Ⓐ回答：起初自己在經營自媒體時，一邊在家接網頁設計的案子，一邊陪伴一歲多的孩子，因為有親友協助，讓我每天平均有五小時左右的時間在自媒體上。基本上，一天的時間因為孩子的關係被切分得十分零碎。

Ⓠ2.你具備了什麼能力：寫作？繪圖？拍影片？剪輯影片？英文？

Ⓐ回答：具有設計、繪圖、英文的能力。

Ⓠ3.你是否有與多媒體相關的設備？像是專業相機？專業麥克風？網站主機？

Ⓐ回答：經營自媒體前，我沒有多媒體相關的設備，只有用iPhone錄影；經營自媒體大約半年後，才購入一個專業麥克風和一個網美燈。

Ⓠ4.你打算花多少錢來創業？

Ⓐ回答：經營自媒體的第一年，希望網站的速度可以快一些，所以選擇了Cloudways的主機空間，再加上網域及佈景主題的費用，總共約一萬元左右。

接著，就以「平台特色與花費時間」、「關於技術門檻與成本開銷」、「關於持久曝光度」、「關於SEO掌控度」、「關於累積信任度」、「思考第三方平台的風險」、「關於搜集名單與Email行銷」、「關於收入來源與多寡」，來思考哪一個平台較適合踏入個人事業的第一步。

	YouTube	Blog	Podcast	Facebook	Instagram
平台類型	高質量內容平台	高質量內容平台	高質量內容平台	分享交流平台	分享交流平台
內容擁有者	第三方平台	第三方平台／自架站	第三方平台	第三方平台	第三方平台
時間花費	最多	多	多	少	少
技術門檻	最高	中	次高	低	低
花費成本	最高	中	次高	低	低
持久曝光	久	最久	久	短	短
累積信任度	高	高	高	低	低
SEO掌控	高	高	中	低	低
內容類型	影片	長文章	聲音	短文為主、照片影片為輔、長文會被截斷	短文為主、照片影片為輔、長文會被截斷
搜集名單與主動聯繫	無法	可以	無法	無法	無法
收入來源	多	多	多	少	少
收入	最高	高	高	低	低

表1-1：自媒體平台經營門檻比較。

1-2-1 關於平台特色與花費時間

在比較這些平台時，我第一個確認的是，會花費自己多少時間？上天是公平的，每個人都是一天24小時的時間，其中必須扣掉約8小時的睡眠、約3小時的吃飯，就只剩下約13個小時拿來分配，該分配多少時間在工作上，端看你對生活中各種面向的優先順序了。

1960年代，有位美國早期的生活教練Paul J. Meyer，曾提出可以透過「生活平衡輪（Wheel of life）」來幫助自己評估生活現況，提高自我意識，增加動力去做出改變，創造充實的生活。生活之輪將生活主要分成八個類別：個人成長、精神心靈、健康、家庭感情、財務、人際社交、事業與社會貢獻。不妨可先多花一點時間在自己的平衡輪上，有效釐清在進入自媒體後，有多少時間可以用來提升自我、製作內容輸出、與到社群交流分享。

以這五個自媒體平台來說，以內容主軸來說分成兩大類：一是以分享高質量的內容為主軸的平台，如YouTube、部落格和Podcast，只是內容的呈現方式不同，YouTube是以影片為主，而部落格以文字為主、圖片影片為輔，Podcast則是以聲音為主，這些平台適合放置較長且完整的資訊；二是社群分享交流的平台，如Facebook與Instagram，由於是以社群分享為主要目的，瀏覽者通常快速滑過每則貼文，它們的介面與互動設計比較不利於長文與長時間的閱讀，因此，較適合放置短貼文搭配圖片或短影片，來推廣高質量內容、推廣品牌、推廣商品，或是與粉絲互動等。

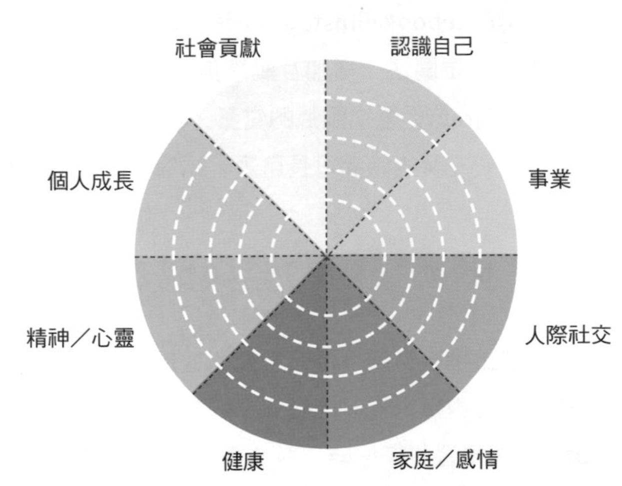

圖1-3：生活平衡輪的模板。

只要是以高質量內容為主的平台，表

示其產出的內容是需要花費很多的時間搜集資料、內化成自己的想法、再進行文字的輸出，成為基礎的內容素材。之後，再進一步轉化這些文字素材，以不同的媒介來傳達資訊，例如：

◉**製成YouTube影片**：需要另外撰寫逐字稿、錄製影片、剪輯影片、輸出影片、上傳到YouTube、並且在YouTube上編輯影片資訊等，以一個新手來說，從準備到完成，上架一支影片需要花40個小時以上。

◉**製成Podcast音檔**：需要另外撰寫逐字稿、錄製聲音、剪輯與混音、檔案輸出、上傳到平台後編輯相關資訊，以新手來說，從準備到完成，一集30分鐘的Podcast可能要花20個小時以上。

◉**部落格文章**：不受地點限制，任何時間地點，都可以進行寫作，只要在網站後台，新增一篇文章、加上相關圖片、設定文章分類等等，從準備到完成，一篇文章通常只需要花10小時以內。

選擇Facebook和Instagram社群分享平台時，最好搭配高質量的內容平台一同經營，像是個人網站或部落格，更能達到相輔相成的效果。千萬不要只在Facebook拼命撰寫長文，當作部落格在經營，不僅風險大、又無法達到最大的效益，詳細原因會在之後「思考第三方平台的風險」的段落做更深入的說明。

經營Facebook和Instagram時，大部分的時間會耗費在思考、設計與製作出能受到群眾關注、增加互動率與分享率的貼文、以及即時與粉絲互動。此外，Instagram更重視圖片的質量，該如何設計出搶眼的圖片十分重要。這兩個平台需要花費的時間可長可短，端看作者的經營風格。

1-2-2 關於技術門檻與成本開銷

上述五個自媒體平台，技術門檻最高的就屬YouTube了，多數人都沒學過錄影、影片剪輯，所以得額外花好幾個月去學習AfterEffects、Premiere、Final Cut Pro等學習曲線很陡（並非兩三個小時就能學會）的剪輯軟體。這些軟體成本高，以After Effects和Premiere來說，每個月的費用約新台幣1000元左右，更不用說還需要買專業的電腦、相機、手機穩定器、燈光、題詞機、聲音素

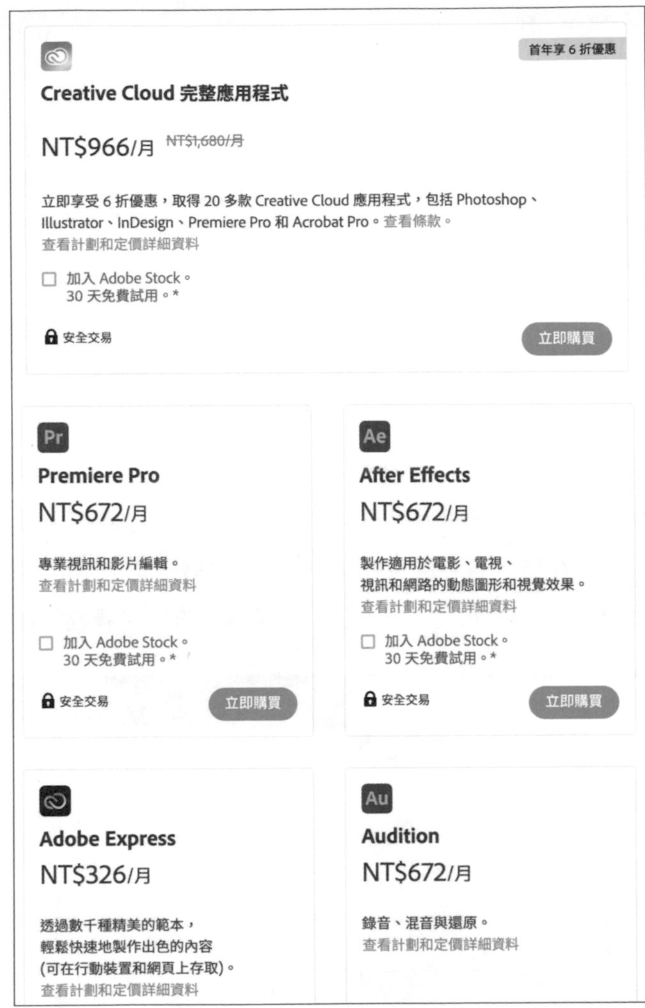

圖1-4：Adobe的影音相關軟體與費用。

材等，就算自己一個人初期什麼都從簡，還是要花好幾萬元。除此之外，大部分的YouTuber是需要面對鏡頭說話的，不是人人都天生對此感到自在，是需要長時間的練習，才能讓影片看起來比較自然。

門檻第二高的就是Podcast，是需要花時間學習軟體來剪輯聲音與混音，常見的像是Audacity（免費）、Garage Band（Mac/iOS 免費）、Adobe Audition（每個月新台幣672元）等，並且需要購入專業的麥克風，總花費大約是數千到數萬元不等。製作Podcast時，內容有深度只是基本，最難的地方在於「口條」與「音質」的訓練，如何讓聲音更有魅力，才能吸引聽眾訂閱與持續收聽。

就部落格來說，可分成由第三方平台架設的平台，如痞客邦或Medium等，以及自架平台，如WordPress。不論選擇哪一種部落格，都不需要寫程式，內容的產出都只需要打字和插入圖片就好，遠比YouTube和Padcast簡單得多，連花費也省下許多。

可是，使用WordPress自架網站的技術門檻會比使用第三方平台架站來得高一些，需要花幾個小時的時間學習，一旦製作完成，就有超多好處勝過第三方平台，像是：外觀可以完全客製化、不會有平台強加的蓋版廣告、對SEO的掌控度更高（有利於Google排名）、功能彈性也大（可以透過外掛延伸各種功能）、品牌辨識度更明確、網站流量留在自己家等。

就花費來說，自架WordPress網站需要主機空間與網域的費用，最低約一年新台幣1200元起，儲存空間是無限制的，相較於其他第三方平台，雖然提

	使用第三方平台架站	自架 WordPress 部落格
網站擁有者	第三方平台	自己
時間花費	少	需數小時入門
技術門檻	低	需一點學習（但不用寫程式）
花費成本	痞客邦：每年0～5000元 Medium：免費	最低一年1200元起
站內廣告	平台掌控	自己掌控
SEO掌控度	低	高
功能彈性	低	高
自訂網址	痞客邦：可付費自訂 Medium：不穩定開放	可自訂
客製化外觀程度	低	高
利於品牌經營	低	高
最大風險	承受平台停止服務的風險	可備份、自己決定網站的未來
網站流量	在第三方平台上，搬家時，Google排名可能重來	網站流量與客戶名單均在自己手上

表1-2：第三方平台架站與WordPress架站比較。

供免費帳號，但是需要花更多錢來購買儲存空間與解鎖限制，有時甚至會超過新台幣1200元，更多關於WordPress架站的預算細節，之後會在3-5做進一步的說明。

最重要的是，若你是選擇自架WordPress網站，就不用擔心第三方平台無預警倒閉，讓辛苦經營的自媒體付之一炬。

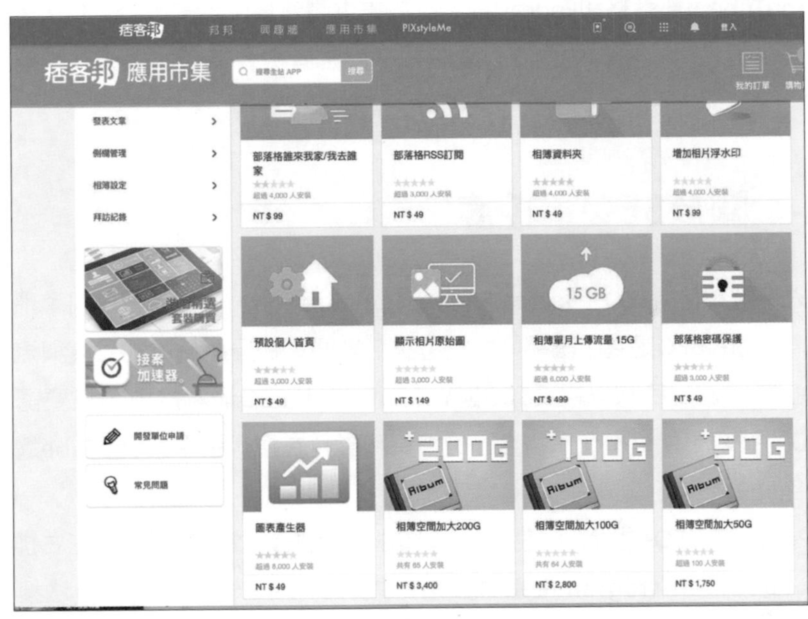

圖1-5：使用痞客邦需要花更多錢來解鎖各種功能。

相對而言，Facebook與Instagram的經營門檻與花費都低很多，畢竟用手機拍照上傳與編輯貼文，技術上並不困難，不過，會編輯是一回事，品牌是否成功、是否帶來收益，又是另一回事了。這兩個社群平台都需要花費更大量時間了解該平台的特質，針對不同的年齡層發布不同屬性的貼文，而Instagram又更加注重即時性的貼文及與粉絲互動等等。最近也發現它們的觸及率下降，為此，許多人還特地花錢上課學習，希望能提高觸及及轉換，門檻並沒有想像中的低。

1-2-3 關於持久曝光度

長期觀察下來，Facebook與Instagram的持久曝光度最差，大部分訪客在手機上快速瀏覽，一篇一篇地滑過，因此，停留在貼文的專注力與時間都極少，而且熱度也很短暫，除非再另行購買廣告曝光，否則難以觸及更多人。

YouTube、部落格和Podcast都是屬於提供高質量內容的平台，持久曝光度就會高出很多，只要你的內容質量越好，就越有機會持續的曝光在搜尋排名中。

1-2-4 關於SEO掌控度

先來解釋何謂SEO（Search Engine Optimization），此為搜尋引擎最佳化的簡寫，執行SEO是為了讓網站的搜尋排名變好，提升網站的能見度與流量，進而創造收益。目前以網頁SEO與YouTube影片SEO最為成熟，只要認真學習SEO的技巧，就有機會掌控自己的網頁和影片在搜尋引擎與YouTube網站上的排名。

Podcast在SEO方面尚不完整，可以掌控的地方比較少，較難以左右排名。而Facebook和Instagram在這方面則是最弱的，一方面Google無法搜尋到Facebook與Instagram的內容，導致很難出現在Google的搜尋結果中；另一方面，連在Facebook與Instagram裡搜尋內容也很有難度，貼文的出現完全是仰賴社群的熱度來決定，出現的順序與頻率都不在作者的掌控之中。

關於WordPress如何執行SEO，優化網站的搜尋排名，將會在5-4做進一步的說明。

1-2-5 關於累積信任度

由於YouTube、部落格和Podcast都是需要產出高質量的內容，若能持續且不間斷地分享，較容易提高粉絲的信任度與累積忠實粉絲。

相較之下，Facebook與Instagram比較適合用來與粉絲互動、產生向心力，但是對信任度不一定有幫助。Instagram更存在過多贊助貼文的問題，造成粉絲的信任度下降。

1-2-6 思考第三方平台的風險

在上述五個平台，只有部落格可以用WordPress自架的方式來製作，完全不寄託於任何第三方的平台之下，很多人都忽略了這個短期內看不出差別的問題，其實，寄人籬下存在非常大的風險：

- 2010年 MySpace 宣布終止服務。
- 2013年 Yahoo宣布終止奇摩部落格與無名小站的服務。
- 2018年 天空部落宣佈終止服務。
- 2019年 優仕網與樂多宣布終止服務。
- 2021年 探路客宣布終止服務。
- 2023年 Xuite隨意窩宣布終止服務。

當時數百萬的部落客心血全部付之一炬，甚至有人已經寫了十年的文章，也無法成功備份而全部化為烏有，不僅造成無法計算的數位資產損失，更在作者心目中留下無法彌補的遺憾。

因此，越來越多的使用者向我學習如何用WordPress架站，把部落格放在自己購買的網路空間上，定期自動備份，再也不用擔心被關閉的問題。

除此之外，就算這些第三方平台一直存在，短期內不會倒閉，卻還有另一個風險，就是無預警地封鎖帳號。每個平台的規則不同，檢舉機制也不同，過去就曾發生過知名商人，因為政治立場不同而被大量惡意檢舉，造成帳號被封鎖，經過努力爭取後，才好不容易解鎖帳號。

也因為看太多網路慘劇，誠心建議不要把辛苦製作的內容和好不容易累積的粉絲，全部放在第三方平台上，最好是以自架部落格為主，再分享到不同的社群平台上，藉此來分散風險會比較好。

1-2-7 關於搜集名單與Email行銷

就上述平台評比中，只有部落格是能夠讓訪客以較直覺的方式訂閱電子報的，藉此留著潛在客戶的名單，可用於未來的Email行銷。

留著客戶及粉絲名單對自媒體來說是十分重要的，那也是自己努力經營平台所得到的資產，不論未來是要銷售產品、推廣課程、介紹新服務等，都可以透過這些名單來聯繫他們。

若是在第三方的社群平台上，像是Facebook、Instagram、及YouTube，只能看到追蹤者的帳號，卻無法輕鬆匯出名單，也無法搜集他們的Email，如果有一天帳號無預警被停用，或是平台停止服務時，就完全無法聯繫這些粉絲，造成很大的損失。

1-2-8 關於收入來源與多寡

我相信大家在網路上，不難看到某某YouTuber訂閱數和月薪都破百萬的新聞，YouTube無疑是所有自媒體中，收入潛力最高的。不過，這也是該平台的門檻最高、成本最高的緣故。我並不算是專業的YouTuber，從錄影到剪輯與後製，全部都靠自學各種軟體，一段30分鐘的影片需要至少一天的時間來錄影，再花費一至兩天的時間來剪輯與後製，做出來的成果只能算是堪用而已，與專業剪輯師相比，仍有相當大的差距。如果想要成為專業的YouTuber，並擁有月入數十萬以上的收入，一個人的力量是蠻不切實際的，必須透過團隊的合作，例如加入剪輯師、燈光師等，才能持續穩定的產出影片，並且讓影片看起來吸引人、敘事流暢、腳本緊湊，進而讓人訂閱你的頻道，帶來穩定的流量與收入。

收入排名第二的，應該就是部落格了。因為部落格上的收入來源多元，例如廣告、聯盟行銷、廠商業配文、代購團購、推銷自己的服務、銷售商品、銷售課程等，想要月入數十萬是非常有可能的。

再來，就是Podcast。這個類型的平台是從2020年起，才在台灣有爆炸性的成長，有越來越多人利用通勤等零碎的時間收聽Podcast，有些訂閱數很高的Podcaster每集都有廠商贊助，每個月最高也是可以獲得數十萬的收入，但是相較於部落客，Podcast的收入來源比較單一。

至於Facebook與Instagram，比較常見的收入來源是廠商贊助貼文、聯盟行銷與團購仲介，如果單獨經營這兩個平台，而沒有搭配高質量的內容平台，比較難建立公信力，銷售商品就得靠長期的口碑相傳與客戶累積，大團媽有可能獲得月收十幾萬的收入，小團媽則可能月收數百元到幾千元不等。

1-2-9 總結

這些平台都有各自的優缺點，本書只是整理出參考值，畢竟每個自媒體都是獨特的，不過，可以確定的是，無論選擇了哪個平台，當你召集的粉絲數量越多、流量越大、影響力就會增強，帶來的收入也就越多。

不妨回頭檢視一開始提供的自我審視表，並且搭配生活平衡輪，仔細評估哪一個平台的特性，最符合你的興趣、最能融入到你的生活，將你的工作時間效益最大化，同時兼顧工作與生活的平衡。

如此一來，你的自媒體才能贏在起跑點，並且有機會長期經營下去，別忘了，努力是必要的，但是「持續的努力」更是關鍵！

不論你最後選擇哪一個平台，我還是強烈的建議，一定要建立一個部落格來作為主場，既然都要製作內容了，何不將這個內容先放在自己家，再以其他形式擴散出去。因為在部落格中，可以輕易嵌入YouTube影片與MP3音檔，透過文字與多媒體的穿插方式，就能建立一篇文章，就這樣持續累積內容，就能在Google搜尋引擎上獲得加分，在搜尋結果的排名也能提前，讓更多人看見。

每個第三方平台，可以放置的內容都是片段的，有的著重影片、有的著重圖片、有的著種聲音，而在自己的部落格中，可以全部囊括。不妨將第三方平台視為自己的分身，並透過這些分身認識不同的朋友，如果他們知道你有個本尊，就能隨時到網站認識完整的你。

最後，還是要宣傳一下用WordPress自架網站當作自媒體的起點的十大好處：

1.不需要寫程式。
2.它是在高質量內容平台中，花費時間、技術門檻和成本都最低的一個。
3.可以輕鬆嵌入影片、聲音等多媒體。
4.網站的外觀與功能都完全可以客製化。
5.比較容易透過自己的努力來掌控文章在搜尋引擎中的排名。
6.文章的持久曝光度高，不像社群平台的貼文，在熱度消退後就無法持續觸及新人。
7.比較容易建立粉絲的信任度、提升品牌公信力。
8.可以讓訪客輕鬆訂閱電子報，把客戶名單緊抓在自己手中。
9.以一個人的自媒體來説，收入的潛力最高。
10.自己是自媒體的唯一擁有者，不隸屬於任何一個第三方平台，方便隨時備份內容，也免於被封鎖帳號與被關站的風險。

準備好了嗎？接下來就讓我們一起來更深入的認識WordPress這個好玩的自架站工具吧！

全面解析 WordPress的強大優勢

上一章稍微介紹自架網站的好處，現在導入正題介紹 WordPress，熟悉 WordPress 的強大功能。很多人都會詢問，若是不懂寫程式真的可以架網站、成為自媒體經營者嗎？答案是可以的。

2-1 WordPress 的完整介紹

十幾年前，我已經在美國工作一段時間，是負責製作軟體介面與網站的「設計」（用Photoshop和Illustrator），還有前端程式的開發（HTML和CSS）。當時在製作網站時，會由我先設計好、切好版，再交給工程師用PHP程式做成網站。那時，好羨慕工程師可以把我畫的小貓咪（靜態網頁），變成會喵喵叫、愛撒嬌的動態貓咪（與訪客互動的動態網頁）。於是，買了Dreamweaver、PHP程式語言的書（都是英文版本），看得好吃力。結果，觀念是有了，但程式碼並非是我的強項，術業有專攻不是說假的，我怎麼可能專攻設計、又專攻程式，兩者實在都太深奧了！

就這樣摸索了好幾年，後來找到開源的CMS（Content Management System，內容管理系統），能幫助不懂程式的人做網站，就好像美少女夢工廠一樣，一秒鐘製作出可愛少女，可以裝扮成想要的模樣，根本像溺水者的浮木般，拯救了我這個拼了命想全都抓的人。於是開始嘗試不同的CMS，從Joomla到Drupal，到現在的WordPress，這三個都是全世界最受歡迎CMS。當我被Joomla和Drupal搞得暈頭轉向時，一旦用了WordPress就再也回不去了，連我這個做不出動態網頁的人，也搞懂它的邏輯了！

如果你和我一樣，不會寫PHP程式，但又想做出自己的網站，不妨就來使用WordPress，過去很多細節必須工程師來協助，現在只要點一個按鈕就搞定，真的很神奇！

根據WordPress官方網站的介紹，WordPress是一個可以讓任何人輕鬆建置美觀網站、部落格或App的開放原始碼軟體（內容管理系統）。

WordPress最早出現在2003年，是由美國的工程師Matt Mullenweg和英國的工程師Mike Little一起從b2/cafelog分支出來，最初是用來協助使用者建立自己的部落格，經過十幾年來的不斷開發與更新，現在的功能更加完善，甚至可以幫助任何不懂程式的人，都可以建立公司官網、購物網站、教學平台等各式各樣的網站，在還沒有WordPress這類的內容管理系統前，建置網站是一件門檻很高的事，因為網站是由程式碼所組成，唯有長時間學習程式碼的工程師，才能建立與管理網站。

在WordPress這類的內容管理系統出現後，網站不再只侷限於公開給大眾看的部分，同時提供管理內容的控制台，網站擁有者只要登入控制台，就可以修改網站的外觀、增加網站功能、以及管理網站的內容，不再需要撰寫程式。

市面上的內容管理系統非常多，WordPress是目前市佔比最大的，全世界有超過43%的網站都是由WordPress所架設，包含美國白宮、華特迪士尼公司、Facebook新聞中心、Vogue時尚雜誌、Sony音樂，以及多數名人也是選擇使用WordPress來架設網站。

WordPress之所以普及，除了它簡單易用外，還歸因於它是一個開放原始碼的軟體，任何人都可以到WordPress.org網站免費下載，可以看到其完整程式碼。創始人Matt Mullenweg希望以這樣的方式，聚集全世界眾多願意參與開發的志工們，一起交流與創作，激發更多的創意，製作出對全世界的人有幫助的軟體，讓更多人能輕鬆的建立網站，創造更美好的世界。

TIP **https://wordpress.org/showcase/**

在WordPress官網的Showcase展示網頁，展示很多世界上知名的企業與名人使用WordPress所架設的網站。

2-1-1 WordPress軟體的環境需求

WordPress雖然是免費的軟體，但它並不像一般軟體，下載安裝在電腦後就可以使用，相反的，它必須被安裝在「具有網頁伺服功能的電腦」才能順利運作。

具有網頁伺服功能的電腦：需要在工程師特別的配置下，讓電腦可以存放網頁、永遠開機、永遠連上網路，才能隨時提供網頁給網路上的人瀏覽。然而，幫家用電腦加上網頁伺服的功能並不容易，必須涉及相關專業知識，若是新手來配置會容易卡關，而且對電腦的效能規格要求也較高，一不小心就會讓網站暴露在被駭客入侵的風險中，這些種種都會讓新手在前置準備上困難重重，反而無法享受WordPress的便利，也無法好好地製作網站內容與經營自媒體。

因此，對於一般人來說，直接在網路上購買已經具備網頁伺服功能的電腦才是事半功倍的選擇，就能快速安裝WordPress軟體、直接架站，專心產出內容。

那麼，該如何購入已經具備網頁伺服功能的電腦呢？

網路上有銷售可以與他人共用的、遠端的、具備網頁伺服功能的電腦，因為沒有螢幕，只有電腦的主要核心機體，所以也常被叫做「主機（Hosting）」，也有人稱作「網站空間」，主機的種類很多，購買方式與衍生的費用都不同，將會在後面的章節再做詳細介紹。

TIP **關於技術上的環境需求細節，可以參考Tw.WordPress.org網站上的「環境需求」頁面。**

TIP **關於主機的費用，請參考3-5-2。**

TIP **關於如何購買主機，請參考4-2-1。**

2-1-2 WordPress.org與WordPress.com不一樣

很多新手在搜尋WordPress時，會發現這兩個網站：WordPress.com與WordPress.org，而它們是目的完全不一樣的網站。

前面曾提到過，WordPress是在2003年由Matt Mullenweg與Mike Little共同開發出來的，後來，WordPress逐漸演變出兩種變體：

☞ WordPress.org是WordPress這個開源軟體的官方網站，任何人都可以在這個網站免費下載、編輯和使用它，它不屬於任何公司，而是由WordPress基金會這個非營利組織在確保它可以永遠免費，並且由社群共同開發與維護。

☞ WordPress.com則提供託管WordPress網站的服務，由Automattic這家私人企業擁有與維護，該企業創辦人正是WordPress的創始人Matt Mullenweg。

圖2-1：WordPress.org的官方網站。

圖2-2：WordPress.com的官方網站。

換句話說，WordPress的創始人Matt Mullenweg一方面創立了WordPress基金會，並且決定將WordPress軟體免費讓大家共同開發與使用，以促使它蓬勃發展；另一方面，他成立了Automattic這家公司，並且提供WordPress.com的服務，以協助沒有主機空間的人，能直接在網站上申請帳號、租用空間、直接使用安裝好的WordPress軟體。

然而，由於WordPress.com隸屬於私人企業，不只提供主機空間、還提供安全性、速度、客服等多方面的服務，因此託管的費用相對較高，從免費到每個月新台幣1500元左右，共分成五種層級的方案，實際上的方案價格與內容可能會隨著時間改變，如果對方案詳細比較有興趣的話，可以直接到

WordPress.com的「方案與定價」頁面，就可以看到最新的資訊。

不過，無論方案如何改變，免費方案與低階方案的限制很多，像是：

◉免費方案無法自訂網域（網址）。

◉免費方案的空間非常小（只有1G）。

◉商用版方案以上才能安裝外掛程式與上傳佈景主題（年費需超過新台幣一萬元）。

◉未來如果想從WordPress.com把網站搬到其他主機空間，只有商用版以上的方案才能完整將網站備份出來，包含網站的內容、外觀主題與外掛功能；若是比商用版低的方案則只能匯出文章內容，無法匯出網站的佈景主題與樣式。

第三點提到的「安裝外掛程式」與「上傳佈景主題」是兩個關鍵的功能，WordPress之所以這麼受歡迎，就是可以透過「佈景主題」來改變網站的外觀，以及利用「外掛」來擴充網站的功能。網路上有數以萬計的佈景主題與外掛可以下載來用，如果都無法使用，就會讓網站像是翅膀受傷而飛不高的小鳥一樣，非常可惜。

因此，大部分的人在價錢與CP值的考量下，通常最後會選擇購買WordPress.com以外的主機空間，不僅有更低價的入門主機方案、主機選擇非常多、還可以安裝完全沒有功能限制的WordPress軟體，這也就是所謂的「以WordPress.org的方式自架WordPress網站」。

在本書後面的章節會教你如何規劃網站、使用WordPress.org的方式架站，這點要非常注意，千萬不要跟著書中教學架站了，同時又去WordPress.com申請付費方案，這樣等於是買了兩個主機空間，會浪費很多錢喔！

2-2 使用 WordPress 之前，需要什麼前備知識或能力嗎？

很多人在架站前，帶著緊張又懷疑的心情，總是會來詢問：「我是個電腦白癡，也完全不懂程式，自己真的可以架站嗎？」

我認為要有兩種能力。

☞第一是「必要的能力」：需要用過電腦，會打字、使用滑鼠、收發電子郵件、以及查看資料夾等。

以我自己的孩子為例，在他小學三年級時，學校開始上電腦課，就學會了如何使用滑鼠以及收發電子郵件等基礎操作，之後讓他跟著我的教學影片學習架站。現在的他已經是個擁有四十幾篇文章的小小部落客了呢！可見，使用WordPress架設基本的網站真的不難。

☞第二是「次要的能力」：不排斥英文的態度。

畢竟WordPress是世界級的架站軟體，雖然預設的控制台介面有中文版，但在後續的操作上，難免還是會遇到英文的情境，像是：購買國外較低價的主機空間、購買客製化功能較完善的佈景主題等。不過，請不用擔心，這本書將會手把手的帶著你操作，只要你不畏懼英文，遇到看不懂的字時，願意使用Google翻譯，這樣會對未來的WordPress架站與經營有極大的幫助。

WordPress的核心宗旨，就是希望可以幫助完全不懂程式的人輕鬆架設網站，從購買主機空間、網址、套用佈景主題（模板），到可以開始撰寫文章。若是以英文為母語的人來說，只要看一篇教學文章，大約花個15分鐘操作，就可以完成很基本的部落格，並且開始寫文章。

但是，對於母語非英文的人來說，就需要多一些時間，搭配手把手的操作影片來學習，約莫要兩個小時，才能做到外國人15分鐘就能做好的進度。

只要撐過這最初的兩小時，幾乎就已經學完最重要的基礎，接下來，就是進一步的客製化外觀及功能。由於佈景主題和外掛都是由國外廠商製作的，即使不懂英文，還是必須要去了解，因此建議要帶著一顆不排斥英文的心，未來才可以學得更長遠、更深入。

以上就是我認為在架站前必須要有的能力，是不是很簡單呢？接下來，一起來認識WordPress架站的八大優勢！

2-3 WordPress 架站的八大優勢

一、完全不用寫程式

WordPress的內容管理系統，為了方便使用者管理網站，把網站拆解成三大部分：內容、外觀以及功能。

☞**管理內容**：內容撰寫的方式，與撰寫電子郵件相似，只需在視覺化的介面裡打字、點選按鈕插入圖片、影片等數十種網頁元素，幾乎所見即所得，完成後按下儲存，就是一篇新的內容了。

☞**管理外觀**：WordPress將控制整個網站外觀的各種功能，全部歸納到「佈景主題」，每個佈景主題的版型及客製化選項都不同，只要套用自己喜歡的佈景主題，並透過設定客製化選項來調整樣式，就可以輕鬆改變網站的外觀。

☞**管理功能**：WordPress以「外掛」的方式，讓使用者能擴充網站的功能，例如安裝「表單外掛」，就可以輕鬆建立表單與收集回覆；安裝「購物車外掛」，就可以讓訪客線上購物。

圖2-3：WordPress編輯內容的介面，只需要打字、點選「＋」號新增圖片或按鈕等元素、再點選「發佈」就完成文章了，完全不需要寫程式。

二、一個人包辦網站

過去要完成一個網站，需要多人通力合作，例如：設計師負責網站外觀、工程師負責網站功能。現在，在WordPress軟體的協助下，任何一個人，只要懂得電腦打字，就算不懂設計與程式，仍然可以透過佈景主題與外掛的輔助，輕鬆掌控網站的外觀和功能，等於一個人就可以包辦整個網站！

三、全球使用人數多，架站不孤單

從2003年到現在，根據美國知名科技調查網站W3Techs的數據，全球已經累積超過1億7200萬個用WordPress建置的網站，佔了所有網站的43%，而這個數字未來只會持續成長。

這麼龐大的市佔比，對於架站平台來說是非常重要的優勢，畢竟使用者越多，市場就越大，願意投入佈景主題與外掛的開發商也就越多，使用者就會有更多的選擇，形成良好的正循環。

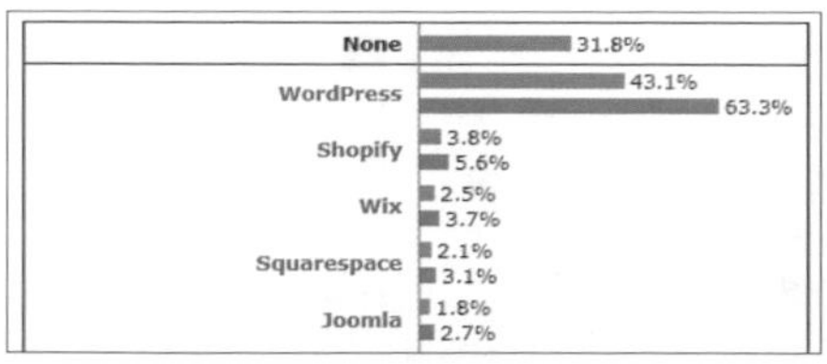

圖2-4：內容管理系統的市佔比，數據與圖片來源：https://w3techs.com/technologies/overview/content_management

除此之外，國內外在線上與線下都聚集了非常多的WordPress愛好者，例如在Facebook上，就有兩個人數破萬的中文WordPress社團：「WordPress Taiwan Community 台灣社群」以及由我建立的「WordPress不懂程式的新手站長－網站帶路姬學園」；在台灣的各大主要城市，經常會舉辦一個月一次的線下小聚，而且自2018年以來，國內已經舉辦過三次的年度大型聚會活動「WordCamp」，多元的交流討論管道仍蓬勃發展著，讓大家在架站的路上不孤單！

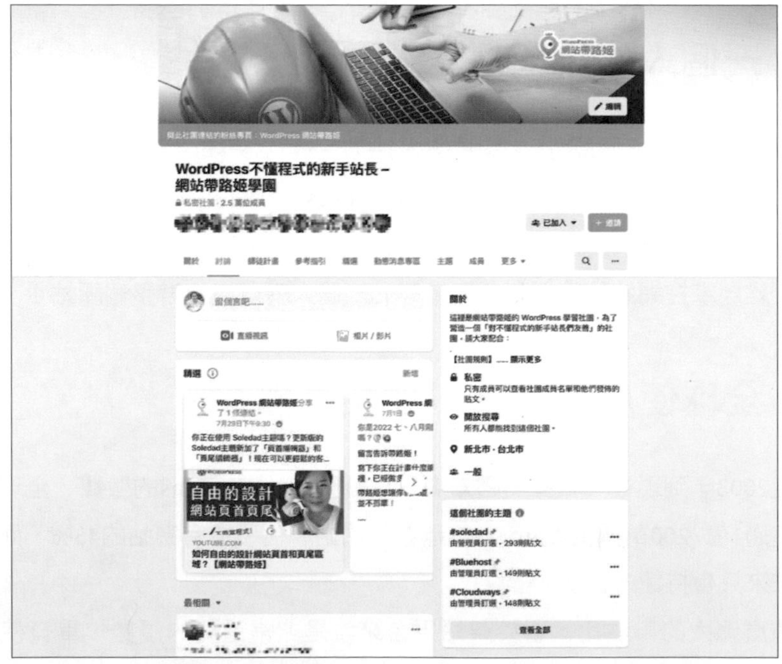

圖說2-5：網站帶路姬的Facebook交流社團：WordPress不懂程式的新手站長一網站帶路姬學園。

四、佈景主題選擇多，人人都是設計師

WordPress的佈景主題數量龐大，光是在WordPress控制台裡的佈景主題目錄就提供了近一萬個免費主題可供安裝，另外，在知名的WordPress資源網站Envato Market（前Themeforest）上，則是販售超過11000個佈景主題。

圖2-6：WordPress.org的佈景主題目錄提供近萬個免費佈景主題。

這表示市面上的佈景主題至少就有兩萬種以上，各式各樣的類型應有盡有，不論是美食、美妝、旅遊部落格等，都有現成的佈景主題可以一鍵快速安裝，瞬間得到專業、富有國際感的網站，而且能在各種裝置上瀏覽，如此一來，人人都可以當設計師！過去也有學生告訴我，不懂設計的他們把網站做得這麼漂亮，讓家人、朋友們都覺得好厲害！

五、功能外掛選擇多，擴充網站彈性大

如果你有看過英雄電影，應該對這樣的情節不陌生：劇中的主角原本是個手無寸鐵的凡人，因為獲得各式各樣的裝備，就變身成會跳、會飛、會隱形的超級英雄。WordPress的外掛就像那些裝備一樣，原本只能發佈文章的部落格，只要安裝各種外掛，就能輕鬆擁有各式各樣的功能，讓原本價值三萬元的部落格，搖身一變成為價值三十萬元的會員網站！

在WordPress控制台裡的外掛目錄中，有近六萬個免費的外掛可供安裝，而Envato Market也提供將近五千個外掛可以購買，更不用說網路上還有無數的獨立外掛。不論是什麼功能，幾乎都有現成的外掛，這對使用者來說，就像多了幾萬個幫手一樣，不只省下開發功能的金錢和時間，也讓你的網路事業充滿各種可能性，從單純的部落格、到開放預約諮詢、甚至銷售周邊商品都有可能。

圖2-7：WordPress.org的免費外掛目錄，提供近六萬個免費外掛。

六、低廉成本達成全年無休的宣傳，CP值超高

十幾年前，還沒有WordPress這類的架站工具，若想要建置專業的個人部落格，只能外包給專業團隊，費用至少十萬元起跳，但是，現在有了WordPress，一個人就能包辦一個網站，大幅降低架站的成本，最基本的部落格成本可能一萬元都不到！

為什麼會這麼便宜呢？除了WordPress系統不需花費任何開銷之外，也有免費的佈景主題和外掛，即使是進階的費用也不會太高。原因在於，這些佈景主題和外掛不是為單一網站量身訂做的，而是以通用的形式在網路上大量銷售，在成本均攤的情況下，就能大幅降低每個網站需要負擔的費用。

因此，使用WordPress架站可說是CP值超高的選擇，只要花一點小錢，就

可以讓網站全年無休地在網路世界中發聲與宣傳，還能觸及全世界，獲得極大的行銷效益。

七、輕鬆經營SEO，有效提升Google排名

打造部落格之後，最在意的就是網站流量了，Google搜尋引擎是帶來流量的主要管道之一，為了讓自己的網站能排名在搜尋結果裡的第一頁，獲得最大的流量，就得學習一些特別的技巧與知識，為網站進行搜尋引擎最佳化，也就是SEO。

除了網站內容、品牌知名度、社群聲量等會影響Google排名外，網站本身的程式碼架構好壞，也會影響Google機器人對內容的理解。傳統網站通常是由國內小型公司團隊開發，開發團隊品質良莠不齊，導致做出的劣質網站也會連帶影響到Google排名；而WordPress則是由全世界超過70名頂尖的志願工程師共同開發，程式碼經過十幾年間的不斷調整，讓網站非常容易被Google機器人理解，因而對於Google的排名非常有利。

除此之外，只要安裝SEO的相關外掛，就可以在寫文章的同

圖2-8：透過Yoast SEO外掛，不需寫程式也能提供給搜尋引擎重要的資訊，有助於提高搜尋排名。

時，得到許多關於SEO的建議，像是措辭修改、關鍵字擺放的位置等，這時使用者就可以直接修正，比起之前還需要由工程師修改，費時費力，WordPress在這方面顯得更有效率，也更利於快速提升Google排名。

八、外包或轉手都容易，避免網站變孤兒

網站的外包或轉手是一件很容易被忽略的事，卻也是一件非常重要的事！如果在架站初期，沒有謹慎比較架站方式的差異，而選擇由小型外包商來客製化網站，等到網站架好，才發現控制台簡陋難用，或甚至沒有控制台，只能仰賴工程師來修改內容，必須耗費大量的時間和金錢來調整網站，還不一定能得到令人滿意的結果。就算最後決定更換外包商，才發現根本沒有人能接手原本的系統，只好全部重頭來過，更可怕的是，有的外包商還不讓客戶帶走網站資料！

如果一開始就選擇使用WordPress系統來架站，情況則會完全不同。有些部落客在架站初期，礙於預算不足，選擇親自製作，等到事業起步後，時間越來越不夠用，於是開始擴編，找新小編、設計師、工程師、行銷人員等。這時，使用WordPress系統就是很大的優勢，不論是徵人或外包都能輕易接手，就算未來需要換包商，網站也不用重頭來過，因為國內外有非常多WordPress外包商可以承接網站，並且可以在短時間內順利理解你的網站架構、接手管理與維護你的網站。

Chapter_ 3

經營自媒體的行前須知：網站企劃

這個章節十分關鍵，將決定你的自媒體經營方向、需要花費多少成本製作網站、花多少時間來經營網站，而且成功的機率有多大。

3-1 網站企劃的重要性

很多新手因為WordPress架站不用寫程式，就迫不及待直接開始，其實，經營自媒體就是一種創業，初期的企劃與準備是絕對不可以輕忽。雖然不一定要提出完整的創業企劃書（Business Plan），但是，預先的深思熟慮，至少可以避免未來迷失方向。

訂定一份企劃書看似很難，但這是提供給自己參考的，不用拘泥於形式，不用寫得多漂亮、畫得多精美，而是將重點放在——如何構思出網站整體藍圖，這對日後的經營有很大的助益，也會加快網站架設的速度。

就好比規劃旅遊行程一樣，假如要去美西自助旅行一週，「美西」只是粗略的目的地，接著開始做功課，認識這個區域的各大城市，再決定是要去洛杉磯？舊金山？還是拉斯維加斯。然後，就會依據時間與預算，進而安排要去哪些景點？吃哪些美食？用哪些交通方式？住宿要選在何處等。大致安排好之後，若有餘力時，才會注意有些景點的安排會不會過於密集，或是想要舒壓散心，是否要避開某些過度熱門的景點等等。這樣規劃行程的流程，也可以套用在網站規劃上。

「名利雙收」是多數人想要抵達的目的地，實際上，獲得收入的方式非常多，像是部落格的廣告收入、幫廠商撰寫業配文、與廠商合作辦活動、銷售聯盟行銷商品、開團購、開班授課、提供諮詢服務等，不妨先初步熟悉這些獲利模式，並且評估自己的優勢、弱勢、市場定位、以及可以投入的時間與預算，再篩選出初期最適合自己的獲利模式。接著，依據自己的興趣與專長，來決定經營的主題，盡量避開已經有太多人經營的主題，選擇能夠強調自己的獨特性的主題，就比較容易讓自己從眾人中脫穎而出。

透過這樣的企劃書，就可以清楚的預想未來，只要想得越細、越徹底，預想就變得越真實，在之後經營上的決定與行為，也就會呼應你的企劃，你也會因為這個趨近真實的目標而獲得最大的動力，正如同《秘密》書中所提到的吸引力法則，企劃最終將會成真，你也不會像隻無頭蒼蠅一樣，漫無目的的亂飛，白費力氣。

假設你還沒有開始架站，不如就先做好網站規劃；若你已經有了網站，也沒有關係，仍然可以透過這些規劃，重新釐清自己的目標與調整網站的設計。畢竟，網站定位與行銷方向，是隨著時間與市場而變動，需要每隔一段時間就要重新審視的。因此，接下來的規劃技巧與流程，真的是隨時開始都不嫌晚喔！

我們將透過以下四個步驟來做出自媒體企劃，以建立網站為主軸，並且同時發想整個自媒體的形象定位與目標。

◉自媒體企劃（一）：制定網站的目標
◉自媒體企劃（二）：找到網站的定位
◉自媒體企劃（三）：設計網站的架構
◉自媒體企劃（四）：分配時間與預算

表3-1：架設網站的前中後三部曲。

網站規劃			網站架站		網站經營
制定網站目標	0. 現況分析與市場調查 1. 網站（寫作）主題 2. 網站宗旨與標語 3. 網站的獲利模式		購買主機		網站寫作
找到網站定位	1. 決定網站名稱 2. 決定網域名稱 3. 決定目標受眾以及定義人物誌 4. 決定網站色系與風格 5. 設計網站 LOGO 標誌		購買網域		網站 SEO 與 Google 排名
設計網站架構	1. 列出全部資訊 2. 歸納資訊 3. 列出網站架構 4. 規劃網站選單	→	安裝 WordPress	→	網站速度與安全
分配時間預算	1. 規劃架站時間 2. 規劃架站預算		購買佈景主題		網站維護
			安裝佈景主題與匯入示範網站內容		
			新增內容與選單		
			客製化網站外觀		
			客製化網站功能		

3-2 自媒體企劃（一）：制定網站目標

制定網站目標時，千萬不要憑空制定！分享一個慘痛的案例，有個女生好不容易存了點錢，興沖沖地開始創業，也很認真擬定好企劃書，卻沒有做任何市場調查，就這樣制定目標、佈置店面，雖然一切都做得有模有樣，結果在幾個月後就宣布結束營業。她說實際營運後才發現，來客量與來客年齡層，與自己當初的想像有很大的落差，同時也錯估了該區住民的平均收入，導致來客量不如預期。

因此，在正式開始規劃自媒體前，建議要先做好「市場調查與現況分析」，讓接下來的規劃更貼近於現實，就能贏在起跑點上。

「SWOT矩陣分析」是最常見的市場調查與現況分析的技巧之一，也被稱作「SWOT強弱危機分析」，由優勢（Strength）、劣勢（Weakness）、機會（Opportunity）與威脅（Threat）的第一個字母集結而成，可以幫助我們找出最適合自己「見縫插針」的機會。

表3-2：SWOT矩陣分析圖。

		內部分析	
		Strength 優勢： 1. 2. 3. 4. 5.	Weakness 劣勢： 1. 2. 3. 4. 5.
外部分析	Opportunity 機會： 1. 2. 3. 4. 5.	如何利用優勢掌握機會： 1. 2. 3. 4. 5.	如何改善劣勢來掌握機會： 1. 2. 3. 4. 5.
外部分析	Threat 威脅： 1. 2. 3. 4. 5.	如何利用優勢克服威脅： 1. 2. 3. 4. 5.	如何改善劣勢來克服威脅： 1. 2. 3. 4. 5.
		策略規劃	

CH. 1

CH. 2

CH. 3

CH. 4

CH. 5

CH. 6

◍ S（Strength/優勢）

檢視自己的特殊才能，是否有獨特的經歷或專長，還是有某個充滿熱忱的興趣？例如：曾經出國留學？曾經環島旅遊？有五個小孩？曾獲得雙學位？手繪能力特別強？特別有正義感？會多國語言？觀察力特別強？特別喜歡看韓劇？特別喜歡美妝資訊？人脈特別廣？學歷特別高？名氣特別大？任職知名公司等。

請盡可能將自己的優勢及特色列出來，若意外發現某些是非常獨特的，之後可以強化這些優勢，幫助自己掌握外在的機會、克服外在的威脅、鞏固自己的領先地位。

◍ W（Weakness/劣勢）

仔細評估自己的弱點。例如：英文能力很差？經營自媒體的時間少？美感很差？寫作能力差？攝影技巧差？

請盡可能列出未來可能會造成負面影響的特質，之後可以透過改善這些劣勢來掌握外在的機會、以及躲避外在的威脅。

◍ O（Opportunity/機會）

根據已經列出的優劣勢，進一步思考有哪幾個是想要專注的主題，是美妝？旅遊？美食？歷史？醫療等，如果這些主題已經有太多人製作，可以嘗試縮小範圍，讓主題更聚焦，例如，日本旅遊？德國旅遊？保養品分析？米其林美食？平價美食？美國歷史？自然醫療？等等。

接著，再針對選定的主題，到網路上搜尋，確認機會點在哪裡，像是比較少人做的主題是什麼？某個主題有適合你切入的角度？某個主題可以突顯你的優勢？市場上是否有需要解決的議題，剛好是你可以解決的？

◍ T（Threat/威脅）

分析完了「機會」後，將選定的主題丟到網路上搜尋，確認是否會因為你的劣勢，而帶來何種「威脅」？或是，也可以確認哪些外部活動與市場變化，將對你的自媒體網站造成負面影響？哪一個競爭者會對你造成威脅？

舉例來說：假設你的主題是「日本旅遊」，雖然旅遊經驗豐富，也很會做行程規劃，只不過日文並不好，為了增加競爭力，是否開始學習日文呢？在新冠肺炎的疫情肆虐下，對旅遊產業造成衝擊，是否也會對自媒體網站造成影響？這時，你是否能發揮自己的某個優勢來降低衝擊？

做完了SWOT分析之後，就可以開始制定網站的目標，可分成三個部分：

◉選擇網站的寫作主題

◉制定網站宗旨與標語

◉決定網站的獲利模式

3-2-1選擇網站的寫作主題

現今經營自媒體的部落客非常多，如果沒有慎選寫作主題，恐怕很難讓自己在短時間內脫穎而出，無法寫出具辨識度與深度的文章。因此，在選擇寫作主題時，我會建議幾個方向先思考一下：

◍ 一定要選自己充滿熱忱的主題

每個人或多或少都會有自己感興趣的主題，不過，想要長期寫作，只是「感興趣」還不夠，最好要找到自己充滿熱忱的主題，這樣寫出來的文章會更加自然、卓越、充滿說服力。如果不確定自己對什麼事物充滿熱忱，不妨透過以下幾個問題，有助於你思考。

◉你最常分享什麼類型的資訊給你的朋友？

◉最常幫忙別人做什麼事情？

◉你幫別人做什麼事情的時候，你感到快樂，且具有成就感？

◉你曾經主動去做什麼事，做到日以繼夜、廢寢忘食？

◉你對什麼事情充滿好奇心，時常搜尋資料，希望獲得更深入的資訊？

◍ 選擇能突顯獨特性的主題

雖然同樣的主題有很多人正在經營了，但是，每個人的成長背景與經歷都是獨一無二的，如果能突顯自己獨特的經歷，發表獨到的見解，可以讓文章更有生命力、真實性與說服力，也容易讓讀者信服。

◍ 經過SWOT分析後，選擇「單一個」主題

經過SWOT優劣危機分析後，會篩選出幾個主題，這時，建議選擇「一個」主題來寫文章就好，網站經營初期，最好不要在同一個部落格內寫不同類型的主題。

有些新手朋友，一開始把範圍訂得太廣，部落格裡包含了日常生活中的大小事，美食、旅遊、親子教養、美妝等等什麼都寫，好像網站內容很豐富，可是無法聚焦的結果就是，無法針對某個主題深入研究、無法長期累積該主題的公信力，知名度也就很難提升。

選擇單一聚焦的寫作主題，可以讓你在寫作過程中，提及許多與該主題相關的關鍵詞，長期累積下來，也會讓你的文章在該主題的相關搜尋結果中，獲得更好的表現，關於這些SEO（搜尋引擎最佳化）的技巧，將會在5-4有更深入的說明。

◍ 選擇有利可圖的主題

什麼是「有利可圖」的主題呢？不妨以客戶是否會在你所選擇的主題上花費大量資金來思考。像是美妝商品、民宿、房地產等，這些會有網紅行銷預算；書籍或旅遊商品則會有聯盟行銷分潤等。通常收益越高的行業，也會願意投入越多資金在網路行銷上，試著好好的觀察生活周遭有哪些行業的廣告特別多？也可參考一些聯盟行銷平台，例如：Affiliates.One 聯盟網、通路王、博客來AP策略聯盟、momo 點點賺等，都會列出可能帶來收入的商品。

關於聯盟行銷及更多自媒體的收入來源，將會在6-2做更深入的介紹，但要注意的是，千萬不要為了高收益而去寫自己不擅長且沒有熱忱的主題，不僅無法充分發揮自己的優勢，寫出來的文章往往不具說服力，讀者其實都感受的到。

總之，自媒體經營初期，最好能讓大家一想到某個主題，就想到你！例如：想到兒醫，就會想到黃瑽寧醫師；想到教養，就會想到王宏哲；想到WordPress，就會想到網站帶路姬！

當初在經營「WordPress網站帶路姬」時，也曾擔心網路上教WordPress的人已經這麼多了，還要做WordPress架站教學嗎？

於是，我在SWOT分析中列出自己的經歷，像是：曾經取得美國網站設計相關的碩士學位、擅長UI/UX使用者介面設計、曾在美國工作過七年、回國後用WordPress接案六年、有兩個小孩等等，這些特質的組合是非常獨特的。網站設計的學位與使用者介面設計的專長，讓我的架站教學更符合使用者的需求，留美的經歷讓我的教學內容更即時與國際化，接案的經驗讓我更清楚WordPress新手的常見問題。綜合分析下，仍然決定這個自媒體主題！同時，還審視了自己的時間，若是單純寫WordPress架站教學，這範圍太廣，於是縮小到「WordPress架站的新手教學：陪新手做好第一個WordPress網站」。

3-2-2 制定網站宗旨與標語

宗旨是透過一段話，來描述網站的主要目的與核心使命；標語則是更縮短的版本，這兩段話未來都會運用在網站上。網站宗旨的位置會在「關於我們」的頁面，而網站標語則是會出現在搜尋結果裡。制定明確、精準且具有吸引力的網站宗旨與標語，將有助於網站經營者未來在內容、設計與功能上，保持一制性的決策方向，讓目標對象得到一致性的體驗，感受到專業的品牌形象。

網站宗旨沒有字數上的限制，撰寫時，可以參考以下的建議：

① **目標明確：**網站主要提供什麼樣的服務？解決什麼問題？你希望訪客從你的網站中得到什麼？

② **受眾明確：**網站主要服務的對象是誰？

③ **簡單明瞭：**避免使用模糊或複雜的描述，讓讀者一目瞭然。

④ **寫出特色：**相較於競爭對手，你的網站的特色是什麼？為什麼更值得大家來拜訪？

有了網站宗旨之後，就可以將它再進一步濃縮成一句簡短的話當作網站標語，網站名稱與網站標語合起來盡量不要超過30個中文字，才能完整出現在搜尋結果中。

以下是「WordPress網站帶路姬」的網站宗旨與標語，給大家做參考。

宗旨：網站帶路姬將以分享實際案例的方式、淺顯易懂的文字、視覺化的資訊圖表，帶領不懂程式的新手，花最少的時間與金錢，輕鬆入門做好第一個WordPress網站，並且進入臉書社團持續交流學習！

標語：帶你輕鬆做好第一個 WordPress網站

https://wpointer.com ▾

WordPress 網站帶路姬 — 帶你輕鬆做好第一個 WordPress 網站

WordPress 網站帶路姬, Erin Lin, 以分享實際案例的方式, 使用淺顯易懂的文字, 製作視覺化的資訊圖表來製作WordPress 教學, 讓不懂程式的新手與創業站長, 輕鬆架站與 ...

五天自學衝刺班課程

WordPress 架站方式超多種，帶路姬十幾年前入門時，走了很多冤枉 ...

自媒體部落格教學

WordPress 可以幫助任何不懂程式的人，輕鬆做出一個Blog 部落格 ...

形象官網教學

WordPress 是什麼？WordPress 可以幫助任何不懂程式的人，輕鬆做 ...

新手必讀基礎

WordPress可以讓你不用寫程式，就能自己做網站，但要怎麼開始呢？

wpointer.com 的其他相關資訊 »

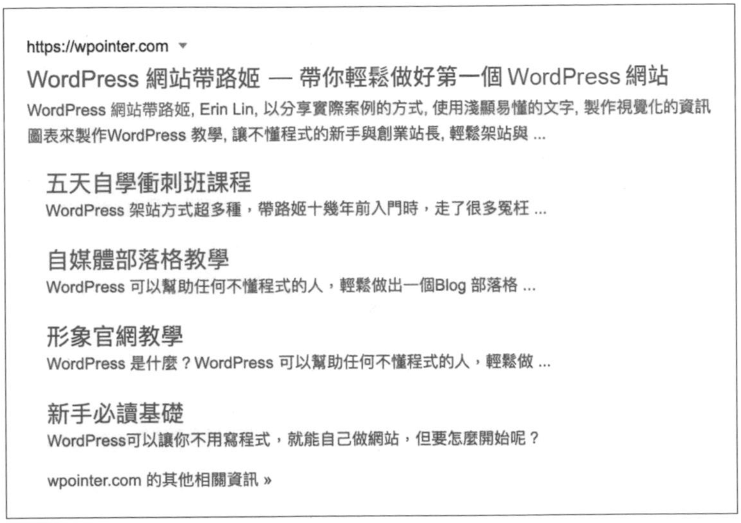

圖3-1：網站標語會出現在搜尋結果中。

3-2-3 決定網站的獲利模式

網站的獲利模式很多，像是幫廠商寫合作文（業配文）、銷售網站的廣告位置、置入廣告聯播網，加入聯盟行銷計畫、銷售實體或虛擬商品、提供諮詢服務、獲得贊助、社群團購等等（可參考本書6-2累積主被動收入）。

架站初期也許會因為網站還沒什麼流量，收入較少，但是，若能先在訂好網站主題後，預先規劃未來的獲利模式，將有助於在製作網站時，做出更好的規劃與配置，而且還能增加自己持續下去的動力！

以網站帶路姬的網站來說，我在規劃階段就先預想了兩種可能的收入來源：Google AdSense 廣告收入與聯盟行銷收入，在實際架站時，就規劃了置入廣告的位置，以及配置了與聯盟行銷相關的文章。

3-3 自媒體企劃（二）：找到網站定位

透過SWOT分析，能幫助自己找到網站的定位，除此之外，也可以透過以下資訊讓網站的定位更加具體，下列五件事彼此都有關聯性，建議可以同時進行：

◉決定網站名稱

◉決定網域名稱

◉決定目標受眾以及定義人物誌

◉決定網站色系與風格

◉設計網站 LOGO標誌

3-3-1 決定網站名稱

網站名稱通常是自媒體品牌的名稱，未來也可以用在Facebook粉絲頁、YouTube頻道、IG帳號等等。

◍什麼是理想的網站名稱？

以下整理出六個方向讓你在思考網站名稱不會碰壁：

☞ **具有高度的辨識度**：不會和其他品牌混淆，例如：與其寫「海倫的家」，不如寫「王海倫的英文筆記」，與其寫「琳達的記事本」，不如寫「陳琳達的日本旅遊攻略」。

☞ **具有記憶點**：與目標客群認知中的某個名詞有關聯、念起來有押韻或疊字、和個人外表或特質有關聯等，例如：「網站帶路姬」和結婚習俗中常用的「帶路雞」同音、達達的理財金字塔、鬍子哥的米其林之旅等。

☞ **具有意義**：可間接傳遞品牌宗旨或品牌精神，例如：Aya's 小坪數・輕盈小日子。

☞ **能被具象化**：最好是避開太抽象的詞，否則難以視覺化的方式來設計LOGO與品牌形象，例如「空空的極簡世界」，字面上就又空又極簡，設計起來的難度就更高一些，而「網站帶路姬」因為與「帶路雞」同音同義，就可以用「雞」來做具象化的LOGO設計。

☞ **具有可註冊的相關網域名稱**：網域名稱就是網站的主要網址，因為簡短好記的域名可能大多已被註冊過，因此，在選擇網站名稱時，若能找到可搭配的域名，是最好不過的了。

☞ **字數不要過長**：字數過長的網站名稱，在設計LOGO時，比較容易被侷限於橫式的排版，可能會不利於放置在各種社群平台中，我認為八個中文字以內可能比較好，最長不要超過十個字。

◍如何發想網站名稱？

要憑空想出一個理想的網站名稱，確實不簡單，以下就幾種常見的靈感來源給大家參考：

☞ **挑選形容詞**：先列出與品牌形象有連結的形容詞，也要確認是否也能形容某些大家常見的東西，不論是動物、植物、物品等，例如：帶路雞=帶路姬。

☞ **綽號、連音**：不妨可以從綽號思考，通常會與自己的名字或特質有關。又或是把自己的名字講快一點，會不會與某個好記的詞彙同音。

☞ **英翻中、中翻英**：試著把自己的英文名字翻譯成中文，或是中文名字翻譯成英文，找出哪個組合與網站的主題或宗旨有關聯。

☞ **狀聲詞**：聲音相關的詞彙容易印象深刻，像是咕咕、啾啾、嘎嘎等。

☞ **地點**：像是：天堂、園地、圈圈、後宮、灶咖等。

☞ **加入色彩**：像是：紅鼻子、BlueRay等等。

☞ **找到典範**：參考成功的自媒體品牌的命名規則（千萬不要直接模仿）。

◍網站名稱發想輔助工具

在此提供三個輔助工具，其中第二、三個除了可協助發想網站名稱，還附帶了LOGO商標的模板，方便非設計師的使用者能快速做出專業美觀的LOGO商標。然而，LOGO商標不用這麼快做決定，建議讀完本章之後，對於色系、設計要點有更多的認識也不遲。

☞**AYOA人工智慧腦力激盪心智圖工具（英文/免費試用）**：只要申請帳號，

即可免費試用七天，如果英文能力不夠好，可以搭配瀏覽器的Google翻譯擴充功能使用。

TIP

參考網址：**https://www.ayoa.com/mind-mapping/software**

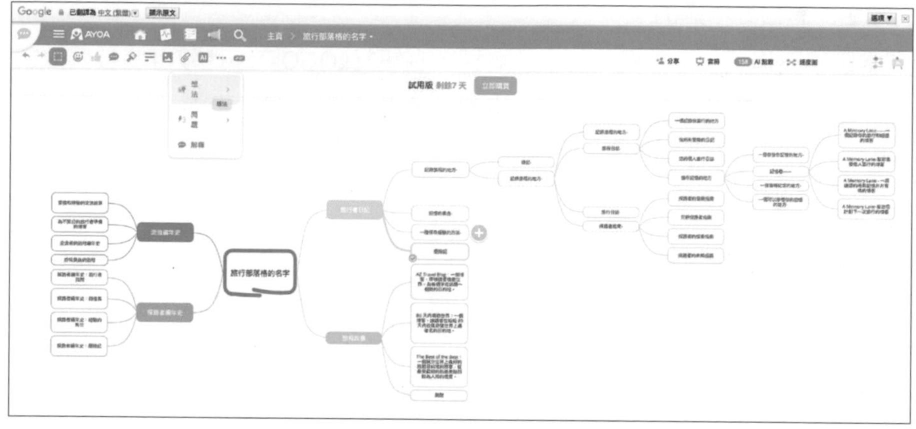

圖3-2：使用AYOA人工智慧心智圖工具來輔助自己做腦力激盪。

☞ **Looka 品牌名稱產生器（英文/免費名稱/付費 LOGO商標下載）**：以下是使用步驟，可以做為品牌設計的參考。

TIP

參考網址：**https://wpointer.com/recommends/looka/**

STEP 01：填入幾個關鍵詞，系統就會自動產生各種品牌名稱。

STEP 02：選擇喜歡的名稱後，系統會自動推薦其他LOGO標誌。點選「Customize」進入客製化模式，能進一步調整LOGO。

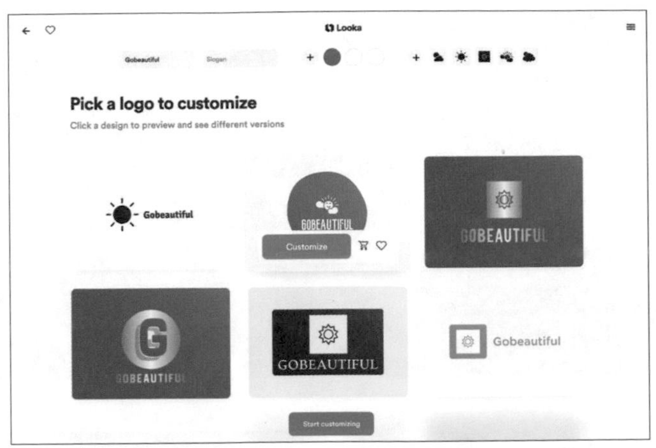

STEP 03：這時，系統會產生該品牌的周邊設計，如果想下載使用，只需點選網頁上方的「Download」，就可以購入方案囉！

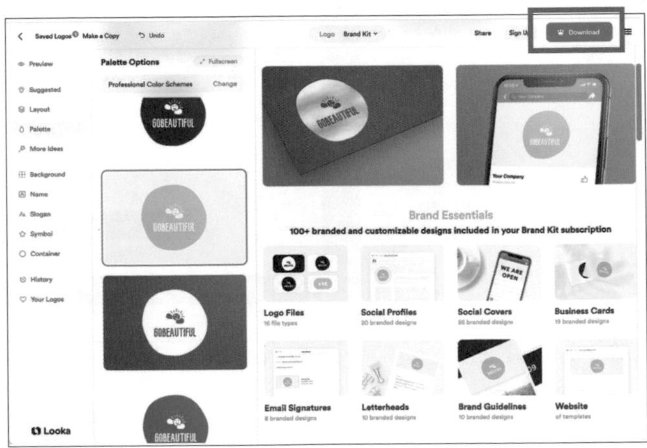

☞ **Namelix.com品牌名稱與LOGO商標產生器（英文/免費名稱/付費 LOGO 商標下載）**：以下是使用步驟，可以做為品牌設計的參考。

TiP

參考網址：https://namelix.com/

STEP 01：填入任何與你的網站相關的關鍵字，然後點選「Generate」，就會產生推薦的品牌名稱。

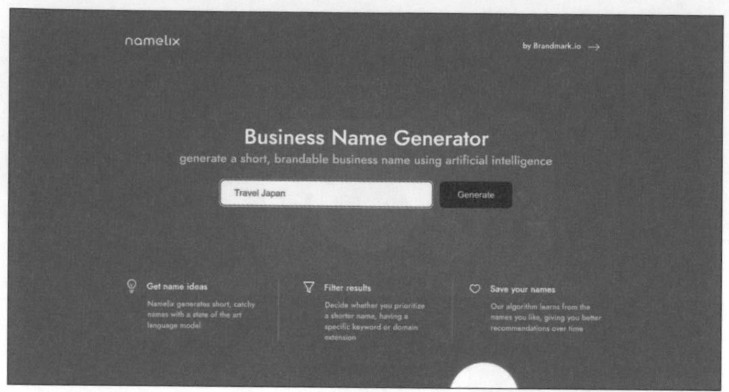

STEP 02：選擇品牌名稱的隨機程度，「High」是最高隨機度，會產生最多的結果。

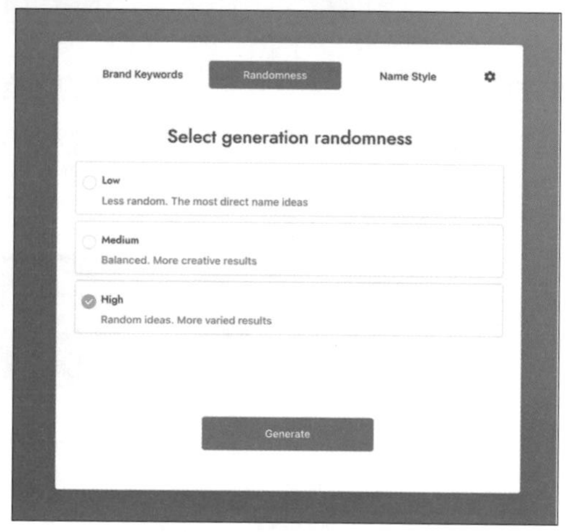

STEP 03：系統不只會產生多種品牌名稱，甚至還用LOGO商標的形式展示出來。只要點選自己喜歡的名稱，就可以進一步客製化。

STEP 04：可以客製化的方式非常多，除了常見的選項以外，還可以透過「Ideas（新點子）」的功能，取得更多系統搭配的變化。

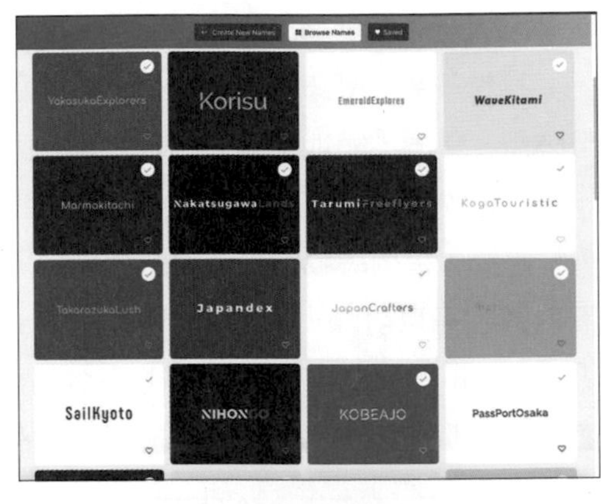

STEP 05：最後，可以點選「Purchase（購買）」進入結帳流程，就可以把設計好的LOGO帶走囉！

3-3-2 決定網域名稱

網域名稱（Domain）簡稱域名，簡言之，就是網站的主要網址，通常會與網站名稱有關，像是蘋果電腦的網域名稱是Apple.com、麥當勞的網域名稱就是Mcdonalds.com、Nike的網域名稱就是Nike.com。

由於網域名稱無法終生擁有，只能以年費的方式購買其所有權。自網域在1980年代末期出現後，至今已超過三十幾年，想要買到簡短好記的網域名稱，實在有難度，除非有人中途放棄，也許可以撿到大約6、7個英文字母的網域名稱。

◍什麼是「網域名稱」？

在決定網域名稱之前，先來了解何謂「網域名稱」，將有助於在購買網域名稱時，清楚有哪些選擇。

☞ 網域是一種圈地為王的概念

我想多數人都聽過「網址」，很少聽到「網域」，架設一個網站之後，勢必需要買個「網址」，到底是要買一個網址？還是買一堆網址？答案是買一個「網域」，這樣就能包含了該網域相關的所有網址。

那麼，這個網域包含了哪些網址呢？在深入瞭解網址的結構之前，透過下列圖片可以明瞭。假如我們買了「aaa.com」的網域名稱，不只買到了「aaa.com」的網址，還買到了以下各種類型的網址，簡單來説，只要網址裡面有包含「aaa.com」的，都是屬於我們的！

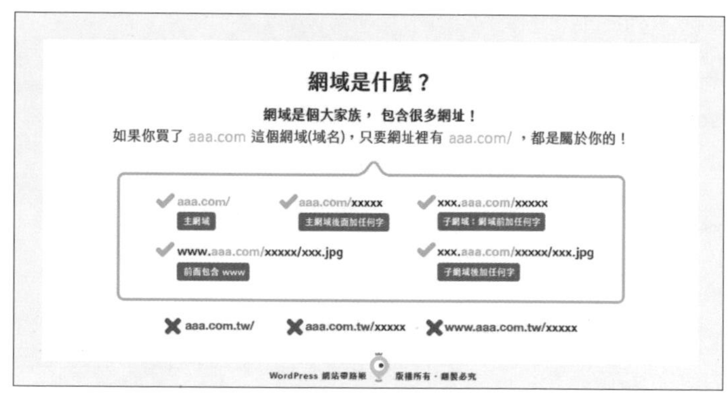

圖3-3：網域包含一系列的網址。

但是，有個需要注意的地方，這也容易讓新手搞混的，就是aaa.com.tw這個網址，雖然也含有aaa.com，但是它並不屬於aaa.com網域的一部分喔！後面將會再詳細解釋這之間的差別，aaa.com、aaa.com.tw、和aaa.tw是三個不同的網域，是需要買三次的喔！

☞ 網域名稱/主網域/域名（Domain）＝次級域名（SLD）＋頂級域名（TLD）

以下圖3-4網址為例，最前面的www.wpointer.com是一個網域名稱，其中www是子網域的名稱、wpointer是次級域名的名稱、.com則是頂級域名的名稱。

頂級域名（Top-Level Domain，縮寫為 TLD）是域名系統（Domain Name System，DNS）中的最高等級的域名。位於網域名稱的最後面，最常見的就是

.com，但是其實還有非常多其他的選擇，下面會再詳細說明。

次級域名（Second-Level Domain，縮寫為SLD）是域名系統中的次等等級的域名，通常會以品牌的英文名稱或代表字來做設定與命名。

而網域名稱的最前面，有時會加www或shop等字，變成www.wpointer.com或shop.wpointer.com，這個www與shop是子網域，它可以是任何自訂的字串。由於子網域並非必要，因此，有時會看到主網址前面沒有www，主網址是否以www為始並沒有實質功能上的差別，只有在架站時有一點技術設定上的差異，以www為始的網址只是看起來比較傳統，長度比較長而已，現在已經有越來越多的網站的網域名稱不包含www。

架站時，我們只需要選購主網域名稱，無需購買子網域名稱，子網域不限數量，未來可以視需要隨時在網域的管理控制台新增與管理，每個子網域都可以是獨立的網站。例如，網站帶路姬買了主網域 wpointer.com，我可以分別製作下面幾個完全獨立的 WordPress網站：

◉wpointer.com（帶路姬的形象官網）

◉blog.wpointer.com（帶路姬的部落格）

◉shop.wpointer.com（帶路姬的網路商店）

接在網域名稱後的「子目錄」與「檔案/網頁」，是網頁、媒體及其他內容在網路空間裡的路徑，將可從WordPress的控制台去產生。

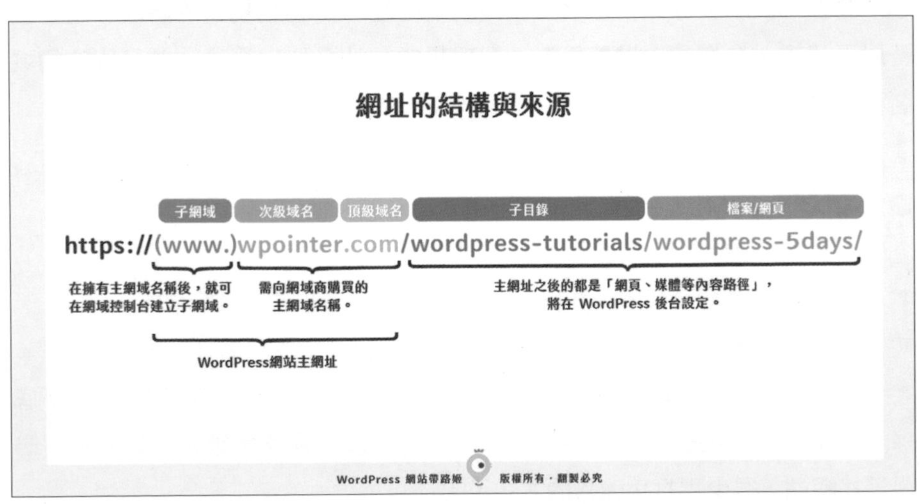

圖3-4：網址的組成結構與來源。

☞ 頂級域名的種類

接續上述範例，在「wpointer.com」的網域名稱中，「.com」就是頂級域名，也是最普遍通用的頂級域名之一，然而，頂級域名不是只有「.com」，還有很多其他域名，像是政府機關的網站是.gov.tw，學校網站則是.edu.tw，頂級域名其實分成三大類：

◆ **通用頂級域名：**.com（公司用）、.org（組織用）、.edu（教育用）、.gov（政府機構用）。

◆ **國家代碼的頂級域名：**.com.tw（台灣）、.tw（台灣）、.jp（日本）、.cn（中國）、.co.uk（英國）等。

◆ **新通用的頂級域名：**.taipei（台北地區）、.sport（運動）、.art（藝術）、.cafe（咖啡館）等。

還記得稍早提到的「圈地為王」概念嗎？再次提醒，購買了wpointer.com，並不代表同時擁有wpointer.com.tw與wpointer.tw，因為.com.tw及.tw是兩個獨立的頂級域名，是需要分別購買的，也就是說，想同時擁有這三個網域名稱，就必須要三個一併購買才行。

若是一次購入了三個網域名稱，但是，真正架站時，還是必須選擇其中一個作為網站的主要網址，另外兩個網域則只需要做些設定，就能進入同一個網站。

將在第四章教你如何選購主機與網域，在這個網站規劃的階段，請先跟著以下建議，為你的自媒體思考一個理想的網站名稱與網域，並且確定網域名稱尚未被註冊即可。

◍何謂理想的網域名稱？

以下是自己架站時的經驗分享，提供給大家參考：

☞ **網域名稱建議短**：簡短、和網站名稱有關聯，最容易讓人記住。

☞ **一定要有意義**：若是網域名稱長也無妨，但有其意義，才能印象深刻。

☞ **避免使用「-」連接號**：雖然網域名稱可以使用「-」，但容易與「_（下底線）」搞混，建議少用。若你真的想用也是可以，畢竟多數人都是仰賴搜尋引擎找網站，很少用打字輸入的方式了。

☞ **可使用同義字的變異詞**：像是攝影工作室，可以用xxxphotostudio.com、xxxvision.com，或xxxphotos.com。

☞ **不建議使用特殊的頂級域名**：傳統的頂級域名，像是.com、.tw、.com.tw等，而特殊的頂級域名，則像是.link、.work、.xyz等。雖然無法證實頂級域名是否會影響到Google排名，但由於許多特殊的頂級域名價格比較低，經常被詐騙集團用來寄送垃圾郵件，為了避免一開始就輸在起跑點上，還是選擇最傳統的頂級域名較佳。

☞ **可連成一個單字**：若有重複兩個相同的英文字母，可以省略其中一個。例如：WP+Pointer＝WPointer.com。

☞ **確認該網域名稱的使用情形**：請先使用Google搜尋引擎，以避免與其他大品牌產生衝突、或與負面的資訊或品牌併排。

☞ **可加入簡短的形容詞**：若想要網域已經被註冊，可以加入一個簡短的形容詞，像是my（我的）、ur（你的）、cool（酷的）、yes（是的）、big（大的）、new（新的）等。

☞ **不建議購買中文的網域名稱**：雖然中文的網域名稱好記，像是「帶路姬.tw」，但分享這個網址到社群媒體的網站時，網域名稱就會變成亂碼。而且，很容易在網站控制台的操作上、Google相關行銷工具的串接上、以及社群媒體廣告的投放上，出現不可預期的錯誤。

◍ 如何確認網域是否還可註冊？

第四章將會專門講解架設WordPress網站時，該如何同時購買主機空間與網域，在此之前，不妨可以先到「Gandi.net」搜尋想要購買的網域名稱，確認是否可以購買。不過，千萬要記得：不要在Gandi網站直接購買，因為會多出很多網域方面的設定步驟，讓首次架站的流程變得複雜。

在前面的文章有介紹網站名稱發想輔助工具，像是Looka或者Namelix，在推薦品牌名稱的同時，也會推薦網域，這時要記得：不要直接購買，這會讓首次架站的流程變得複雜，可跟著下列步驟，確認想用的網域是否還能註冊即可。

STEP 01：填入想購買網域的名稱，之後按下搜尋的圖示鈕。

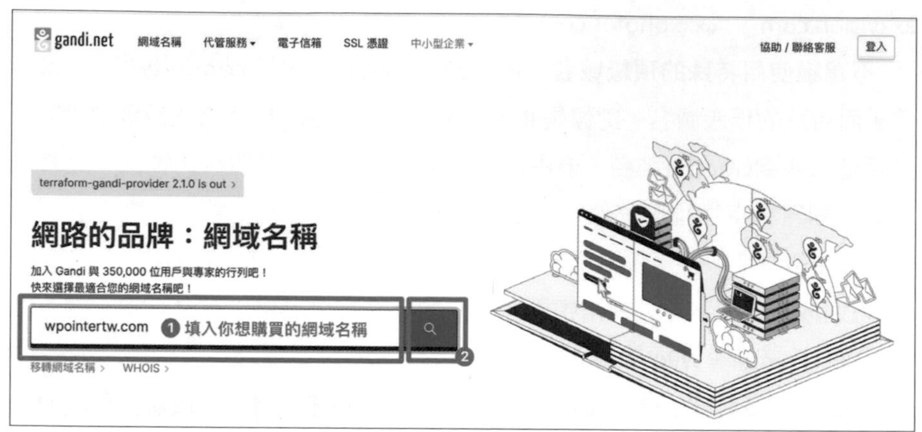

STEP 02：如果還可以購買，就會出現綠色勾勾，以及價錢。

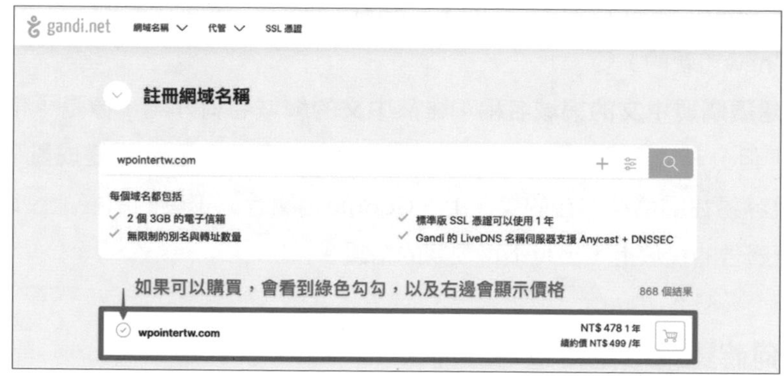

STEP 03：如果無法購買，則會出現紅色勾勾，以及擁有者資訊。

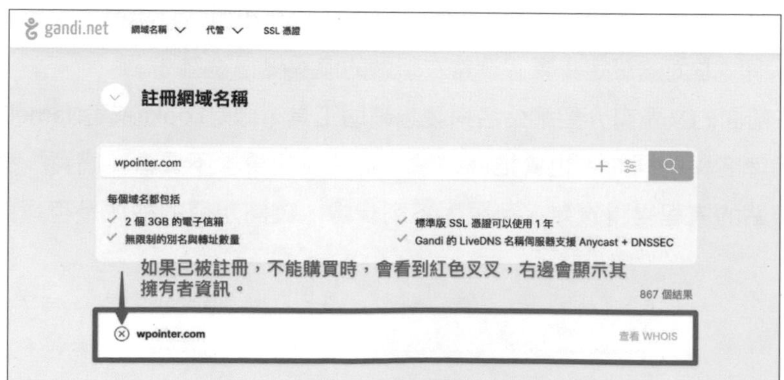

CH. 1
CH. 2
CH. 3
CH. 4
CH. 5
CH. 6

3-3-3 決定目標受眾及定義人物誌

架站之前，一定要先設想這個網站的目標受眾為何？文章是要寫給誰看的？可以利用使用者介面設計的流程中，常用的**「建立人物誌 Persona」**，將目標受眾具體化的呈現，有助於網站更貼近人性化的使用狀況，也越能達成前面制定好的網站目標。

何謂「人物誌」？簡言之，設計出一個虛構人物，以及這個人的所有相關資訊。

現在，要來依據前面制定好的網站目標（主題、宗旨與獲利模式）決定網站受眾群，並且從這個受眾群中，挑選幾個具代表性的人物，可以是真實的人、也可以是虛構的人，接著，再列出這個人的相關資訊，包含具體的資訊及抽象的資訊。

專業的人物誌需要經過反覆的市場調查、設計、測試、以及修改，才能做得完善，業餘如我們，可以參考下列的方法來建立。

◍ 利用Facebook簡單設計一個虛構的人物誌

設計人物誌之前，若能先找到一個（或數個）真實的目標受眾進行訪談，是最好的事情，可以從中了解其生長背景、學經歷、需求為何、希望何種資訊協助？通常什麼時間上網？用什麼設備瀏覽網站？將有助於之後的設計更加精準。

接著，就能開始設計了。最直覺簡單的方式是，為這個虛構人物**建立一個Facebook個人檔案**，我想大家都熟悉Facebook介面，應該可以直覺列出：

1.名字	2. 大頭貼	3. 封面圖片	4. 個人簡介	5. 生日（年紀）
6. 工作經歷	7. 學歷	8. 現居城市	9. 家鄉	10. 感情狀況
11. 是否有小孩	12. 使用的社群媒體	13. 好友清單（可以看出男女比例）	14. 相簿	15. 興趣嗜好
16. 平常都轉發些什麼文章	17. 自己寫過什麼貼文（藉此定義他的個性與態度）	18. 常遇到什麼問題是你可以協助解決的？	19. 常在什麼時間、用什麼方式連線到你的網站來看你的文章？	20. 其他

將人物誌設計得越詳細、完整，在日後設計網站上，就能選擇適宜的設計風格，以及文章風格，這些細節會讓你的目標受眾覺得貼心，也樂於與你互動了。

◍其他建立虛擬人物誌的輔助工具

也可以利用Hubspot所提供的免費工具，來協助你建立虛擬人物誌。雖然是英文介面，只要搭配Chrome瀏覽器的Google Translate翻譯擴充功能（可參考4-1的第六點），就可以翻譯成中文介面。

TIP

參考網址：https://www.hubspot.com/make-my-persona

STEP 01：進入網頁後，點選右邊的「建立我的角色」即可開始。

STEP 02：建立過程中，系統會提供七個步驟，協助你創建這個人物誌。

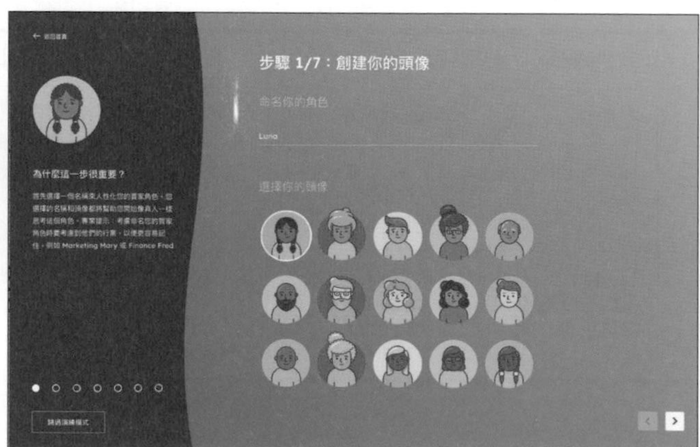

STEP 03：只要回答完所有問題，就會得到下列人物誌的頁面，非常簡單且一目瞭然。

3-3-4 決定網站色系與風格

接下來，將逐步進入「視覺設計」領域，不過，請不用擔心，即使沒有設計基礎也無妨，在此會用最淺顯易懂的方式來幫助你完成這些項目。先提供兩個技巧，有助於決定網站色系與風格：

☞ 技巧 1：請使用三個關鍵字，形容你的網站將帶給目標客群的感覺。

如果是要架設旅遊部落格，目標客群定在30-40歲的男女，可能設想的主要三個關鍵字：放鬆沒有壓力的、有親和力的、有質感的。其他常用的形容詞，像是：乾淨俐落的、專業的、科技感的、精準的等。

當決定好了是哪三個關鍵字，就可以進一步思考，哪種色系與風格比較符合想要的感覺。

☞ 技巧 2：參考其他網站，記下特色與優缺點。

一定要多看、多研究。不論是同業的、非同業的網站，都要記錄。可將網站以截圖方式貼到Word檔案裡，並且標注喜歡哪個部分、不喜歡哪個部分，詳盡寫下風格與色系、功能選項、LOGO商標、主選單分類等，藉此釐清自己的需求與喜好。

尋找參考網站時，可以帶入一些情境：「為了什麼目的而做這件事」，完整記錄使用該網站的感想。舉例來說：

自己是一個30歲的女生，明年想要去日本玩，所以搜尋了「東京必玩景點」，出現的第一篇文章，標題十分吸引我。進入網站後，第一眼看到的是文章標題，接著才是網站LOGO，知道目前是在ＸＸＸ網站上。可惜，這個LOGO好小，有點不太清楚（這時，可以做筆記，記錄：網站的LOGO不要這麼小）。

開始把目光移到文章區域，先看到了文章摘要，在這些項目裡，是否有吸引自己的景點名稱，還蠻能加快速度來瀏覽這些文章（這時，可以做筆記，記錄：網站可以考慮加上文章摘要）。

只要任何你很喜歡、令人印象深刻的網站，都可以參考，學習他們的優點、避開他們的缺點。

◍ 如何決定色系

一個專業的網站，使用的色彩不會太多，因為顏色一多容易讓人眼花撩亂，看不見重點。**建議選擇一個中間色（黑、灰、白），搭配一至二個主要特別色即可，最多再搭配一至二個與主特別色相關的次特別色**。這些色彩將會主導整個品牌視覺，從LOGO標誌、名片、信封、網站、社群媒體等，以「網站帶路姬」為例，是以三種顏色為主：深灰色、深淺藍綠色、與深淺粉紅色，標題背景是淺藍綠色、標題文字是深灰色、連結是藍綠色、影片的邊框則是深一點的藍綠色與粉紅色。

在色彩學裡，最基本的分類是冷暖色調，想要營造出親切感，可以選擇暖色調色彩；想要充滿科技現代感，那就選擇冷色調色彩。

圖3-5：網站帶路姬的網站上盡是與LOGO一致的色彩。

暖色調的關鍵字：溫暖、刺激食慾、興奮、狂野、樂觀、有活力、悶熱、刺激注意力等。

冷色調的關鍵字：陽剛、懸疑、安撫、冷靜、涼爽、開闊、遙遠、強硬等。

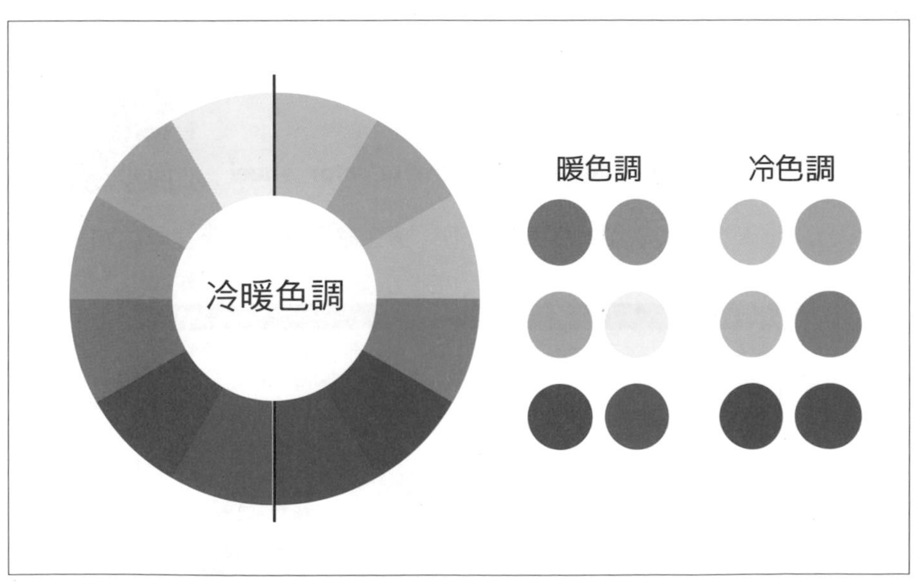

圖3-6：冷暖色調示意圖。

此外，每種色彩都會帶來獨特的感受，可以參考下方色彩訊息。若想知道進階的深淺度與飽和度差別，請上網搜尋「色彩學」，即能獲得更多相關知識。

圖3-7：顏色的意義。

◍ 搭配顏色的輔助工具

對於沒有設計背景的人來說，要選擇適當的顏色組合，是十分有難度的，因此，介紹一個最簡單的方式，來取得專業的顏色組合，那就是「Adobe Color」。這是一個免費的顏色探索網站，可以透過網站的兩個工具取得推薦的組合。

TIP

參考網址：https://color.adobe.com/zh/create/color-wheel

STEP 01：進入網站後，到「探索」頁面，透過輸入關鍵字來搜尋相關組合即可。

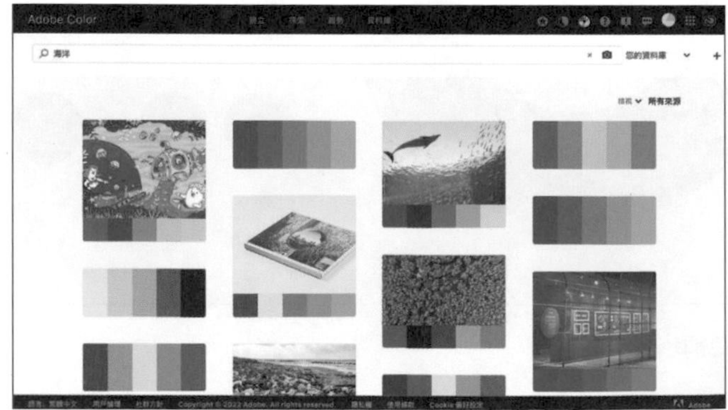

STEP 02：或是到「建立」的頁面，於「擷取主題」的選項，上傳一張符合網站感覺的照片，並且在左側的「使用色彩情境擷取」，就會自動幫從照片中擷取出最適當的顏色組合，是不是超級方便？

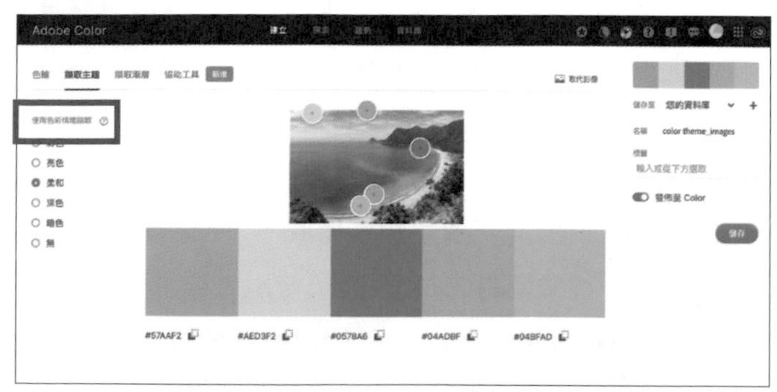

◍ 如何決定風格

對於專業設計師來說，在決定品牌色系與設計LOGO時，也會同步決定網站的風格。進入繪圖軟體設計，著手畫出首頁與幾個主要頁面的設計圖，以作為風格指引。

然而，對於非專業設計師的新手使用者來說，這會耗費太多的時間，且無法獲得專業美觀的結果；就算把設計圖畫得再好，要轉換成網頁，也不是一件容易的事。

在此建議一個有效率、又能兼具美觀的方式：**直接從設計好的版型中選風格，然後套版與微調就完成！**

尋找參考網站時，先列出幾個喜歡的風格的網站，在第四章製作網站時，可瀏覽佈景主題所提供的示範網站版型，選擇一個接近喜歡風格的版型，並且學習如何套用、微調，這樣一來，既能節省時間，而做出來的網站也格外有質感！

3-3-5 設計網站的LOGO標誌

上一節已經決定了網站色系，接下來，就可以將這些資訊沿用到LOGO標誌上。但，為什麼不是先做好網站，再額外設計一個LOGO呢？

LOGO標誌是一個企業品牌或商品的縮影，LOGO通常是極度簡化的圖像，有時候會搭配文字，以傳達該品牌的宗旨、形象定位、與目標等。一個設計得當的LOGO，可被廣泛應用在各種媒介上，像是名片、信封、網站、Facebook粉絲專頁、YouTube個人資料相片（大頭貼）、參展海報等。

LOGO的種類很多，像是圖像（Apple的蘋果）、字母（麥當勞的M與Facebook的F）、文字（可口可樂的Coca-Cola與Google）、吉祥物（NBA塞爾提克隊的人像LOGO），當然也有上述兩種加在一起的組合，像是全家便利商店和統一企業的LOGO都是由圖像與文字組合而成。

不論你最後選擇哪一種類型的LOGO，必須使用幾種主要的色彩和形狀來組合，如同Google的LOGO是由紅、黃、藍、綠所組成，以說明他們的廣泛性與相容性；全家便利商店的LOGO則是由藍色與綠色的長方形圖像所組成。所以，如果我們能先設計出一個LOGO，就可以沿用該LOGO的色彩與形狀，加以延伸到其他的設計上，就會讓網站、名片、信封、等其他的應用，都看起來更協調、更有一致性，打造出一套完整的品牌形象。

其實，LOGO設計涉及非常多的專業知識，且有一套完整的設計流程，設計師必須花費數個月的時間，才能做出一個真正能傳達你的品牌理念、又能永久流傳的LOGO。如果預算許可的話，誠摯建議大家花一點錢請專業設計師協助設計，費用可能從數千元到數萬元，不過，這是非常值得的投資喔！

初期在經營自媒體時，預算可能沒有這麼多也無妨，仍能透過DIY的方式來生成一個LOGO，等到未來有預算時，再換成更專業的LOGO就行了。

如何設計出基本的LOGO標誌

在前面章節，已經介紹了兩個可生成LOGO的網站，分別是Looka與Namelix，這次再新增的是Canva設計模板網站，來解決沒有預算卻又想擁有LOGO的問題。

TIP

參考網址：https://wpointer.com/recommends/canva/

Canva是一個提供大量設計模板的網站，像是LOGO、名片、Facebook封面等，只要先申請一個免費的帳號，就可以選擇喜歡的LOGO模板，並且透過其線上功能來修改設計，像是文字、字型、大小比例、字體顏色、圖像色彩等，完全無須另外購買繪圖軟體，非常容易上手。

此外，免費帳號只能下載小尺寸、且無法去除背景的圖片檔案（500x500px），使用上會有所侷限，若預算許可的話，建議可以升級到Canva Pro方案，就可以下載高解析度且透明背景的LOGO，會更方便使用。

圖3-8：Canva有中文介面，隨點隨改，非常方便。

◍ 修改 LOGO模板的小技巧

網路上有非常多的LOGO模板可供使用，但，因為修改彈性大，造成許多沒有設計背景的使用者，一不小心就越改越醜，為了避免憾事發生，在此提供修改LOGO模板時的幾個小技巧，就可以改出一個既有專業感，還能帶有個人風格的LOGO囉！

☞ **顏色不要超過三種：**一個LOGO，僅使用一至二種顏色，最多不要超過三種。

☞ **想要換顏色時，同個色彩的部分一起換**。舉例來說，如果 LOGO本來整個都

是金色，那在換顏色時，就整個換成銀色；另外，以上圖來說，LOGO本來是由黃色、深咖啡色、深橘色所組成，在改顏色時，就統一把深咖啡色改成藍色、深橘色統一改成粉紅色，只要不改變原本的色彩配置，就比較不會越改越奇怪。

☞ **請使用同類型字體：**如果英文字型是草寫，那麼中文字型也可以選擇偏向草寫或手寫的字型，較能維持設計的一致感。

☞ **調整文字間距：**修改文字時，想要的字數可能與模板的字數不同，請調整「文字間距」，即可讓文字區塊維持原本的寬度，又能保有原先的設計感。

☞ **請注意對齊：**修改之前，確認LOGO的原本設計是否有對齊之處。修改時，請盡量維持原本的對齊，才能保有設計感。

雖然LOGO很重要，是門面的一部分，但也不是未來不能修改的東西。架站初期，無須執著於製作出一個完美的LOGO，不如先決定好網站的色系與風格，日後就算想要調整LOGO，只要維持相同色系，也不會發生與原本做好的網站風格差異太大的問題。

當初在設計「網站帶路姬」的LOGO時，也是經過一番思考，包括LOGO裡的皇冠的形狀、LOGO的色系、LOGO直式及橫式的排版方式、以及LOGO在深色背景與白色背景上所呈現的樣子等，最後才做出現在的版本。

圖3-9：也可以透過設計LOGO的過程，同時思考品牌的色系。

圖3-10：最後決定把皇冠更簡化，並選擇深灰色、粉紅色、藍綠色。

制定網站定位的範例：好言好羽

因為近期非常喜歡賞鳥，卻發現網路上「親子」+「賞鳥」相關的部落格少之又少，於是決定製作一個親子賞鳥日記網站。

花了幾天的時間，制定出網站的目標，同時也幫網站做好定位。在此分享這段制定過程的紀錄，不妨可以做為架站初期的參考：

STEP01：決定網站名稱

由於是記錄我和孩子的賞鳥小旅行，因此，在網站中會放入賞鳥的照片，並且附上一段話，用來鼓勵自己的孩子，也希望能打動同樣喜歡賞鳥的父母們。在思考網站名稱時，會以「鳥」及「語句」來發想。發現「羽」和「語」諧音，便想出若是有出現「語」相關的詞句，就可以用「羽」來替代，於是列出了像是「千言萬語」、「甜言蜜語」、「好言好語」等。最後，是使用「好言好羽」作為網站名稱，象徵這個網站會提供許多鼓勵人的經典名句、及漂亮的鳥兒照片。

STEP02：決定網域名稱

這個網站的主軸是賞鳥日記，鳥的英文是Bird，日記的英文是Journal，於是將兩個詞彙合在一起，成為了Birdnal，網域名稱就是Birdnal.com。

STEP03：決定目標受眾以及定義人物誌

一樣對賞鳥有興趣的父母與小孩。

STEP04：決定網站色系與風格

賞鳥是靠近大自然的休閒娛樂，選用的色系當然就偏向大自然會有的顏

column

色。背景維持在簡潔的白色，文字以深灰色為主，超連結等強調文字則使用綠色（取自樹葉、青草），偶爾搭配少量的咖啡色（取自土壤、樹幹）與藍色（取自天空）來點綴。

STEP05：設計網站LOGO標誌

不想花費太多時間與金錢，便選擇以文字編排的方式來設計LOGO。主標題「好言好羽」的字級較大、並且挑選手寫字型來呼應「手寫日記」的感覺。副標題的字級相對較小，選擇相反的電腦黑體字，以製造出強烈對比，讓LOGO更好看，網站名稱也更明確。

圖3-11：好言好羽的自媒體網站。

參考網址：https://birdnal.com

3-4 自媒體企劃（三）：設計網站架構

你是否有過這樣的經驗，進入一個陌生的網站，想要找某個特定的資訊，卻怎麼也找不到？明明是以提供資訊為主的網站，卻沒有妥善規劃網站架構，無法提供具有邏輯性的主選單，就很容易讓人迷路，甚至想直接離開網站。

試想你要經營一間全新的實體超市，面對種類繁多的商品，第一步就是先分門別類；接著，要規劃出流暢的購物動線，並設置好結帳與客服櫃台等，才能滿足客人的各種需求，以提高銷售成績。

建立網站的思路，正如同上述經營實體超市。當你想提供給讀者的資訊非常多，應該先將這些資訊分門別類地歸納好，並且規劃好流暢的瀏覽動線，提供「關於我們」、「聯絡我們」的頁面，想辦法滿足各種訪客的需求，讓訪客用最有效率的方式獲得他們正在尋找的資訊。

以上的規劃就稱作網站的架構，這將影響到訪客在網站上停留的時間，甚至也會影響到SEO（搜尋引擎最佳化）的成效。

3-4-1 如何列出網站架構

若你是第一次規劃網站架構，也不用太擔心，其實就跟在家收納整理很像，無需使用特別工具。

◍ 第一步：列出全部資訊

請試著回想當初架站的目標是什麼？宗旨是什麼？標語是什麼？目標受眾是誰？你想提供什麼內容？你想幫助他們解決什麼問題？

把上述的答案，列在一張白紙上，即使字跡潦草、雜亂也沒關係，這個步驟的目的很簡單，盡可能把所有可能會包含的資訊都列出。

舉例來說，想要經營一個日本旅遊部落格，我可能會列出：關於自己的介紹、我的初衷、我的學歷、我為什麼要架站、我去過日本的哪些城市、這些城市有什麼景點、有什麼美食、購物注意事項、購物優惠券、懶人包下載、日本住宿選擇、日本旅遊注意事項、日本交通攻略等，想到什麼就寫下什麼。

◍ 第二步：歸納資訊

歸納資訊前，必須先初步了解WordPress的內容歸納方式。WordPress在預設的情況下，把內容分成「頁面」和「文章」。

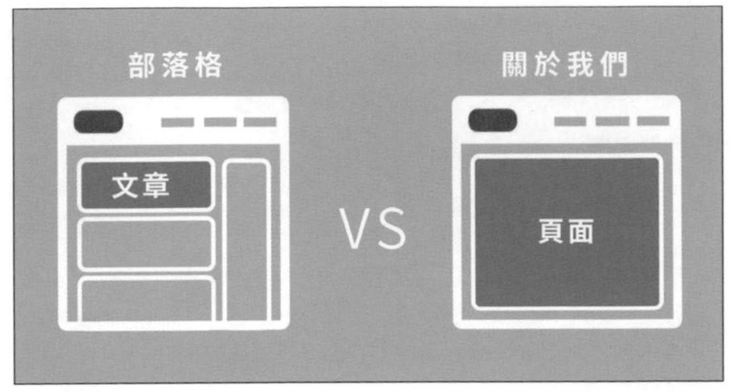

圖3-12：WordPress頁面與文章的差別。

頁面：在網站中，不會隨著時間而堆疊的、且無法被分類管理的靜態內容，例如：首頁、聯絡我們等。

文章：在網站中，會隨著發布時間順序而推疊的一篇篇內容、而且是可以被分類的。例如：東京五大必遊景點（可歸納到東京分類）、大阪必吃十大美食（可歸納到大阪分類）等。

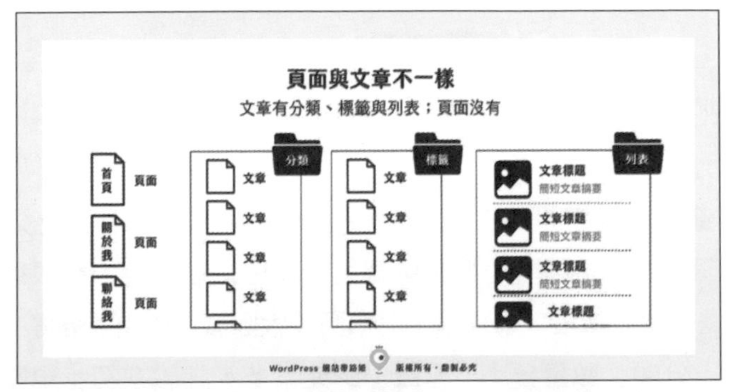

圖3-13：文章可被分類、被標籤與產生列表；頁面都不行。

由於文章可以分類，依照分類的規模，有兩種方式：

◉文章「分類」：通常是用在規模比較大的分類，可以包含子分類，有層級之分。舉例來說，在旅遊部落格中，「城市」是一種常見的分類方式，在「分類」列表裡，就會包含：

關東（主分類）：東京（子分類）、神奈川（子分類）

關西（主分類）：京都（子分類）、大阪（子分類）

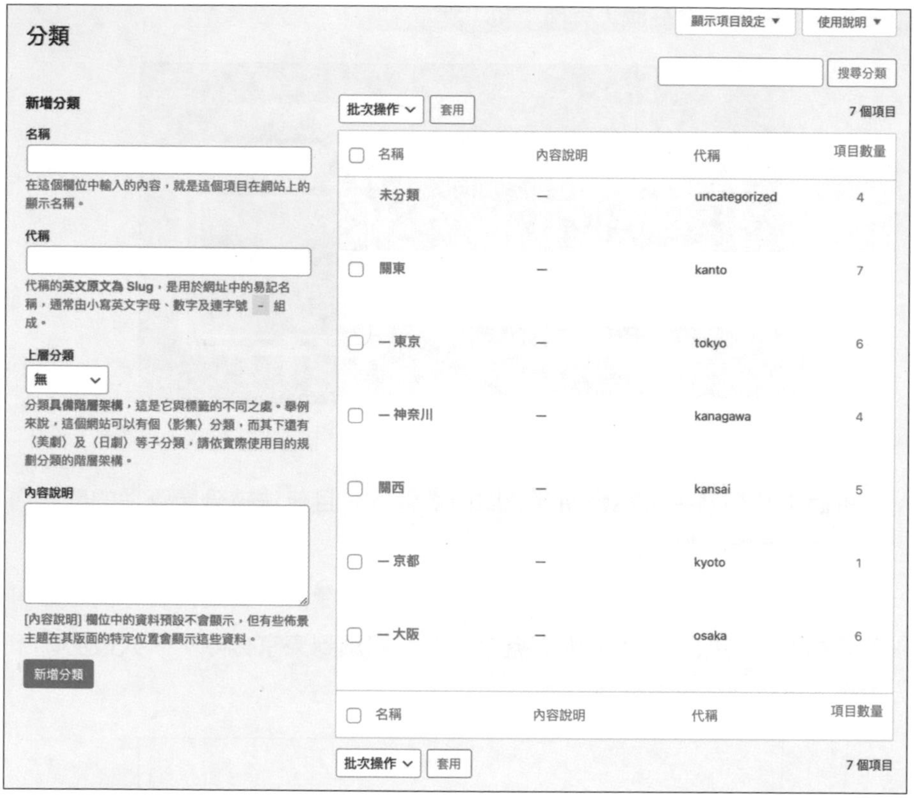

分類

顯示項目設定 ▼　使用說明 ▼

搜尋分類

新增分類

名稱

在這個欄位中輸入的內容，就是這個項目在網站上的顯示名稱。

代稱

代稱的英文原文為 Slug，是用於網址中的易記名稱，通常由小寫英文字母、數字及連字號 - 組成。

上層分類

無

分類具備階層架構，這是它與標籤的不同之處。舉例來說，這個網站可以有個〈影集〉分類，而其下還有〈美劇〉及〈日劇〉等子分類，請依實際使用目的規劃分類的階層架構。

內容說明

[內容說明] 欄位中的資料預設不會顯示，但有些佈景主題在其版面的特定位置會顯示這些資料。

新增分類

批次操作　套用　7 個項目

名稱	內容說明	代稱	項目數量
未分類	—	uncategorized	4
關東	—	kanto	7
— 東京	—	tokyo	6
— 神奈川	—	kanagawa	4
關西	—	kansai	5
— 京都	—	kyoto	1
— 大阪	—	osaka	6
名稱	內容說明	代稱	項目數量

批次操作　套用　7 個項目

圖3-14：WordPress文章的分類有層級之分。

◉文章「標籤」：通常是用在規模比較小的分類，沒有層級之分。舉例來說，在同一個旅遊部落格，地標、餐廳名稱、地鐵名稱等，都很適合成為文章標籤，像是：東京鐵塔、東京迪士尼樂園、大阪城、JR山手線等。

文章的「分類」數量會比「標籤」少非常多，建議在初步規劃架構時，

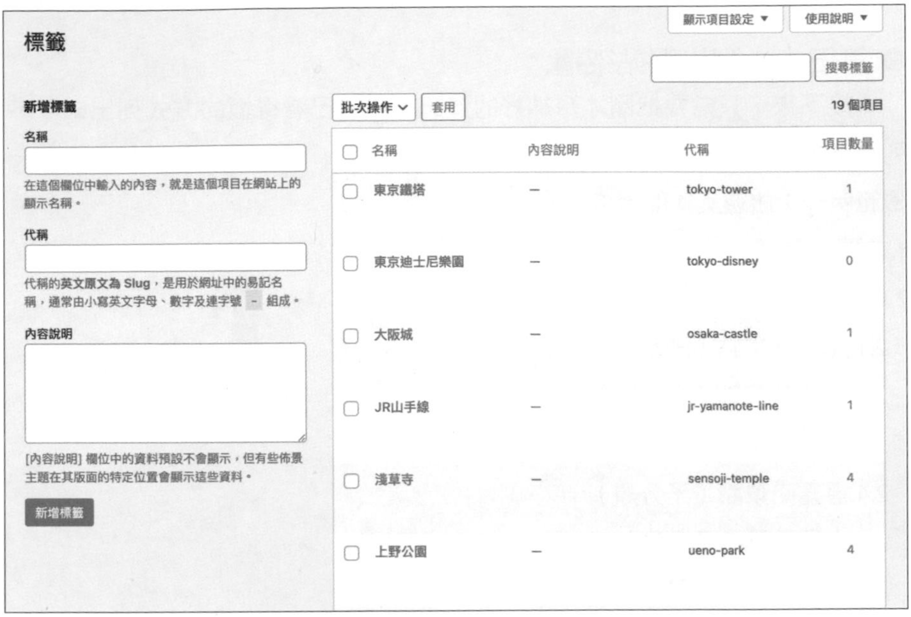

圖3-15：WordPress文章的標籤沒有層級之分。

可以先列出文章的「分類」，「標籤」則可以等到日後寫文章時，陸續增加即可。

文章的「分類」與「標籤」在WordPress網站裡扮演十分重要的角色，因為**WordPress會自動為每一個分類或標籤建立頁面**，方便使用者點選該分類或標籤的連結時，可以看到所有該分類或標籤的文章（更多詳細的資訊將在第四章進一步說明）。

有了上述基本概念後，接下來，就可以開始歸納資訊：

◉哪一些資訊是屬於靜態內容：不會經常更新、不會隨著時間累積而持續增加篇數的內容，就可以歸納在某幾個「頁面」中，例如「關於我們」、「聯絡我們」、「常見問題」等。

◉哪一些資訊是屬於動態內容：須經常更新資訊、隨著時間累積而持續增加篇數的內容，就可歸納在「文章」中。在規劃時，可以先列出兩三篇最想寫的文章標題，接著把重點放在符合邏輯的文章分類，不僅有助於自己管理文章，也方便訪客找到文章。除了列出與寫作主題相關的分類之外，另一個常見分類便是「最新消息」。

◍ 第三步：列出網站架構

接下來，只需要把剛才歸納好的資訊，用自己看得懂的方式列出來，下列提出幾個範例讓大家參考。

◉範例一：旅遊美食部落格

1.首頁（頁面）
2.旅遊景點（主分類）
  2.1.北北基景點（子分類）
  2.2.桃竹苗景點（子分類）
  2.3.中彰投景點（子分類）
  2.4.雲嘉南景點（子分類）
  2.5.高屏景點（子分類）
  2.6.宜花東景點（子分類）
3.美食日記（主分類）
  3.1.北北基美食（子分類）
  3.2.桃竹苗美食（子分類）
  3.3.中彰投美食（子分類）
  3.4.雲嘉南美食（子分類）
  3.5.高屏美食（子分類）
  3.6.宜花東美食（子分類）
4.旅遊規劃懶人包（主分類）
  4.1.自行車鐵馬行（子分類）
  4.2.溫泉泡湯（子分類）
  4.3.親子旅遊（子分類）
  4.4.露營野餐（子分類）
5.關於我們（頁面）
6.聯絡我們（頁面）

◉範例二：理財部落格

1.首頁（頁面）

2.關於我們（頁面）

3.聯絡我們（頁面）

4.理財入門（主分類）

5.基金入門（主分類）

  5.1.基金是什麼（文章）

  5.2.基金懶人包（子分類）

6.美股入門（主分類）

  6.1.美股怎麼開始（文章）

  6.2.美股懶人包（子分類）

7.ETF入門（主分類）

  7.1.ETF是什麼？（文章）

  7.2.ETF基礎（子分類）

  7.3.台灣 ETF（子分類）

  7.4.美國 ETF（子分類）

8.熱門標的（主分類）

◉範例三：賞鳥部落格【好言好羽 https://birdnal.com】

1.首頁（頁面）

2.繽紛陸鳥（主分類）

3.優雅水鳥（主分類）

4.孤傲猛禽（主分類）

5.親子賞鳥（主分類）

  5.1.北台灣（子分類）

  5.2.中台灣（子分類）

  5.3.南臺灣（子分類）

  5.4.東台灣（子分類）

6.關於帶路機（頁面）

每個人擅長的領域及經歷都不同，千萬不要照抄其他人的架構，主要還是得回歸自己能寫出哪些內容，再幫這些內容做好分類規劃。

有些人會問：「如果想寫的東西很多、很廣，需要幾個分類才適合？」其實，這和前面的網站目標、網站定位都有關聯，除非是多人共筆經營，否則，在一人經營自媒體的情況下，寫作主軸建議要明確、範圍不要太大，才能產出具深度的文章。分類數量並沒有一定要幾個才適合，只要你能確保這些分類裡，未來不會鬧空城、稀疏幾篇內容，那就是適合你的分類數量。

◍ 第四步：規劃網站選單

不知道你是否有注意到，在列出主要架構的過程中，其實也把選單約略地建構出來了，只要再進一步將架構稍微修正，就可以成為網站的選單，以下為你整理出網站選單規劃技巧：

☞**選單可以不只一個：**每一個網站通常會有一個主要的主選單，如果選單項目實在太多，則可以考慮再多建立一個次選單。

☞**主選單的主要項目不要太多：**這是為了避免造成訪客的選擇障礙，建議最多六至七個，當主選單項目過多時，可以省略「首頁」，因為現在已經有個默契，只要點選LOGO，就能回到首頁；或是，把某些項目整合到子選單裡。

☞**符合閱讀習慣：**在瀏覽網頁時，多數人習慣從左至右，因此，越重要的選單項目請放左邊。

☞**只要點選三次就能找到資料：**試問自己，哪些角色的訪客會來拜訪網站？會找些什麼資料？盡可能讓每個訪客透過三次的點選，就能找到他需要的資料。

在此以「範例二：理財部落格」做進一步的修正，合併一些主要項目、把重要分類提前，將「關於我們」、「聯絡我們」移後，應該可以加速訪客找到想要的資料。在第四章製作網站時，就可以更快速的建立分類與選單了！

1.理財入門（主分類）

2.基金入門（主分類）

  2.1.基金是什麼（文章）

  2.2.基金懶人包（子分類）

3.美股入門（主分類）

3.1.美股怎麼開始（文章）

3.2.美股懶人包（子分類）

4.ETF入門（主分類）

4.1.ETF是什麼（文章）

4.2.ETF基礎（子分類）

4.3.台灣 ETF （子分類）

4.4.美國 ETF （子分類）

5.熱門標的（主分類）

6.關於我們 （頁面）

7.聯絡我們（頁面）

3-4-2 分類架構是否可以修改？

很多新手在架站初期都很擔心：「文章數量還很少該怎麼辦？」是否要一下子建立這麼多分類？擔心網站看起來空洞、乏味，而不想太早公開。

其實，網站初期沒有內容是再正常不過的事了！我建議先選擇部落格的最基本排版的首頁，讓文章一篇一篇往下堆疊就好，不要在首頁分出太多不同分類的區塊，直到文章累積到幾十篇後，再考慮重新設計首頁。

至於分類架構，在網址的「永久連結結構」設定得宜的情況下，未來是可以更改架構的，關於永久連結結構的部分，將在**4-2-6**詳加說明。架站初期，也可以先建立十個以內主要的大分類，隨著文章數量越來越多，之後可以再視需要調整。

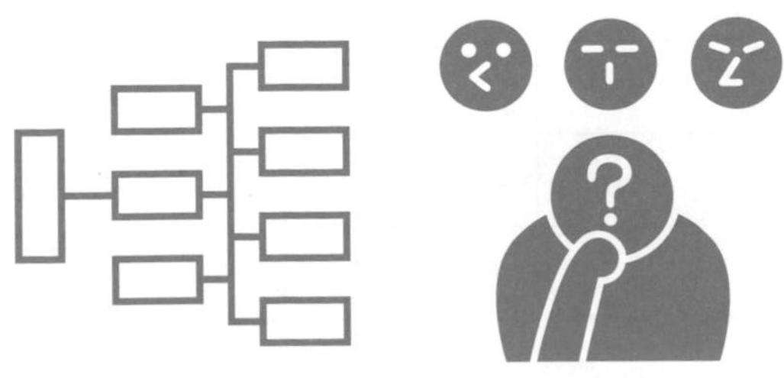

3-5 自媒體企劃（四）：分配時間與預算

初次架站所需的時間與預算，因為變數很多，落差非常大，因此，了解每種變數所帶來的影響，在規劃階段非常重要，才能避免浪費時間重做，或者買錯產品多花冤枉錢。

3-5-1 規劃架站時間

首次架站需要花費的時間，會隨著學習方式、選擇搭配的工具、頁面數量多寡、外觀客製化的程度、以及功能的複雜程度，有顯著的不同，通常需要一週到數個月不等。

從表3-3的架站流程中可見，可以分出兩個階段：一是網站規劃，二是網站架站。

網站規劃			網站架站			
制定網站目標	數小時～數天		購買主機	5～10 分鐘		
找到網站定位			購買網域	5～10 分鐘		
設計網站架構			安裝 WordPress	5 分鐘		
分配時間預算		→	購買佈景主題	5～10 分鐘	→	完成
			安裝佈景主題與匯入示範網站內容	5 分鐘		
			新增內容與選單	每頁 30～60 分鐘		
			客製化網站外觀	數小時～數天		
			客製化網站功能	數小時～數天		

表3-3：初次架站所需花費的時間。

◉網站規劃的時間

這個階段所需的時間可能是數小時到數天，難以估算精確的時間，建議先抓一週以內的時間較佳，之後還可以隨時調整。

◉網站架站的時間

從購買主機到安裝好佈景主題、並且匯入示範網站的內容，把網站變得像示範網站一樣，大約需要30至40分鐘，但是之後的階段就十分關鍵了。

「新增內容與選單」：如果你想要的網站需要多一點「頁面」，就會需要花比較多時間來設計，每個頁面需要的設計時間因人而異，如果是套用版型再加以微調，約一個小時內就可以完成；文章分類多寡比較不影響架站時間，文章會在之後慢慢增加，不必急於一時產出。

「客製化網站外觀」：由於每個佈景主題的使用方式與使用介面都完全不同，且都是英文介面，如果你的英文能力普通，但是想客製化的部分很多時，就會需要完整的中文教學，以及與同好交流討論的環境，才能大量縮短客製化網站的時間。若是能跟著本書學習的話，大約一個小時左右，就可以學會客製化外觀的所有基礎。很可惜的是，多數的教學網站在這部分無法說得完整，也造成很多新手中途放棄架站。

「客製化網站功能」：WordPress的預設功能多半與建立部落格內容相關，像是新增文章、插入圖片與連結等網頁元素、管理圖片等，若是想要新增更多的功能，就得花點時間研究外掛，該如何安裝合適的外掛、怎麼使用外掛等。當想要的功能越多，自然耗費的時間也就越多，因此難以估算準確。

然而，上述估算的時間並不是絕對，因為在WordPress架站的過程中，涉及的變數實在太多，像是選擇主機商（網路空間）、選擇網域商、選擇佈景主題、選擇頁面編輯器、選擇外掛等。首次架站最忌諱的就是拼湊不同老師的教學，跟著A老師選購主機、跟著B老師選購網域、跟著C老師選購佈景主題、跟著D老師學習頁面編輯器或外掛，ABCD有可能根本不適合配在一起，就很容易出問題讓新手卡關。

就好比從台北到高雄，交通方式很多種，A老師教坐高鐵、B老師教坐火車、C老師教坐巴士，雖然這三種都會抵達終點，一旦中途下車轉換交通工具，就很容易迷路，找不到接續的點，就得浪費更多的時間找解決方案。

如果你是第一次架站，建議從頭到尾就跟著這本書學習，不但可以減少變數，架站過程中，還可以到網站帶路姬的Facebook共學社團與同好交流討論，一定會讓首次架站的成功率提高很多，而且更有效率。

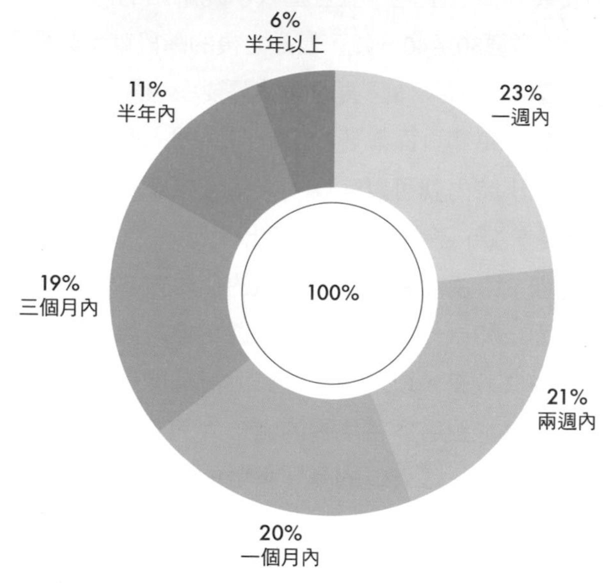

圖3-16：這是從帶路姬的學員反饋中分析，約有六成五的人在一個月內可以完成架站。

3-5-2 規劃架站的預算

WordPress架站因為變數很多，不同的組合所衍生的花費也會差異頗大，每年可能從新台幣1000元到數萬元不等。

◍ LOGO的設計費用

在網站規劃階段，大部分都可以自己花點時間處理，不一定要花錢，只有LOGO商標，因為涉及電腦繪圖，門檻較高，不論是外包給專業設計師，或者使用DIY創作工具，都是一筆支出。

網站規劃				網站架站			
制定網站目標	0. 現況分析與市場調查 1. 網站（寫作）主題 2. 網站宗旨與標語 3. 網站的獲利模式	$0		購買主機	首購可享優惠 Bluehost 主機與 A2 主機年繳，年費約 1000 元起；Cloudways 主機月繳，最低 360 元起。 （參考主機花費比較圖）		
找到網站定位	1. 決定網站名稱 2. 決定網域名稱 3. 決定目標受眾以及定義人物誌 4. 決定網站色系與風格 5. 設計網站 LOGO 標誌	LOGO DIY：一個 LOGO 平均約 300 元～ 3000 元 專業 LOGO 設計：一個 LOGO 約數千～數萬元		購買網域	.com 約 $300～$720/ 年 .com.tw 與 .tw 約 $600～$1200/ 年		
設計網站架構	1. 列出全部資訊 2. 歸納資訊 3. 列出網站架構 4. 規劃網站選單	$0	→	安裝 WordPress	$0	→	完成
分配時間預算	1. 規劃架站時間 2. 規劃架站預算	$0		購買佈景主題	$0 / $1800 / ∞ （參考佈景主題比較圖）		
				安裝佈景主題與匯入示範網站內容	$0		
				新增內容與選單	$0		
				客製化網站外觀	$0		
				客製化網站功能	$0 ～∞ （參考外掛花費列表）		

表3-4：初次架站的預算費用（價格可能會變動）。

如果預算許可的話，建議找專業設計師來協助製作，是一個不錯的投資。有經驗的設計師會在製作過程中，引導你闡述品牌核心價值與理念，不斷地梳理腦中的想法，以建立起品牌形象，還能一起挑選色系、視覺圖案等，這些都有助於之後的網站設計。通常設計師會提出數個LOGO組合，並展示在不同的媒介上，這段設計的過程十分耗費心力與時間，價格也就會依據設計師的能力、經驗、團隊規模、包套方案等，從新台幣數千元到數萬元不等。

若是預算有限，當然可以使用前面章節推薦的DIY創作工具來製作，費用大約是新台幣300元至3600元，即可獲得一個LOGO圖檔，看起來專業美觀，只是畢竟不是量身訂做，會缺少一點獨特性。

到了實際架站階段，就會有主要四種花費：主機空間、網域、佈景主題與外掛。

◍ 主機空間的預算

在本書第二章提到過，網路上有銷售**可以與他人共用的、遠端的、具備網頁伺服功能的電腦**，因為沒有螢幕，只有電腦的主要核心機體，也常被叫做「主機（Hosting）」，也有人稱做「網站空間」，主機的種類很多，購買方式、管理方式與衍生的費用都不同，在此完整解析虛擬主機、雲端主機的差別與需要的花費。

	虛擬共享主機	虛擬私人主機 (VPS)	雲端主機	
主機資源 (CPU、記憶體)	共享	獨享	獨享	
主機管理門檻	簡單	困難	完全自管：困難	廠商全代管：簡單
規格延展彈性	低	中	高	高
速度	慢	中	快	快
穩定度	易被他人影響	不受他人影響	不受他人影響	
安全性	中	高	高	
費用	低	中	高	
計價方式	以年計費	以時計費、月底收費	以時計費、月底收費	以時計費、月底收費
年費估算	最低階方案約一年1000元起	最低階方案約一年1800元起	依規格與流量彈性計價	最低階方案約一年3600元起
代表性廠商	Bluehost、A2 Hosting	Linode、DigitalOcean	GCP、AWS	Cloudways、Kinsta

表3-5：三大主機種類的比較（價格可能會變動）。

◉虛擬主機的類型與費用

全年無休運作的實體主機是非常昂貴的，動輒新台幣數萬元至數十萬元不等，個人用戶或中小企業通常負擔不起，因此，主機商會用虛擬化技術把實體主機切割成數個小空間來販售，讓大家共享這台主機的資源，也共同分擔主機的費用。每個人就只要支付一些費用，就能擁有自己的網站空間。這樣的主機空間，就稱為虛擬主機空間。

虛擬主機又分為兩種：**虛擬共享主機（Virtual Shared Hosting）與虛擬專屬主機（Virtual Private Hosting，VPS）**。

虛擬共享主機，就像住在大學宿舍一樣。很多人擠在同個空間，共享房間與公共區域的資源，但是資源畢竟有限，如果其中幾個人占用了較多的資源，就會壓縮到其他人的資源。這種主機的效能表現可能不會很穩定，但優點是價格低廉，是最多新手入門WordPress架站的首選，我常用的外國主機商，像是Bluehost主機、A2 Hosting主機，在這類型的主機商中頗負盛名。

國內也有主機商銷售虛擬共享主機，但由於國外的WordPress使用者眾多，主機商也相對很多，在強烈競爭下，他們提供的主機，不僅空間更大、頻寬更大、流量更大、安全性更高、可放置的網站也更多，甚至有些主機商還標榜，只要在正常使用下，不限制空間大小與流量，整體而言，CP值比國內主機高出很多。

要怎麼挑選國外主機呢？就選擇歷史悠久的、知名的、評價高的，不需要常與客服聯繫，即使偶爾要聯繫，可用Google翻譯輔助即可。台灣也有很多虛擬主機商，CP值較低，最大的優點在於客服可以中文溝通，十分方便。

虛擬共享主機的費用是「依照（規格）方案計費」，每種方案的規格與特色都寫得很明確，價格比較「固定」，對不懂技術的新手朋友來說，可以放心購買，不用擔心隱藏的費用。

國外的虛擬共享主機，通常會提供高折扣給首購的客戶，折扣後的價格，以最低階的方案來說，平均一年約新台幣1000元起；而台灣的虛擬共享主機，最低階的方案，則是平均一年大約新台幣3600元起，規格還不如國外的主機，以上價格會依物價而變動，僅提供參考，讓大家對虛擬主機的費用有基本的概念。

虛擬共享主機通常是以年計費，少數也會有以月計費的方案，通常購買年期越長，平均下來的月費越低，因此，直接購買三年，平均下來的月費會非常划算。

購買虛擬共享主機時，需以信用卡支付費用，無法透過銀行匯款。而且，是在刷卡完成付款時，就開始計算時間，並不是等網站架好才開始計算，這點需要注意一下喔！

虛擬專屬主機（VPS），就像住在獨立套房。每個人都有自己的獨立空間，可以完全依照喜好來設計與擺設，也不會有其他人佔用資源。缺點是使用門檻高，需要對電腦非常熟稔的工程師才能透過終端機（SSH），用下指令的方式管理主機和安裝網站所需的各項套件（Nginx、Apache、PHP、MySQL等），每個環節的學習曲線都很高，非常耗費心力，隱藏花費更是難以預測，目前知名的VPS主機商有Linode、DigitalOcean、Vultr等。

就虛擬專屬主機的價格來說，最低階的VPS主機並不貴，一年約新台幣1800元起。但是，我並不建議新手們接觸這類型主機，對於不懂電腦技術的人來說，是非常吃力不討好的選擇。

◉雲端主機的費用

雲端主機（Cloud Hosting，又稱雲主機），就像是獨立別墅。每個人除了擁有高自由度的獨立空間外，還可以在訪客量突然暴增時，快速提升別墅的規格，等到流量高峰過去，再調降即可；相對於虛擬主機，調整主機規格需要幾天的時間，以主機的彈性來說，雲端主機大勝虛擬主機。

而且，雲端主機的速度最快、穩定性最高、也最安全，因此價格也是三個主機類型中最高的，目前最知名的雲端主機商有AWS、Azure及GCP。

然而，就上述三家雲端主機的操作並不容易，門檻極高，要面對的控制選項非常多，就像進入飛機駕駛艙一樣，面板、操作項目讓人眼花撩亂，需要具有IT背景的人，才能輕鬆應對。因此，後來出現了代為管理雲端主機的主機託管商，像是Cloudways與Kinsta，其工程人員會協助把主機調校到最佳狀態，並且提供簡化的操作面板與即時專業客服，讓沒有工程背景的使用者，也可以輕鬆管理主機，享受高速又穩定的網路體驗，把心力專注在網站的製作與行銷。

以Cloudways來說，他們協助代管三家主機商的主機：DigitalOcean（VPS）、AWS（雲端主機）與GCP（雲端主機），其中DigitalOcean主機單價較低，而且包含基本流量，只有超過額度時，才需補上小額差價，非常適合預算還不高的新手朋友們；而AWS和GCP主機，除了單價較高外，流量需另外收費，流量的單價也較高，整體而言，會比前三種主機費用高出非常多。

Cloudways主機是目前雲端主機代管商中價格實惠，不以年計費、也不用預先支付好幾年的費用，相反的，是「以時計費、每個月底計算使用量、再自動從信用卡扣款」。

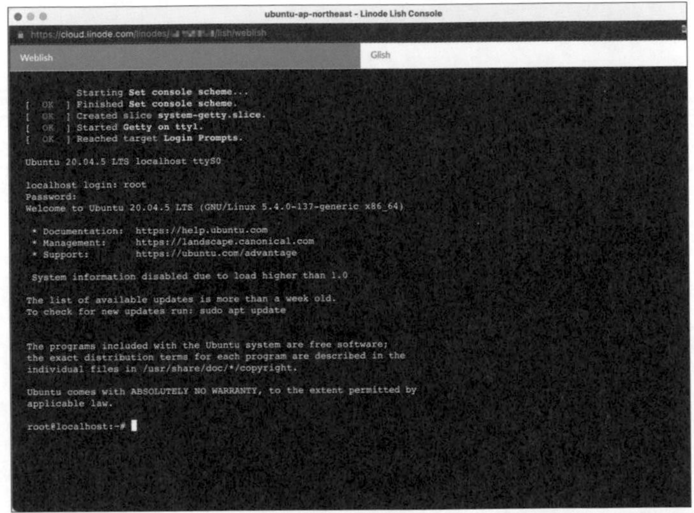

圖3-17：VPS與雲端自管主機，皆需使用SSH工具來管理主機，對新手非常不友善。

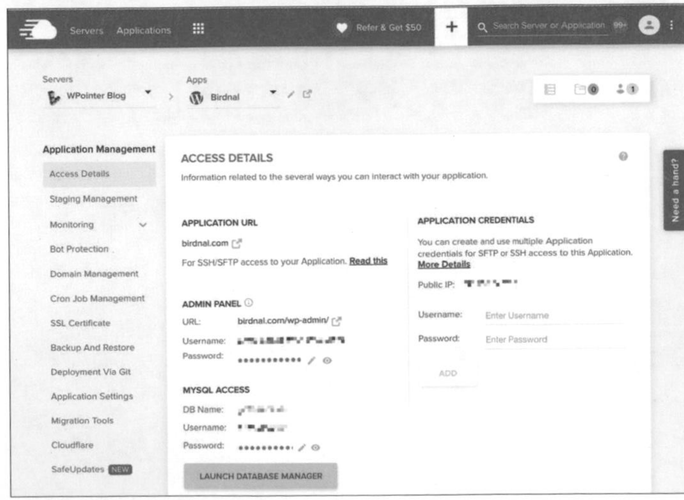

圖3-18：雲端全代管主機，像是Cloudways及Kinsta，使用介面就人性化多了，只要稍加學習就能輕鬆上手。

◉新手入門主機推薦

如果你不懂電腦技術，那麼，請從虛擬共享主機、以及全代管的雲端主機開始，在架站這十幾年來用，我使用過非常多的主機商，綜合各種考量下，目前仍在使用中的主機商分別是Bluehost主機、A2 Hosting主機、及Cloudways主機。

速度快至慢：Cloudways > A2 Hosting > Bluehost

價格高至低：Cloudways > A2 Hosting > Bluehost

關於這些推薦的主機，更多的詳細介紹、方案說明、購買流程以及使用方式，可參考文末的QR Code，裡面收集了最新主機資訊，可以好好參考。

TIP

參考網址：https://go.wpointer.com/all-hostings

可以不要先買主機，把WordPress安裝在自己的電腦上、NAS上、或是免費的網路空間上？

column

答案是可以的，但門檻很高，比較適合空閒時間較多、英文能力較強、以及喜歡研究電腦技術的人。以下整理一些常見問題，供新手參考：

☞**自架主機與NAS的技術門檻很高**：WordPress必須被安裝在有特殊設置的電腦主機上，那些設置涉及很多專業知識與術語，需要花很多時間研究。（可參考2-1 WordPress軟體的環境需求）

☞**在自架主機做好網站再搬到遠端主機的風險很多**：有些人想先免費在自己的電腦嘗試看看，等到做好再搬到遠端主機，這會面臨三個挑戰：一、要先學會自架主機，配置符合WordPress要求的環境。二、網站製作完後，要學習如何把網站搬到遠端的主機上。三、有時會因為遠端主機空間與自己電腦上的設置不同，導致原本在電腦上看起來做好的網站，在遠端主機上卻出現跑版的問題。

☞**需要效能好與安全性高的電腦**：要把網站長期放在自己的電腦上或NAS上，電腦必須24小時開啟、必須加強防毒、安裝防火牆，避免網站被駭客入侵而造成資料消失被竄改等，這些會比租用遠端主機還要花費更多的時間與金錢。

☞**免費也限制多**：免費的網路空間，通常限制很多、安全性不夠高、主機商配給的資源也很少，在瀏覽網站時容易卡卡的、也容易斷線，或是編輯網站時也容易出現錯誤訊息。這對第一次架站的新手來說，是極大的困擾，搞不懂到底是哪個環節出了問題？是佈景主題的問題？還是外掛的問題？還是自己的操作有問題？很多時候，其實是主機品質不良所造成的問題。

直接租用對新手友善的主機空間，不僅可以減少第一次架站不可控的變數、降低架站難度，以及減少卡關在設置主機環境上的時間，只要在購買主機空間時，順便安裝好WordPress，就可以開始架設網站，是最有效率的選擇。

◍ 網域的預算

可以回過頭參考圖表3-4，只要先記住一件事：越熱門、越簡短、越好記的網域越貴，年費需要好幾萬元不等，但，若是使用一般的網域其實很便宜。此外，網域是以年計費，需要每年續約才能繼續持有。

主機與網域是兩種不同的商品，主機商有可能兩種都賣，網域商也可能兩種都賣，但還是有一些差異，主機商是以賣主機為主、賣網域為輔；網域商則相反，例如：Bluehost是兩種都有賣的知名主機商、Namecheap是兩種都有賣的知名網域商。

雖然主機商所販賣的網域會比較貴一些，但我仍建議初次架站的新手們在購買主機時，同時購買網域，可藉此跳過「設定網域去指向主機」的步驟，減少好幾個小時的卡關，這部分將會在第四章詳細說明。網域商所販賣的網域會比較便宜一點，不過，它們的主機品質通常比較差。

普通的網域費用大約落在每年新台幣300元至1200元之間。.com通用網域比較便宜，大約是每年新台幣300至720元；.com.tw 與.tw這種國家代碼的頂級域名則比較貴，大約是每年新台幣600元至1200元。

為了避免使用者因為忘記續約，而失去了網域，通常主機商與網域商都會預設「自動續約」，如果你確定想停止續約，請記得一定要去主機商或網域商的控制台「取消自動續約」。

◍ 佈景主題的預算

佈景主題的預算方面，主要分成四大類型：WordPress預設的佈景主題、WordPress佈景主題庫目錄裡的佈景主題、Envato Market主題商城的佈景主題、其他專業佈景主題，以下就這四種詳盡介紹。

☞**WordPress預設的佈景主題**：此為免費，外觀極度簡約，功能非常基本，幾乎很難客製化外觀，很少人用做商用，比較適合完全不在乎外觀，只想安裝好WordPress，就能開始寫文章的人。

☞**WordPress佈景主題庫目錄裡的佈景主題**：此為免費。佈景主題的來源廣

	WordPress 預設	WordPress 佈景主題庫	Envato Market 主題商城	其他常見專業佈景主題		
			一次購買，可終身使用	免費試用版	付費升級成完整版	
	免費	免費	約29美元～89美元；以59美元為最多	免費	每年付費方案：每年持續付費，才能升級佈景主題，最低每年49美元起。	終身使用方案：一次購買，終身使用，最低每年149美元起。
功能	功能非常陽春，不建議商用	品質良莠不齊；也有很多是付費佈景主題的免費試用版，功能有諸多限制。	包含完整配套功能，適合新手。	大部分功能有限制，需要付費才能解鎖功能。	功能完整，但把配套選擇權留給站長，反而有點彈性太大，稍不適合新手。	
客服支援	無客服	無客服	預設半年客服期；如需延長，需加購「延長客服」服務。	無客服	有付費的期間，即可與客服聯繫。	終身可以與客服聯繫。
熱門佈景主題	Twenty Twenty		Avada、Soledad、Flatsome、Jupiter、Jannah、Essentials、TheGem、Porto、The7、BeTheme、WoodMart等	OceanWP 有免費試用版	OceanWP：三個網站，每年 54美元	OceanWP：三個網站 222美元
	Twenty Twenty-One			Astra 有免費試用版	Astra：無限網站，每年 59美元起	Astra：無限網站 299美元起
	Twenty Twenty-Two			Blocksy 有免費試用版	Blocksy：一個網站，每年 49美元	Blocksy：一個網站 149美元
	Twenty Twenty-Three			Kadence 有免費試用版	Kadence：無限網站，首購 129美元起，續購 149美元起	Kadence：無限網站 699美元
				Divi 無免費試用版	Divi：無限網站，每年89美元	Divi：無限網站 249美元
				GeneratePress 有免費試用版	GeneratePress：500個網站，每年59美元	GeneratePress：500個網站 249美元

表3-6：各類型佈景主題的比較（價格可能會變動）。

泛，可能來自於某個志工工程師或某網頁設計工作室，品質良莠不齊，在選擇上要多花點心力。另外，也有些是專業佈景主題的「免費試用版」，這些主題的品質是好的，但是功能上會有很多被鎖住，需要付費購買「進階正式版」，才能解鎖所有的功能。姑且不論佈景主題的好壞，只要是免費的主題，意味作者沒有義務提供支援及更新版本，這些都是使用者需要自行承擔的風險。

☞**Envato Market等主題商城的佈景主題：**Envato Market是所有佈景主題商城中最知名的一個，所有主題皆需付費購買，但只需付費一次，就可以終身使用，費用大約在新台幣900至2700元之間，以新台幣1800元（美金59美元）左右最為常見，也算是功能比較完整的指標；若是挑選新台幣1800元以下的主題，功能較少，難以客製化網站外觀等。此外，Envato Market的客服期預設為半年，超過半年若需向客服聯繫，請加購「延長客服」服務。

☞**其他專業佈景主題：**這類型的佈景主題適合進階的使用者及工作室使用，費用較高，甚至比Envato Market的佈景主題還更貴，動輒數千、上萬元都有。有兩種付費機制：年繳制與終身制。年繳制是需要每年付費續約，才能更新佈景主題，讓佈景主題維持在最新、最安全、相容性最高的狀態；如果停止付費，網站並不會因此壞掉，佈景主題也還是可以用，但是無法更新，假以時日，佈景主題會漸漸的和WordPress系統與其他外掛不相容，網站容易被駭客入侵，或出現其他錯誤訊息等。終身制是當你確定會持續使用這個佈景主題，與其每年一直付費，不如直接支付一大筆費用，買斷該佈景主題，就可以終身更新此佈景主題，並且獲得客服的協助。另外，這類主題大部分會提供免費試用版，放在WordPress控制台的佈景主題目錄裡，因為是免費版本，很多功能都是上鎖的，必須付費購買「進階正式版」，才能解鎖所有功能。

通常功能多、客製化彈性大、客服完善、有在持續更新、整體評價高的佈景主題，背後都有專業的製作團隊在持續維護，因此，不太可能是免費的；網站測試階段，多測試幾個免費的佈景主題無妨，但是如果要長期經營，還是建議避開免費主題，會比較有保障；若想選擇專業佈景主題的免費試用版，則建議先評估升級版的費用再開始，就可以避免花了很多時間製作後，卻面臨否要升級、或者換佈景主題，進退兩難的窘境。

以上就是比較常見的佈景主題類型，應該更能了解市場上的各種付費機制。由於學習佈景主題非常花時間，更換佈景主題也有外觀破版及搜尋排名下降的風險，因此，一開始就要選擇一個適合自己的佈景主題是件很重要的事，這在第四章會有完整的説明與比較。

◍ 外掛預算

這個部分實在難以估算，因為每個人的網站類型不同，功能需求也不同，不過，大致上來説，新手首次架站時，不需要急著買外掛，因為大部分的外掛都有「免費基礎版」，像是優化搜尋排名的外掛Rank Math、優化網站安全的外掛Wordfence、製作表單的外掛WPForms、視覺化編排頁面的外掛Elementor等。可以等到你對WordPress的運作更加熟悉時，再視自己的需求與預算，陸續購買升級進階版就好。

以下列出一些常見的熱門外掛及費用，讓大家對外掛的費用及付費機制有基本的了解。總之，功能越複雜的、越能幫助你賺錢的外掛就會越貴。

常見進階外掛花費列表				
主要功能	外掛名稱	定價	不定期折扣價	免費基礎版
精細客製化外觀	YelloPencil	26美元	18美元	無
SEO	Rank Math	每年 59美元起		有
SEO	Yoast SEO	每年 99美元		無
視覺化頁面編輯器	Elementor Pro	每年 59美元		有
優化網站速度	WP Rocket	每年 59美元		無
進階優化網站安全	Wordfence Premium	每年 119美元		有
製作表單	Gravity Form	每年 59美元		無
製作表單	WPForms	每年 99美元	每年 49.5美元	有
多國語言管理	WPML	每年 39美元		無
延伸內建的頁面編輯器	Stackable	每年 49美元		有
延伸內建的頁面編輯器	Qubely	每年 39美元		有

表3-7：常見外掛的價格（可能會變動）。

◍架站預算的案例

經過上述章節，並重新回顧圖表3-4的流程表，你應該更清楚知道，需要花錢的步驟就是：製作LOGO、購買主機、購買網域、購買佈景主題、購買外掛。在此提供三個案例來仔細確認所需花費的細項（以下皆已換算成新台幣）。

	案例一 價格最低取向	案例二 CP值取向	案例三 一次到位取向
LOGO製作	300	300	10000
	只買一年 Bluehost Basic 主機	直購三年 A2 Hosting Startup主機	購買 Cloudways每月720元主機
首購主機費用（折扣後）	1000	5389	
首購主機平均一年費用		1796	8640
網域第一年費用	0	330	300
佈景主題	0	1800	1800
外掛	0	0	9000/年
第一年費用總計	1300	7819	29740
第二年費用（主機＋網域＋外掛）	4556	540	17940
第三年費用（主機＋網域＋外掛）	4556	540	17940
隱藏潛在費用	數千或上萬	無	無
佈景主題學習曲線	較難	較簡單	較簡單
預計三年總花費(排除潛在費用）	10412	8899	65620
預計經營三年之每年平均花費	3471	2966	21873

表3-8：架站花費的三個案例（價格可能會變動）。

●案例一、以「省錢」為第一考量

☞第一年最低的花費：

1.DIY製作LOGO：約300元。

2.購買Bluehost最基本的主機方案：約一年1000元。

3.購買網域：Bluehost有贈送，無需另外購買。

4.購買佈景主題：使用免費的。

5.購買外掛：暫不購買外掛。

第一年的總花費只要約1300元，但這樣的組合會帶來一些缺點：

1.LOGO不獨特。

2.Bluehost主機只有首購優惠最大，僅買一年有點可惜，下筆帳單起（次年）會漲回原價（4556元左右）。但是如果直接買三年（約5346元，每年約1782元），又覺得有點風險，不確定自己是否會經營這麼久？如果中途想停掉，卻無法退費。或許，可以購買A2 Hosting主機，首購直接買三年（約5389元），平均每年1796元左右，速度還比Bluehost更快一些。如果是購買A2 Hosting主機，網域就得另外購入，需多花540元左右。

3.佈景主題用免費的，無法客製化太多，或是客製化一半才發現需要花5000至6000元以上、甚至上萬元才能解鎖想要的功能。

●案例二、以「CP值」為第一考量

☞第一年最低的花費：

1.DIY製作LOGO：約300元。

2.購買A2 Hosting最基本的主機方案三年：約5389元，平均每年約1796元。

3.購買A2 Hosting主機時，順便加購網域：約540元（第一年）。

4.購買Envato Market商城佈景主題：約1800元，可終生使用與升級佈景主題。

5.暫不購買外掛。

第一年總花費是300（LOGO）+5389（主機）+330（網域）+1800（佈景主題）=7819元。

在此購買的主機方案是三年期，享受最多的首購優惠，就省下了5400元，而網域費用，在第二、三年只需要每年花費540元，佈景主題也不用再花錢。

由於佈景主題是無法退款的一次性花費，所以1800元是絕對成本，剩餘的主機和網域都是以年計費，三年加起來的花費總共是7819+（540x2）=8899元，平均每年花費為2966元。如果中途決定停止，主機在90天內可以依照使用比例退款，網域則可以提早停止續約。

●案例三、以「一次到位」為第一考量

☞第一年最低的花費：

1.請專業設計師設計LOGO：約10000元（此價格是外包行情的常見最低價）。

2.購買Cloudways主機的第二階方案：一個月約720元（一年8640元）。

3.購買網域：約300元。

4.購買Envato Market商城的佈景主題：約1800元（建議新手使用，後面章節會說明）。

5.購買常見進階版外掛：Rank Math SEO進階版（每年1800元）、Elementor Pro（每年1800元）、WP Rocket（每年1800元）、Wordfence Premium（每年3600元）。

第一年的總花費大約是10000（LOGO）+8640（主機）+300（網域）+1800（佈景主題）+（1800+1800+1800+3600）（外掛）=29740

第二年的花費是8640（主機）+300（網域）+（1800+1800+1800+3600）（外掛）=17940元。

使用這樣的規格，好處是顯而易見的，網站會獲得最適當的品牌形象規劃、網站會被放在最快速的主機上，對搜尋排名也相當有幫助，加上進階的SEO外掛、進階的頁面編輯器、網站速度優化與網站安全性優化，全部都顧及到了，網站當然就有更好的發展潛力！

◍總結

由此可見，網站花費可大可小，差異很大，端看你最在意哪些部分、以及如何做選擇。第四章將要帶領大家製作網站，礙於篇幅的關係，本書會以上述「案例二、以CP值為第一考量」的方式來架站，可以確保大家用最低的價格先嘗試經營三年，同時避免隱藏的學習成本及潛在的佈景主題費用。

如果你是喜歡「案例一、以省錢為第一考量」或「案例三、以一次到位為第一考量」的方式架站，也會在第四章提供線上教學影片的連結，也可以跟著學習製作喔！

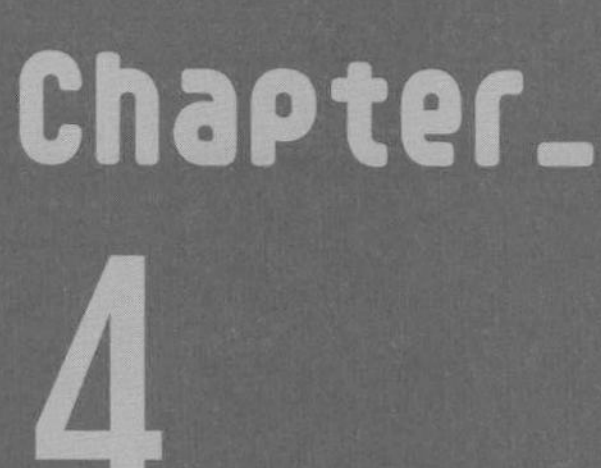

Chapter_ 4

輕鬆架站的五天課程：適合新手的WordPress架站流程

我們要正式開始架站了！不論你是否有程式背景，只要跟著書中的步驟學習：架站前的準備、購買必備的商品、安裝 WordPress 系統、套用佈景主題、建立網站選單、客製化網站外觀、擴展網站功能、新手的常見地雷，最後再搭配免費線上教學影片，就可以做好自己的 WordPress 的自媒體網站囉！

4-1 架站之前的八個提醒

開始架站前，有八件事情想先提醒大家：

◍ 1.本書內容皆是通用基礎

WordPress架站工具就如同電腦軟體，會不斷的更新版本，使用介面與操作方式也會跟著改變，因此，在接下來的操作過程，所教授的內容都是著重在基礎觀念。

◍ 2.搭配線上教學影片製作最輕鬆

在WordPress架站的過程中，由於每個介面對新手來説都相當陌生，步驟又非常多，為了減少卡關的機會，可以一邊翻開本書，再搭配線上教學影片來製作，就可以完全掌握每個步驟，大幅提升遠端學習的成功率。

線上教學影片會持續更新，以確保各位學習到最新的知識。當初在規劃時，是以每天約一個小時的學習量，共五天的課程，更利於吸收與融會貫通。

不過，每個人的學習速度不同，空閒的時間也不一樣，就算無法依照上述的規劃，只要以適合自己的學習步調來執行，也是可行的。

曾經有個學員跟我分享，她每天利用從新竹到台北通勤的時間，在高鐵上跟著教學做，就這樣花了兩週的時間，也是把網站做出來了！

TIP

【線上教學影片】https://go.wpointer.com/5days

◍ 3.架站教學的內容，順序很重要

接下來的內容、以及線上教學課程中的內容，先後次序非常重要，請千萬不要跳著看，會很容易錯失重要的觀念。

◍ 4.完全跟著步驟做，減少變數是關鍵

在前面章節就提到過，在WordPress架站的過程中，變數非常多，包含選擇主機、網域、佈景主題與外掛等，每一個選擇，都會帶來不同的操作介面與使用方式，而且操作說明都是英文的，除非你的英文程度非常好，可以快速閱讀長達數十頁的英文，否則，並不建議新手們在第一次架站時，就自己做選擇。我曾看過太多新手朋友，買到冷門的佈景主題，遇到不懂的問題時，連到社團裡發問，都得不到什麼回應，這樣的入門過程，實在是太辛苦了。

在此用兩張圖來說明，圖片的左邊黑色區域是控制台的選單，你看得出來哪些選項是來自於主機空間？哪些選項是來自於佈景主題？哪些選項是來自於外掛呢？

圖4-1：此為安裝較少外掛的網站控制台。

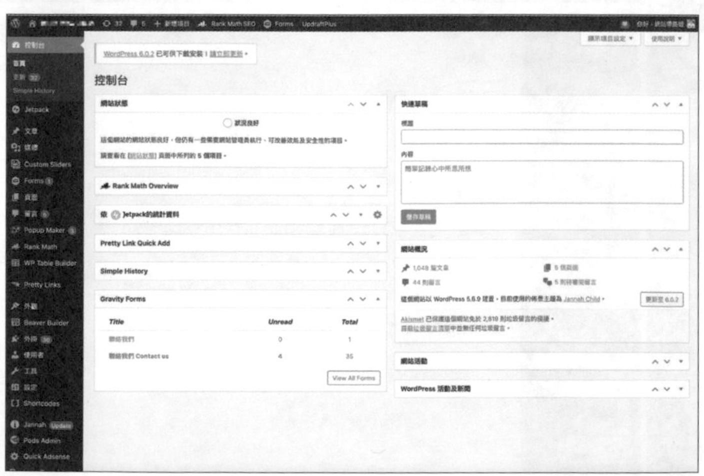

圖4-2：這是安裝了37個外掛的網站控制台。

若要新手要來判斷，其實非常困難，因此，當你購買與書中教學不一樣的主機空間、佈景主題、與外掛時，就得面對與書中教學裡不一樣的選項，如果又是英文介面，難度又會更高一點，最好要有中文教學帶著，比較不會卡關。

以下是四個網站的後台外觀自訂工具，你發現了嗎？由於安裝的佈景主題不同，客製化外觀的選項也就完全不同，如果想要統一調整網站的內文字體大小，各自有調整的地方，如果你買了一個缺少中文教學的佈景主題，就

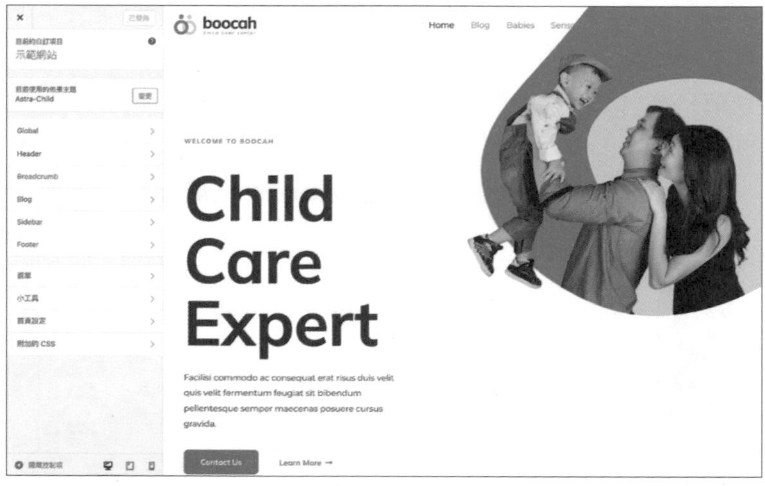

圖4-3：Astra佈景主題的外觀客製化選項。

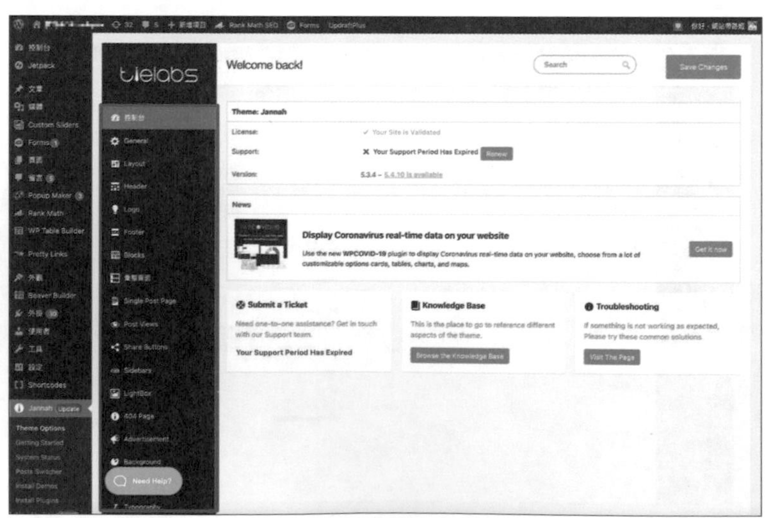

圖4-4：Jannah佈景主題的外觀客製化選項。

得慢慢找要從哪裡改喔！

因此，請跟著書中步驟依樣畫葫蘆，購買一樣的主機與佈景主題，套用一樣的示範網站，先在最少變數的情況下，快速做出一個「專業美觀、可以見客的部落格」，這樣一來，既能可以大幅減少卡關的機會，又能提升遠端學習架站的成功率。當你對WordPress更加熟悉時，未來再更換佈景主題與加購外掛也不遲。

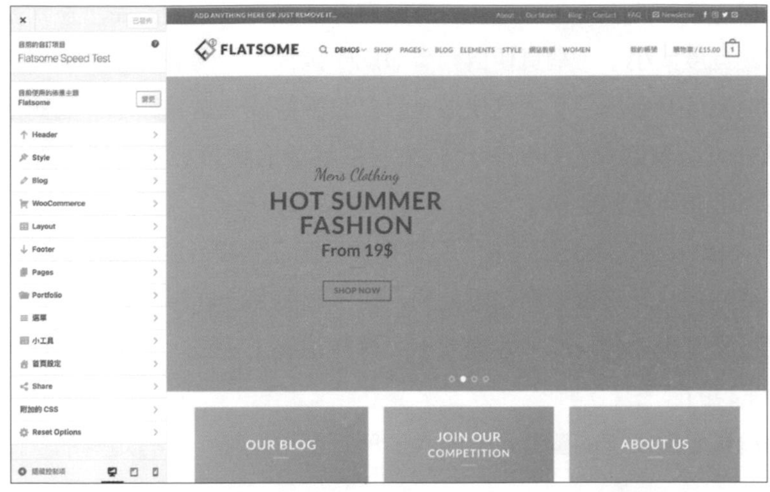

圖4-5：Flatsome佈景主題的外觀客製化選項。

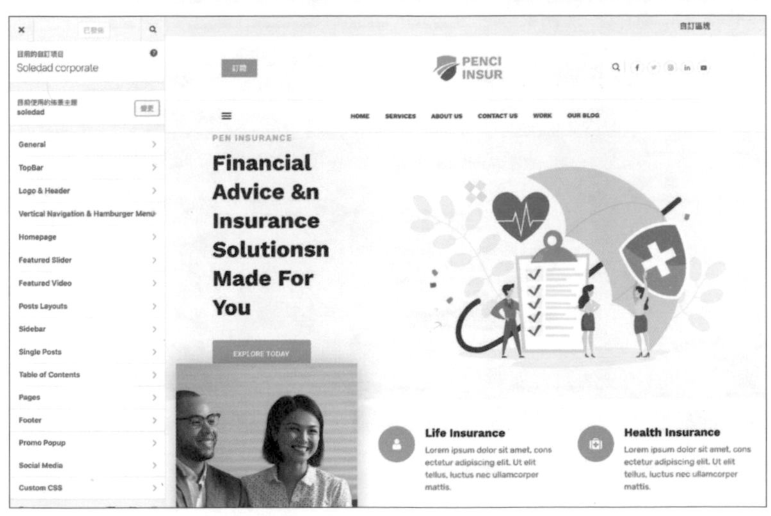

圖4-6：Soledad佈景主題的外觀客製化選項。

◍ 5.架站前，請準備這些東西

架站前，除了上一章的網站初步規劃之外，請準備下列四樣東西：

● 電腦或筆電

有人曾提問：「可以用手機或平板來製作網站嗎？」答案是可以的，但是我非常不建議。由於現在各種螢幕尺寸的設備不斷推陳出新，為了確保網站在各種螢幕上，都能看起來美觀、且適合閱讀，於是出現了「響應式設計（Responsive Web Design）」的技術，也就是網頁會隨著不同的螢幕大小，自動調整排版與字體大小。例如，原本在電腦上是一排三個產品，換到平板上時，因為寬度變小了，網頁便自動調節成一排只顯示兩個商品，換到手機上時，因為寬度又更小了，網頁便進一步自動調節成一排只顯示一個商品，不會像過去沒有響應式設計的時代，整個電腦版的網頁，在手機上被縮得超小，瀏覽起來十分不便。

用WordPress來架設網站時，只要選擇搭配品質良好的佈景主題，所製作出來的網站都會是符合響應式設計的。要注意的是，在設計網頁的排版時，必須開啟預覽模式的功能，才能看出網頁在電腦、平板、手機不同尺寸的螢幕上所呈現的樣子。

由於電腦與筆電的螢幕尺寸最大、解析度也最高，才有足夠的空間來使

圖4-7：此為電腦版的網站預覽畫面。

圖4-8：此為平板上的網站預覽畫面。

圖4-9：此為手機上的網站預覽畫面。

用這個「預覽模式」的功能，相反的，如果是使用手機或平板來編輯網頁，就一定沒有足夠的空間來預覽網頁在電腦上所呈現的樣子。

　　畢竟做出一個網站，就是要在任何設備與任何尺寸的螢幕上，都可以完美呈現，並且帶給訪客舒適的瀏覽體驗，因此，還是建議使用電腦與筆電來製作網站，設計起來會比較輕鬆、寫作比較快速、操作也會更順手。

● 網路連線

由於在上一個章節，已經建議大家不要把WordPress安裝在自己的電腦，而是要安裝在租來的遠端主機空間上，因此，每次要製作網站時，一定需要網路連線，才能登入遠端主機空間的控制台，或登入WordPress網站的控制台。

● 信用卡

在架站的過程中，必須購買主機空間、網域與佈景主題，這些網站都只接受刷卡付費，無法使用銀行匯款，建議大家先準備好信用卡，而且要確保可以進行海外刷卡。

6.請安裝瀏覽器翻譯擴充功能

WordPress系統本身有中文版，但是佈景主題與外掛就不一定了。在使用網站控制台時，難免會看到英文詞語，假使你的英文能力不好，不妨安裝Chrome瀏覽器的Google翻譯擴充功能，就可以把網頁裡的英文快速轉換成中文，就不怕看不懂囉！

不過，在架站教學裡，書中還是會以原生介面為主，因為WordPress的控制台，有時會出現一些專有名詞，若硬是用Google翻議成中文，反而有失正確性，但你可以使用擴充功能隨時切換語言，幫助自己學習與適應英文。

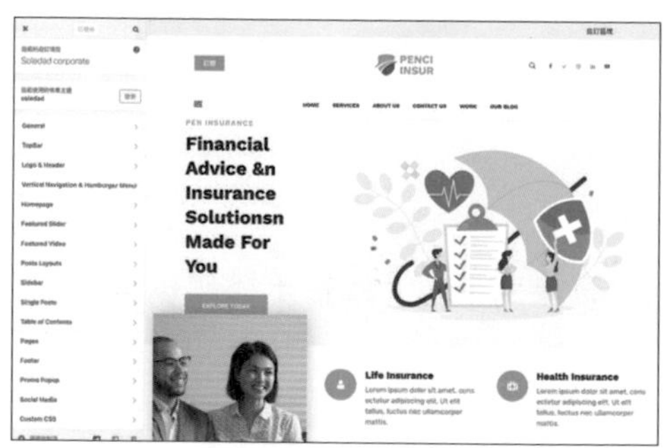

圖4-10：使用Google翻譯擴充功能前，網頁內容都是英文的。

圖4-11：使用Google翻譯擴充功能後，網頁內容就變成中文了。

如何安裝Chrome瀏覽器的Google翻譯擴充功能

STEP01：請先安裝Chrome瀏覽器。至Google網頁搜尋「Chrome」，從結果中點選「Google Chrome網路瀏覽器」，網頁會自動判斷目前使用的電腦是Windows系統或Mac系統，提供給你適合的版本，接著直接點選「下載Chrome」，並且執行安裝到電腦上就可以了。

STEP02：打開Chrome瀏覽器，搜尋「Google應用程式」，點選「Chrome線上應用程式商店」。

STEP03：在「Chrome線上應用程式商店」網頁裡，左邊搜尋欄位，填入「Google翻譯」，並且點選結果中的「Google翻譯」。

STEP04：接著，點選「加到Chrome」，就能開始安裝擴充功能。

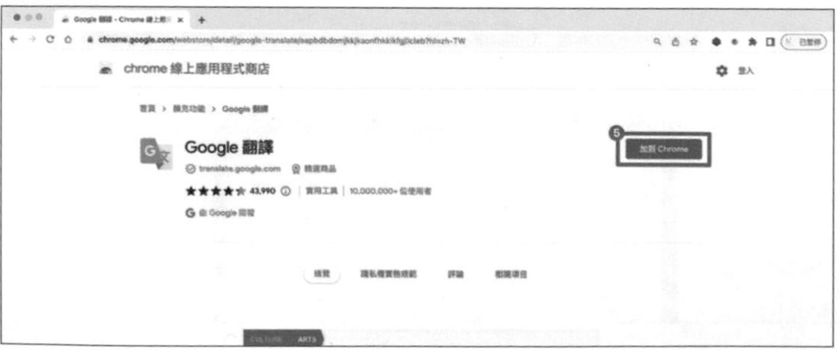

STEP05：點選「新增擴充功能」，以確定安裝。

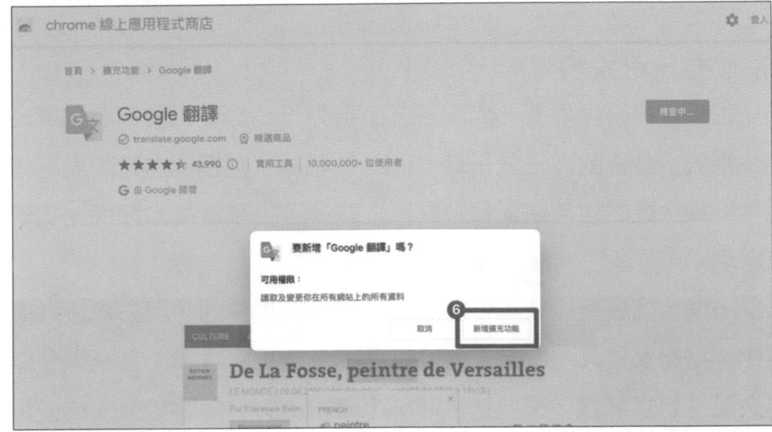

STEP06：安裝後，它會出現在網址列右手邊，點選「拼圖圖示」就可以看到「Google翻譯」，可以點選右邊的「圖釘圖示」，將它釘選在工具列中。

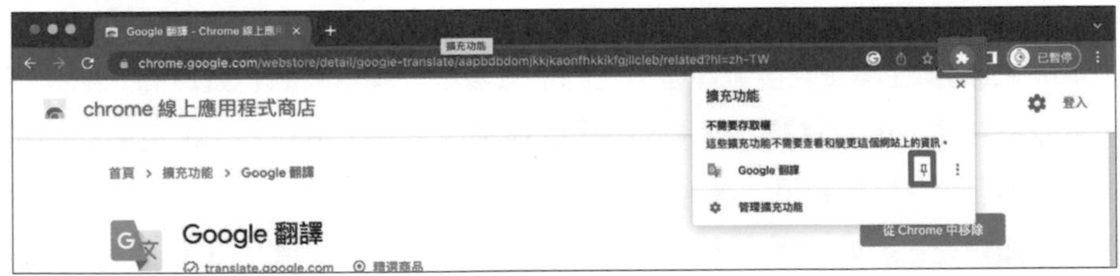

STEP07：之後在任何有英文字詞的網頁上，都可以點選翻譯擴充功能的圖示，並且點選「翻譯這個網頁」，就可以把整個網頁內容都翻譯成中文囉！

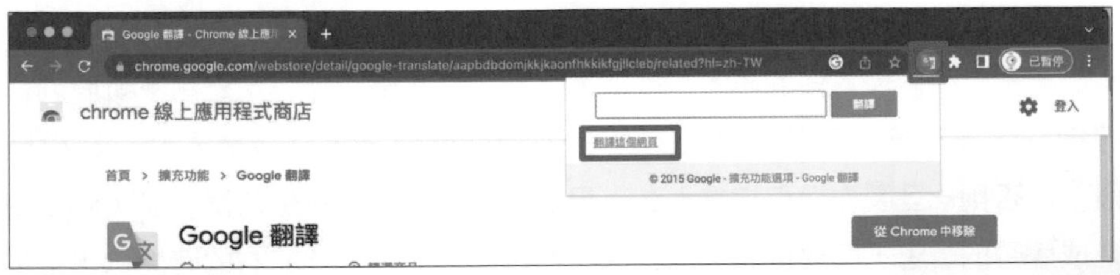

◍ 7.架站時，請使用Chrome瀏覽器

同個網頁在不同的瀏覽器上，呈現的畫面偶爾會有些微的出入，為了把變數降到最低，建議大家一起使用Chrome瀏覽器來製作網站，會讓學習更順利。

◍ 8.先求有、再求好

架站很像在網路世界蓋一間房子，必須先租一塊地、蓋一間空屋，如果想早一點住進去，最快的方法就是參考IKEA的型錄，直接把自己的家裝修成型錄上的範本一樣，雖然暫時缺乏獨特性，但是，至少掌握基本配備、美觀，之後再依照需求增添更多的裝飾，或是3C家電等。

如果一開始就想著設計獨特的房子，就得花更多的時間去畫設計圖、進行各種施作、搭配家具等，做出來的成果還不一定美觀專業；甚至，一開始就想增添非必要性的3C家電，又要排出時間來鑽研品牌、學習如何安裝使用等，別人都已經住得舒舒服服了，自己卻還住不進去。

因此，我強烈建議新手朋友們，請選擇第一種方式來入門WordPress，抱持著「先求有、再求好」的態度開始！

有太多新手朋友一開始就求好心切，想要打造夢想中的網站，卻又低估了WordPress的彈性與複雜度，當客製化的部分越多，學習曲線也就越高，結果不知不覺多花了半年的時間，還是覺得「永遠都做不完」，別忘了，主機空間和網域早就已經在計算費用了喔。

不如快速把網站做到70分就好，就可以開始經營與累積文章了！「開始經營」才是最重要的，就像定期定額的投資一樣，越早開始越好，才能在複利效應下，越快享受成功的果實。至於剩下的30分，像是把網站外觀改得更獨特、增加購物功能、增加線上課程、讓訪客預約諮詢等，可以一邊經營，一邊慢慢補足就好。

再提供一個現實面的思考，多數人是一邊有正職工作，一邊用下班時間創建網站，請趁著自己的熱情還在，先把網站做出來，直接進入到「經營階段」，否則一旦製作過程拖得太久，只要工作量增加或私生活變忙了，就容易造成學習的斷層，又要重新再來一次；倒不如，先用一週左右的時間做出基本網站的雛型，之後就算變得再忙，還是可以偶爾寫文章，等到有較多的空閒時間，再好好的「進化」自己的網站。

4-2 第一天．建構網站的地基

這個章節將帶領你把WordPress網站的地基打好，包含購買主機空間、網域、安裝WordPress、做好網站基本設定，以及認識網站控制台。

4-2-1 購買主機、網域與安裝 WordPress

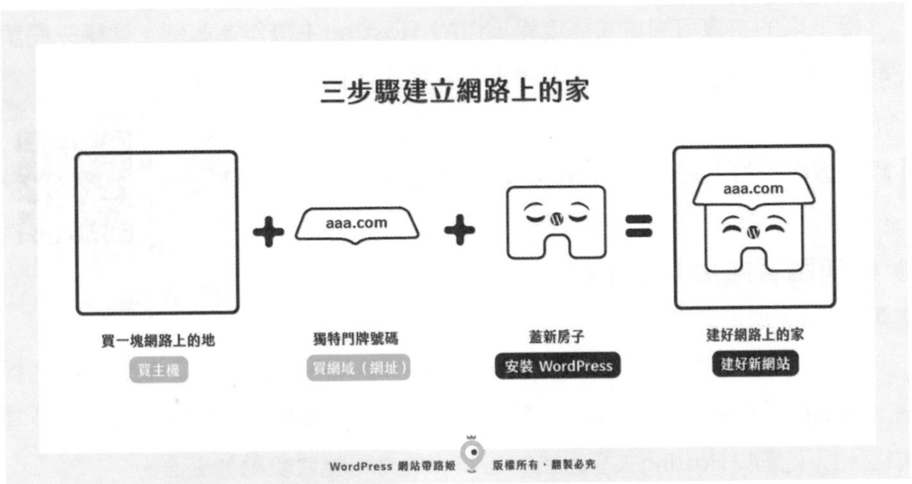

圖4-12：三步驟建立網路上的家。

前文曾說過，架設WordPress網站，正如同在網路世界裡，蓋一間房子。想到蓋房子，是需要一塊空地，並且在其上建造一間新房子、再掛上獨特的門牌號碼，房子就這樣完成。

在網路的世界裡蓋房子，是需要一個主機空間、在主機上安裝一個全新的WordPress系統、再幫這個系統設置好獨特的網域，最後就完成了一個新的網站。

◀觀念回顧▶

→什麼是主機？

主機其實就很像電腦，只是這台電腦在遠端、沒有配備螢幕而已，規格越高、空間越大、速度越快的主機就越貴。特別的是，本來買一台電腦動輒好幾萬元，如果為了架設一個網站，就要去買一整台遠端的電腦，不僅費用太高，也有點浪費資源，所以，主機商通常會把主機切割成很多小空間來販售，讓大家共享這台主機，共同分擔主機的費用，就可以實惠的價格擁有自己的網站空間。（更詳細的主機介紹，請見3-5-2）

→什麼是網域？

網域名稱，簡稱域名，簡言之，是網站的主要網址，通常一定會和網站名稱有關聯，像是蘋果電腦的網域名稱就是Apple.com、麥當勞的網域名稱就是Mcdonalds.com、Nike的網域名稱是Nike.com。（更詳細的網域介紹，請見3-3-2）

接下來的主機與網域購買流程，以A2 Hosting主機作為範例，建議先閱讀完4-2，再搭配線上教學課程的第一天影片操作，以避免資訊落差。

TIP

【線上教學影片：第一天】https://go.wpointer.com/blogd1

◍ 如何購買虛擬共享主機？

☞ STEP01：選擇主機方案

若是中文網站，通常是找「虛擬主機」或「共享主機」；如果是英文網站，則是找「Shared Hosting」，然後再仔細比較該主機商所提供的方案、及其規格，以下是A2 Hosting共享主機的方案（價格可能會變動）畫面。

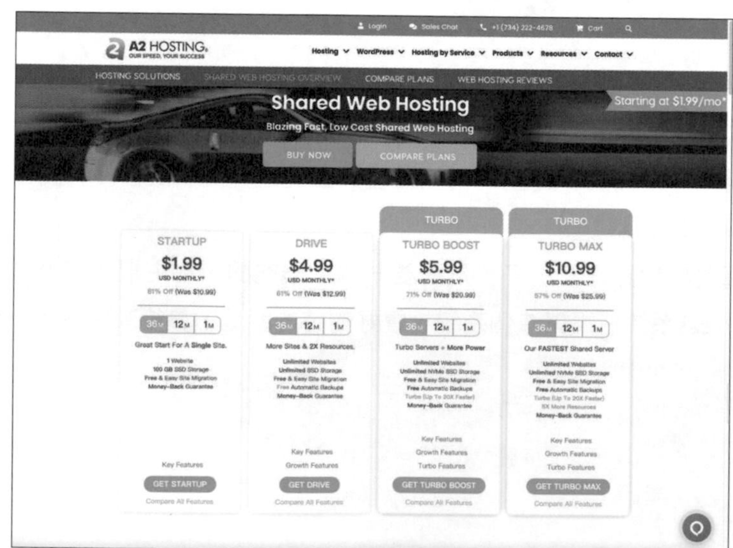

此外，有些主機商會提供「WordPress Hosting（WordPress主機）」的選項，常讓新手們感到困惑，不確定要選Shared Hosting（通用共享主機）還是WordPress Hosting（WordPress主機）？

Shared Hosting是一般通用的主機，主機上不只可以安裝WordPress系統，也可以安裝其他系統；而WordPress Hosting則是特別針對WordPress架站所提供的空間，讓WordPress網站更加快速、安全。WordPress Hosting的價格通常較高，如果你的預算不足，可以先選擇Shared Hosting來架設WordPress網站，是絕對沒問題的；如果預算足夠，那麼WordPress Hosting自然是更好的選擇。

☞STEP02：選擇網域

大部分的共享主機對新手十分友善，都會在購買主機過程中，引導快速安裝WordPress網站，方便新手直接開始架站。因此，在購買主機的第一步，必須先選定一個網域名稱，讓自動安裝程式將其設定為WordPress網站的網址。

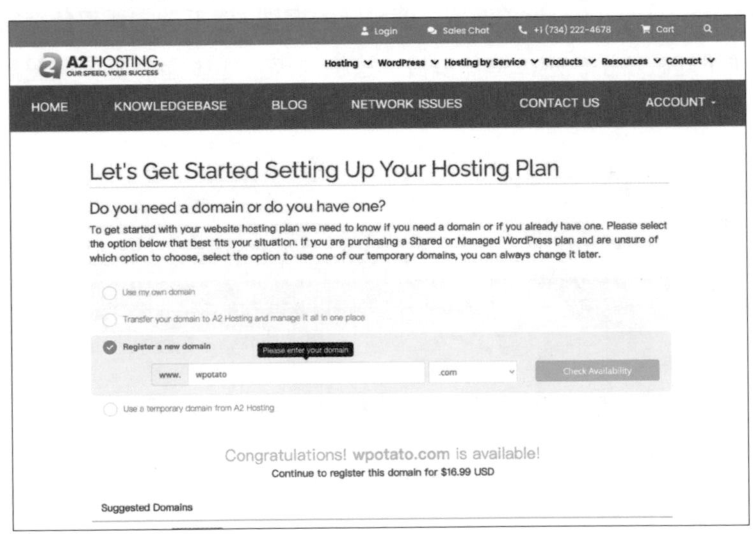

選擇網域名稱時，通常會看到3～4個選項，請搭配上圖確認：

1.Use my own domain（使用自己已經有的網域）

如果你已經有網域，我會建議不懂技術的新手朋友們選擇這個選項，並且填入已經有的網域名稱。接著，必須到網域商的控制台，設定網域的DNS（網域名稱系統）紀錄指向A2 Hosting，這樣訪客點選網址時，才能打開新的主機上的WordPress網站，關於DNS的設定教學，請到Google搜尋「DNS設定指南」，即可找到網站帶路姬的相關教學文章。

2.Transfer your domain to A2 Hosting and manage it all in one place（把網域移轉到A2 Hosting主機一起管理）

如果你已經有網域，我並不建議不懂技術的新手們選擇這個選項。移轉網域的步驟較多，而且需要耗時至少7天，移轉後，還是得設定網域的DNS，整個流程的學習曲線更高，還不如把網域留在原網域商，相對簡單輕鬆。

3.Register a new domain（註冊一個新的網域）

如果你是第一次架站，而且還沒有買好網域，那就選擇這個選項，並且填入你在初期企劃已經想好的網域名稱，這時網頁會先檢查輸入的網域是否還可以租用，請多試幾次，直到網頁出現「Congratulations（恭喜）！你的網址is available！（可以註冊）」的訊息，就可以進入下一個步驟。

4.Use a temporary domain（使用一個臨時的網域 / 還不確定要用什麼網域）

我並不建議新手們選擇這個項目，這樣一來，之後還需要多一個把臨時網址換成自訂網址的步驟，會增添許多麻煩。

◀一個小提醒▶

如果你是選擇購買虛擬共享主機，請順便連同網域一起購買（如同上面的「Register a new domain」選項），既可以省略設定網域DNS的步驟，而且在購買完主機後，就馬上擁有一個帶有自己的網址的WordPress網站，減少好幾天的卡關時間；如果你是選擇購買Cloudways主機，由於它沒有販售網域，只得另外購買，請參考帶路姬線上教學課程的第一天內容，即可知道如何購買及設定網域。

☞STEP03：確認主機方案內容

在這個步驟，請參考下圖、並搭配內文一起操作。此外，不是每個主機商都有提供確認方案的步驟以及選擇伺服器地點的選項，這是必須要注意的地方。

網頁會出現：

1.你所選擇的方案，在此是「Drive Web Hosting」。

2.選擇帳單週期（舉例來說，如果選擇的是36個月，會在快到期時，寄出續約

36個月的通知）。

3.選擇伺服器地點（請選擇離你的目標客群最近的地點，如果目標客群在台灣，可以選擇日本或新加坡）。

4.選擇要自動安裝的應用程式（主機會用 Softaculous程式為你自動安裝WordPress，這裡請選擇「WordPress」或「WordPress-Optimized」，前者是原裝的WordPress，後者有加裝最佳化效能的外掛，首次架站可以先選擇前者就好），請務必記下系統自動產生的管理員帳號密碼，之後會需要這組資訊來登入WordPress網站的控制台。

5.確認訂單摘要的資訊是否都正確，確認完畢後，再點「Continue」繼續到下一步（Total是指原價，也是下次續約的價格，Promotion是首購的折扣，相減之後，就是這次的優惠價了）。

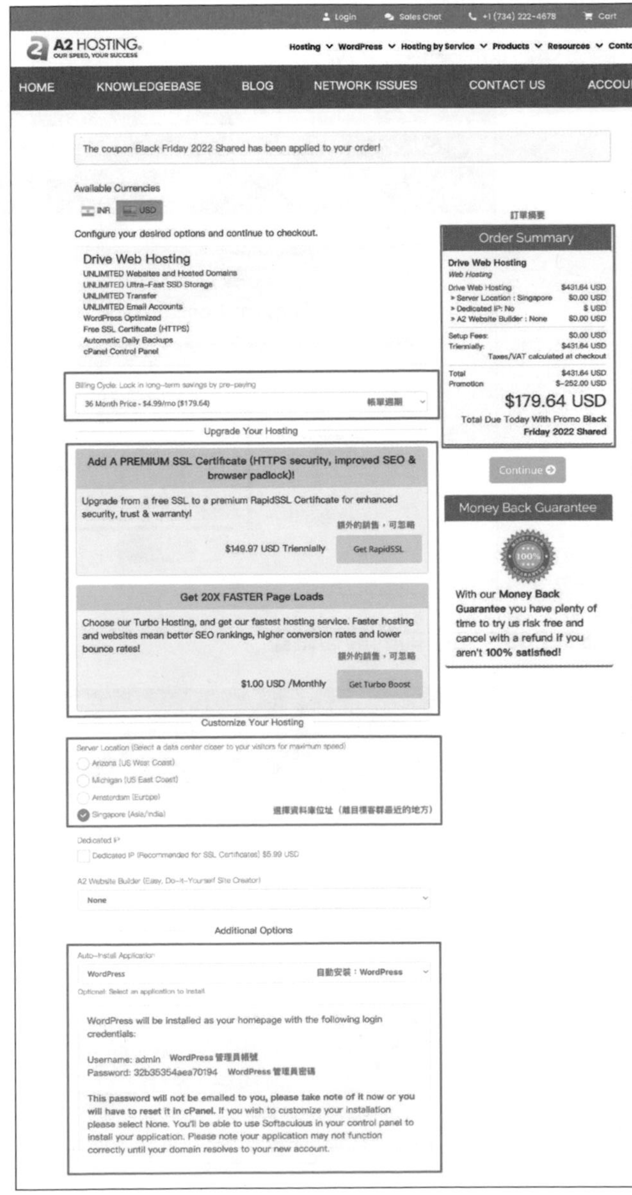

CH. 1
CH. 2
CH. 3
CH. 4
CH. 5
CH. 6

☞STEP04：網域加購項目

請選擇是否要加購「ID Protection」，將保護你的個人資訊，減少垃圾郵件，在A2 Hosting主機，這是一個需要加購的項目，不影響網站運作，可依照自己的喜好選擇，接著再點選「Continue」繼續。

ID Protection也被稱作Privacy Protection（隱私保護），有的主機商將其視為網域的免費附加服務，有的主機商則是視為加購商品，因此，這個步驟也會隨主機商的商業模式而異。

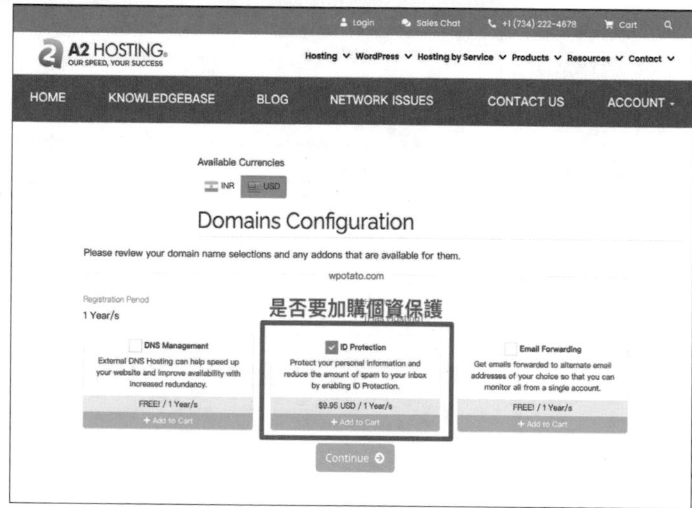

☞STEP05：結帳前的最後確認

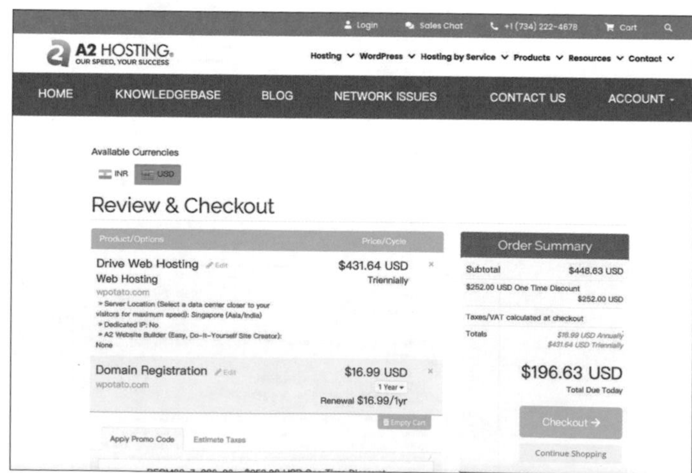

在這個步驟，請再次確認以下資訊，確認無誤後，就可以點「Checkout」進入結帳。

1.你所訂購的主機方案是否正確、帳單週期是否正確？

2.你所訂購的網域名稱是否正確，並且確認購買年限。

☞STEP06：結帳與安裝WordPress

結帳時，與一般網路購物相仿，必須填寫個人資料、建立帳號密碼、以及信用卡資訊等。

在A2 Hosting主機的結帳頁面，分成三個部分：個人資訊、網域註冊資訊、付款資訊，只要依照圖片建議，把資訊都填好送出，就完成訂購囉！

☞STEP07：驗證電子信箱以啟用網域

完成購買主機後，通常會收到幾封電子信件，以A2主機來說，收到的信件如下：

1.A2 Hosting :: 你的名字 :: Order Confirmation（訂單確認信）：內有訂單編號。

2.A2 Hosting :: 你的名字 :: Invoice Payment Confirmation :: Invoice ABC-1234567（訂購收據）：包含訂購收據編號、交易日期、訂購項目與交易編號等。

3.Getting Started With A2 Hosting（歡迎信件）：包含如何登入主機客戶專區（Client Area），購買的網域需要最多24小時才會完全開通，因此，主機幫你自動安裝的WordPress也需要等數小時後才能使用；如果你的網域不是在A2主機註冊的，請更新你的DNS（網域名稱系統）記錄指向A2 Hosting；如果你在其他主機已有網站，請點選「Request Website Migration」連結請求搬家協助。

◀一些教學網站▶

相關教學請參考網站帶路姬的線上教學文章：
域名DNS設定教學：請Google搜尋「DNS設定指南」。
網站搬家教學：請Google搜尋「搬家到A2 Hosting」。

4.A2 Hosting :: Your New WordPress Install Login Information（WordPress安裝完成通知）：這封信是由主機上的Softaculous程式所發出的WordPress系統安裝完成通知信，包含了WordPress控制台的登入網址及登入帳號；另外，信中也再次強調，可能會需要最多約24小時，才能夠透過信中的連結，進入網站的控制台（後台）。

5.Domain Registration Confirmation :: 你的網域名稱 :: A2 Hosting（網域註冊確認信）：通知你所選的網域名稱已經完成註冊。

6.IMMEDIATE VERIFICATION required for你的網域名稱（為你的網域立即驗證）：自2014年1月1日起，ICANN（管理網際網路與域名等相關事務的的非營利機構）要求，在購買完網域後，必須驗證其擁有者的聯絡方式，因此，這封信的用意是要驗證你的電子信箱是否正確，請務必在十五天內打開這封信，並且點選信中的「Click here to verify your email address」連結，就可以完成驗證，正式啟用你所註冊的網域（如下圖）。

TiP

每個主機商寄出的信件不一定相同，不過，只要有購買網域的話，就一定會需要為網域進行聯絡方式（Email）的驗證。

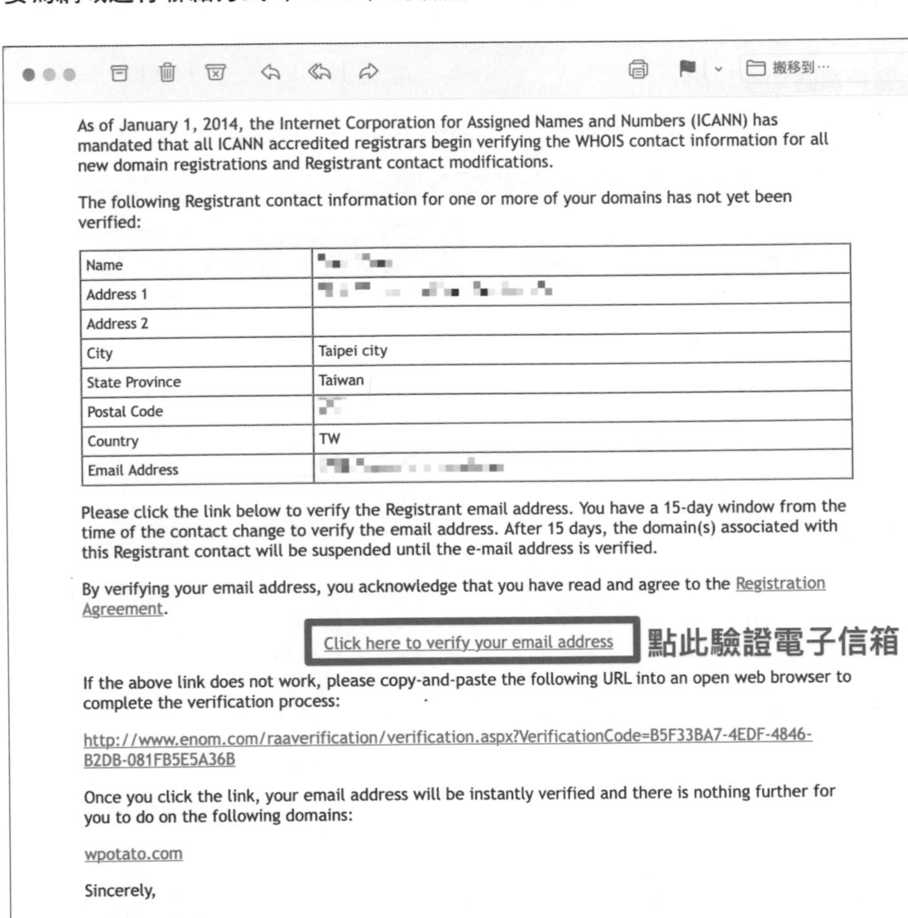

搬移到⋯

As of January 1, 2014, the Internet Corporation for Assigned Names and Numbers (ICANN) has mandated that all ICANN accredited registrars begin verifying the WHOIS contact information for all new domain registrations and Registrant contact modifications.

The following Registrant contact information for one or more of your domains has not yet been verified:

Name
Address 1
Address 2
City
Taipei city
State Province
Taiwan
Postal Code
Country
TW
Email Address

Please click the link below to verify the Registrant email address. You have a 15-day window from the time of the contact change to verify the email address. After 15 days, the domain(s) associated with this Registrant contact will be suspended until the e-mail address is verified.

By verifying your email address, you acknowledge that you have read and agree to the Registration Agreement.

Click here to verify your email address
點此驗證電子信箱

If the above link does not work, please copy-and-paste the following URL into an open web browser to complete the verification process:

http://www.enom.com/raaverification/verification.aspx?VerificationCode=B5F33BA7-4EDF-4846-B2DB-081FB5E5A36B

Once you click the link, your email address will be instantly verified and there is nothing further for you to do on the following domains:

wpotato.com

Sincerely,

A2 Hosting, Inc.

☞STEP08：登入主機客戶專區管理主機

1.登入主機客戶專區

處理完上個步驟的電子郵件後，接下來先熟悉一下主機的管理介面。每個主機的管理介面不同，以A2主機為例，只要到A2主機的官網首頁，從最上方的「Login」登入，帳號是你的Email信箱、密碼是之前STEP06時所自訂的密碼。

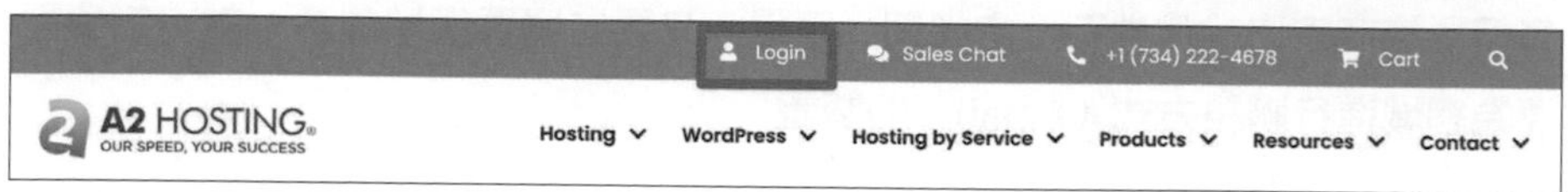

2.客戶專區功能說明

登入後，就會進入到客戶專區（Client Area），幾個主要功能在此提醒：

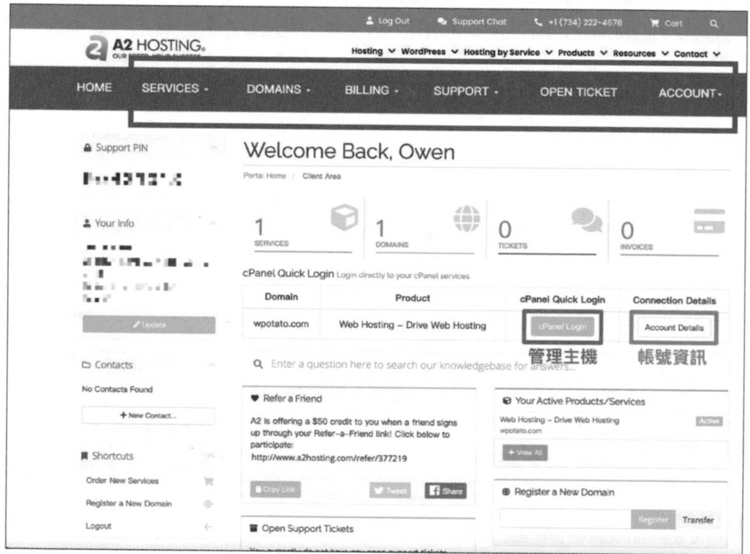

◉Services（服務）：查看現有主機、以及新增更多主機及擴充服務。

◉Domains（網域）：管理擁有的網域、註冊新網域、移轉網域到A2。

◉Billing（帳務）：下載收據、管理信用卡等付款方式。

◉Support（客服）：查看支援單、申請網站搬遷服務、網路狀態、知識庫、通知中心等。

◉Open Ticket：新增線上支援單，與客服聯繫。

◉Account（帳號）：管理帳號資料、信用卡、密碼等。

◉Support Chat（即時聊天）：A2主機有提供24小時即時客服，可以透過這個連結與專人聯繫，可迅速解決任何主機端的問題。

◉cPanel Login（cPanel登入）：cPanel是一個專門用來管理主機的軟體，裡面包含了非常多的工具，像是建立企業電子信箱、使用 Softaculous安裝WordPress、管理檔案、監測主機用量等。

大部分的虛擬主機商，一個帳號可以同時擁有多個主機方案，並列在客戶專區的頁面中，每個主機會綁定一個網域名稱，用來方便區分主機，每個主機也都有各自的 cPanel登入口，可各自進入管理該主機，下圖表示該帳號已購買四個主機方案。

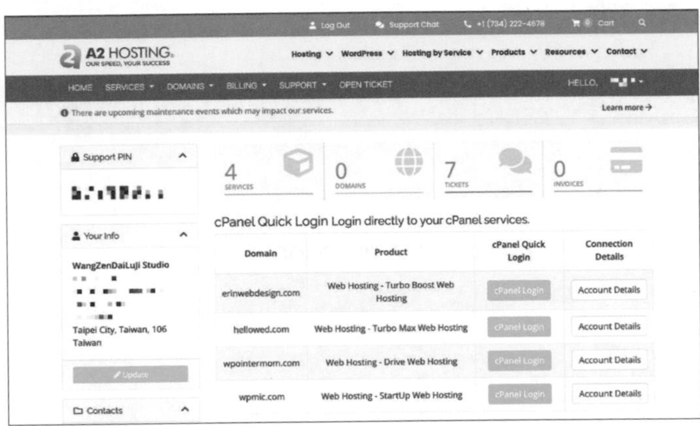

下圖為每個主機方案皆有獨立的cPanel管理介面。

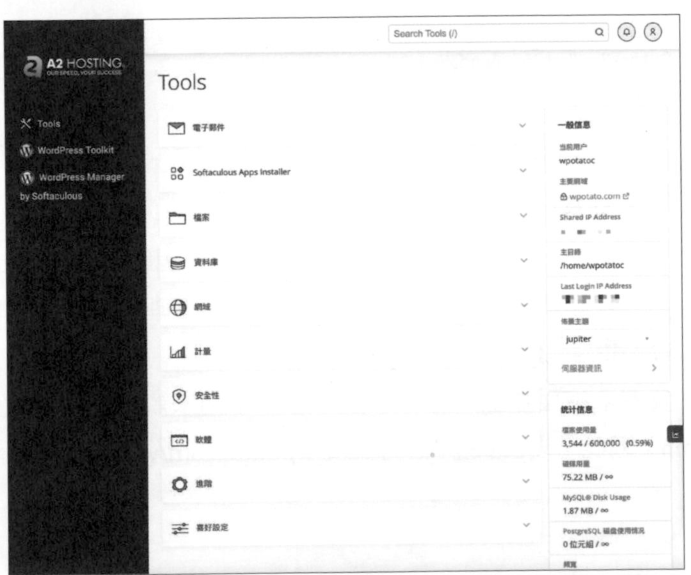

☞STEP09：查看新網站的前台

在STEP03曾提到，購買的過程中，主機會執行Softaculous程式，自動建立WordPress系統的新網站，由於網域需要最多24小時的時間，才能完全開通，所以剛買完主機與網域時，是無法立即架站喔！

建議在購買完主機後的隔天（或至少數小時後），再於瀏覽器輸入你的網址，就會看到自己的新網站了！WordPress預設的網站首頁，隨著年份不同，預設的佈景主題會不同，但是，首頁都一定會有一篇「Hello world!」的文章，下圖是2023年的預設首頁，看起來非常乾淨（陽春），不過不用擔心，再過幾小時，它就會醜小鴨變天鵝囉！

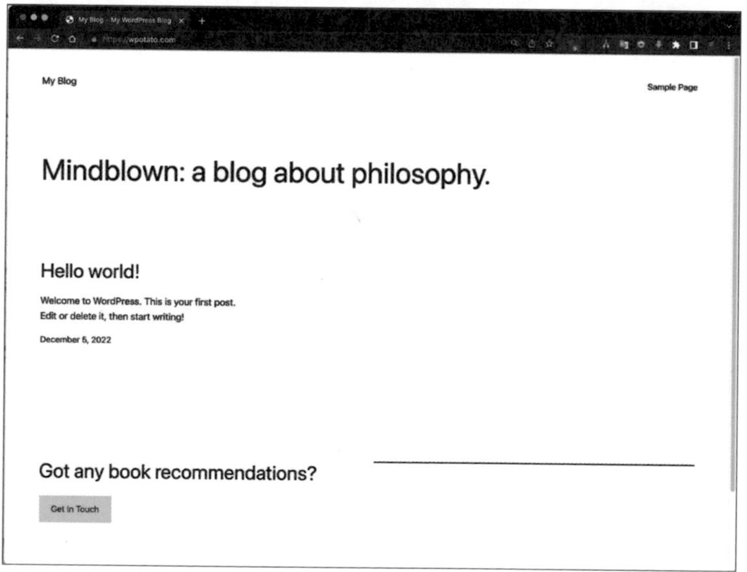

☞STEP10：查看新網站的控制台（後台）

每一個用WordPress系統所架設的網站，都會有一個網站的控制台，也被稱作網站後台，只有擁有帳號密碼的管理員，才能登入管理網站的內容。

◉如何登入WordPress網站的控制台（後台）

1.在你的主要網址後面加上「/wp-admin」。舉例來說，在此購買的網域是wpotato.com，因此，後台的登入網址就是wpotato.com/wp-admin。

2.進入到登入畫面後，請填入管理員帳號密碼，再點選「Log In」登入。

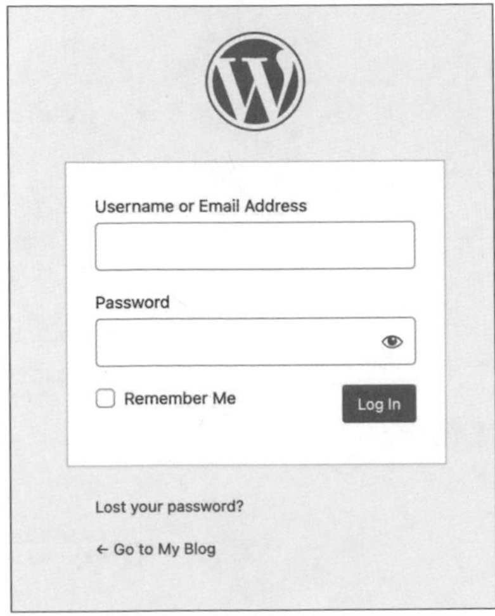

3.成功登入後，就會看到WordPress網站的後台了！歡迎使用WordPress！

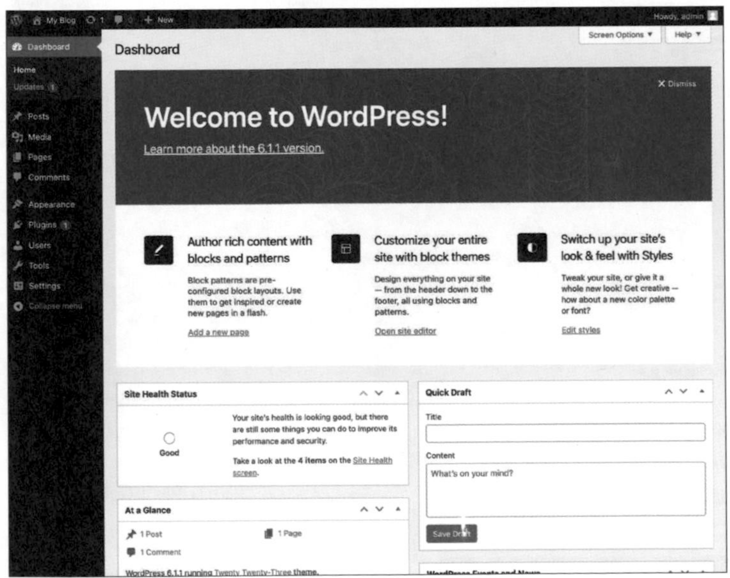

◉管理員帳號密碼在哪裡？

請參考STEP03，在購買主機的過程中，主機的Softaculous程式幫助我們自動安裝WordPress並且產生帳號密碼，請找出當時記下的帳密資訊。

忘記密碼怎麼辦？

如果不小心遺失了密碼也沒關係，只要跟著下面幾個簡單的步驟來重新設置即可：

STEP01：點擊登入頁面中的「Lost your password?（忘記密碼？）」連結。

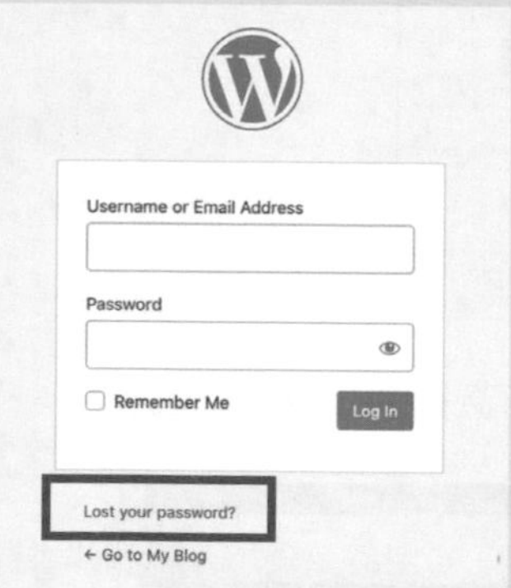

STEP02：填入使用者名稱，並且點選「取得新密碼」。若是由Softaculous程式自動安裝的WordPress，其產生的使用名稱通常是admin。或是可以從Softculous程式寄來的WordPress安裝完成信件（A2 Hosting :: Your New WordPress Install Login Information）中查詢。

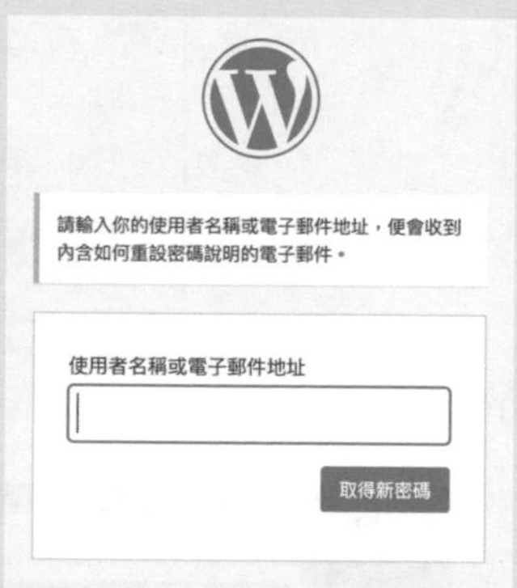

STEP03：點選信中的連結去設定新密碼。

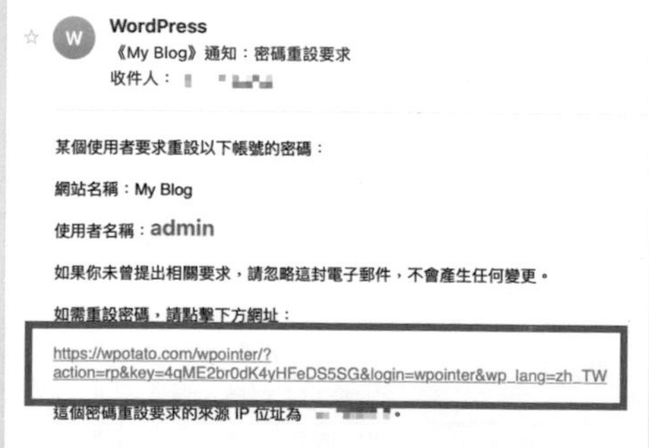

STEP04：建議設定一個高強度的新密碼，並且點選「Reset password」即可完成設定，並且回到登入畫面重新登入。

◉同時開啟兩個瀏覽器視窗

未來在管理網站時，建議同時開啟兩個瀏覽器視窗，一個開啟網站的控制台（後台），一個開啟網站的前台，這樣就可以一邊在控制台管理網站，一邊從前台點選瀏覽器的「重新整理」，來檢視更新後的畫面。

至此步驟，已經完成了購買主機、購買網域與安裝全新的WordPress網站，每家虛擬共享主機商的購買流程，在順序上可能會稍微不同，但是，需要提供的資訊應該是大同小異的，大致上會包含「選擇主機方案、選擇網域、建立帳號、與付款結帳」等步驟。

4-2-2 設定網站基本資訊與語言

如果你是比較習慣中文介面的新手，進入WordPress控制台後的第一件事，就是把控制台介面先換成中文吧！

請到左側的「Settings（設定）> General（一般）」，修改下列幾個項目，完成後記得按最下方的「儲存設定」。

1.Site Title：網站名稱（可以是中文；可參考3-3-1企劃階段所擬定的）。

2.Tagline：網站標語（簡短幾個字，描述你的網站；可參考3-2-2企劃階段時所擬定的）。

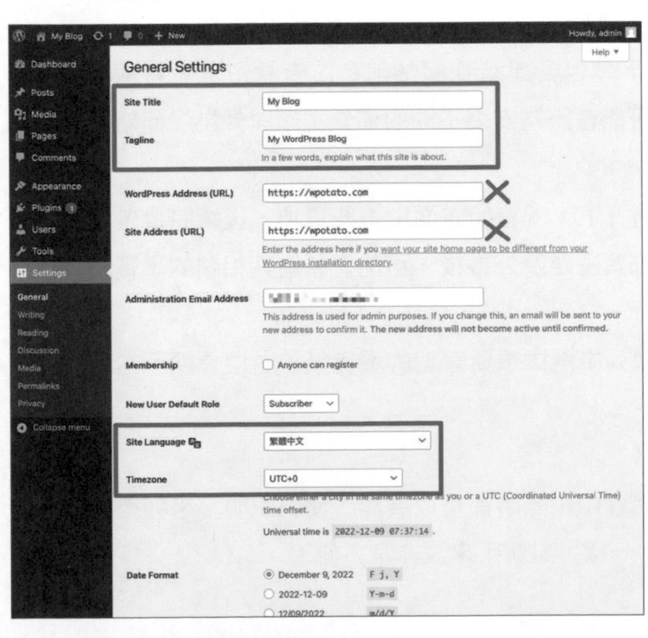

圖4-13：控制台頁面。

3.Site Language：網站語言（改成你慣用的語言）。

4.Timezon：時區（改成你所在的時區）。

WARNING：新手朋友千萬不要更改「WordPress Address（URL）/WordPress位址（網址）」以及「Site Address（URL）/網站位址（網址）」這兩個欄位，會讓網站壞掉喔！

4-2-3 認識網站的控制台（後台）

WordPress網站的控制台，主要分成四大區域：

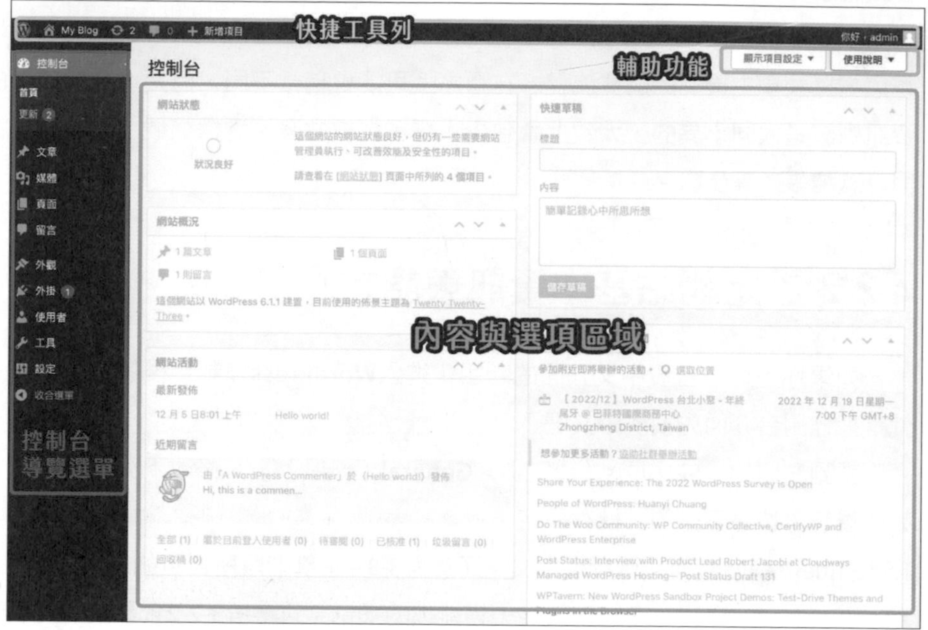

圖4-14：WordPress網站的控制台。

1.快捷工具列：在預設的情況下，包含連結到網站前台、查看留言、新增項目、以及查看個人帳號，未來可能會因為安裝不同的佈景主題與外掛，而新增更多快捷功能於此列中。

2.控制台導覽選單：在預設的情況下，就有如畫面中這些選項，後續將會帶領大家一一使用。未來安裝各個佈景主題及外掛後，可能會新增其相關的導覽項目，都會放在此區域。

3.內容與選項區域：從左邊導覽列中選擇想要管理的項目後，右邊會顯示其相關內容與選項。

4.輔助功能：

◉使用說明：在使用控制台的過程中，隨時都可以展開「使用說明」來獲得與該介面相關的知識，像個小幫手一樣，對新手來說非常方便！

圖4-15：展開使用說明。

◉顯示項目設定：在使用控制台的過程中，隨時都可以展開「顯示項目設定」，來設定是否要顯示或隱藏某些內容或項目。適當的隱藏項目，可以讓畫面變得簡潔；適當的顯示項目，則可以讓選擇更全面、功能更完整。

圖4-16：顯示項目設定。

控制台導覽選單詳解

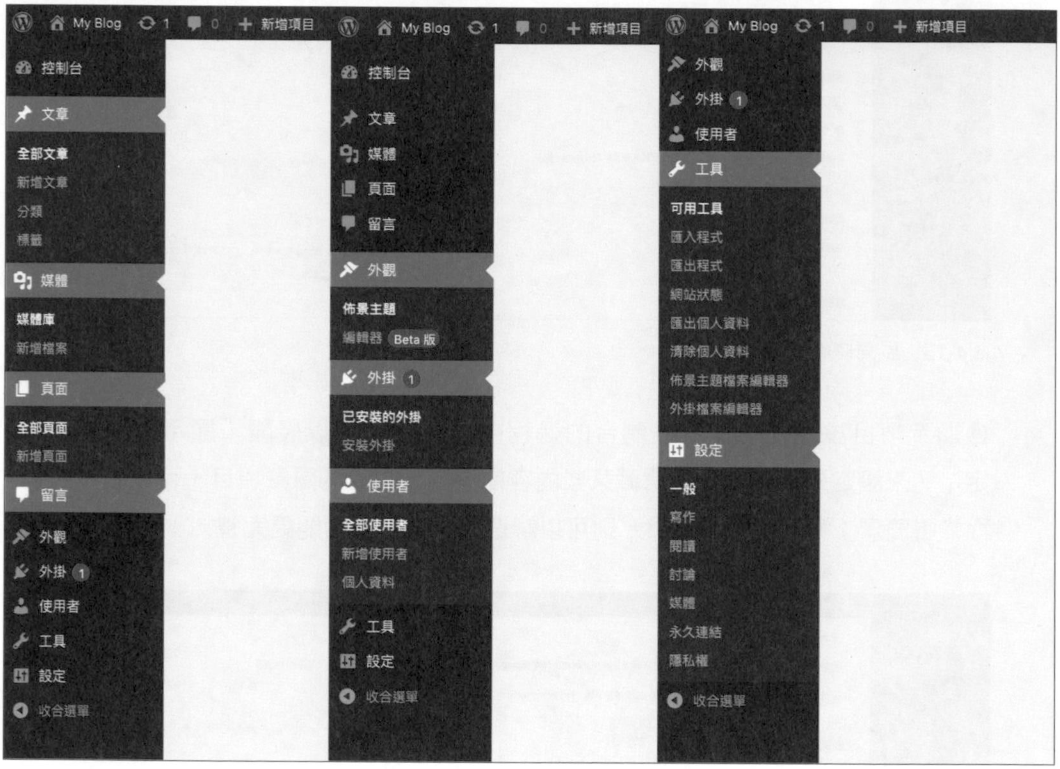

圖4-17：控制台導覽選單。

1.控制台

◉首頁：網站的狀態、概況、各個外掛的摘要等。

◉更新：顯示WordPress、佈景主題及外掛，需要更新的相關資訊。

2.文章：網站中，需要分類管理的內容，可依照分類產生文章列表的，就是一篇篇的「文章」（請參考3-4-1的詳細說明）。

◉新增文章：新增一篇新的文章，並且可於編輯文章時，指定其屬於哪個分類或標籤。

◉分類：管理文章的分類，可新增、編輯與刪除分類。

◉標籤：管理文章的標籤，可新增、編輯與刪除標籤。

3.媒體：媒體庫可用來集中管理上傳的圖片、音訊、影片和文件。

4.頁面：網站中，不需要分類管理的靜態內容，就是各個單一頁面，例如：首頁、聯絡我們等（請參考3-4-1的詳細說明）。

◉全部頁面：查看所有曾經建立的頁面。

◉新增頁面：新增一個新的靜態頁面。

5.留言：查看訪客對你的文章和頁面所提供的意見與回饋。

6.外觀：

◉佈景主題：搜尋或上傳佈景主題、安裝佈景主題、停用與切換佈景主題。

◉網站外觀編輯器：可讓管理員透過「區塊」來組成各種網頁範本（或稱作版型/模板），例如：網站範本、頁面範本、單篇文章範本等（將在後續說明）。

◉（自訂）：即為「外觀自訂工具」，是一個可以透過修改自訂選項來改變網站外觀的工具，部分自訂選項會依不同佈景主題而不同。

◉（小工具）：可加入至側邊欄或頁尾等網站特定區域的區塊化內容。

◉（選單）：是一組連結導覽，通常顯示在網站頂端，幫助訪客輕鬆瀏覽及尋找網站內容。

NOTICE

上述括弧的三個項目，自WordPress 5.9以後，大多佈景主題仍然保留這些功能，但少部分僅支援網站外觀編輯器的佈景主題，則不再顯示這些項目（將在4-4-1詳細說明），需注意。

7.外掛：

◉已安裝的外掛：查看已安裝的外掛、啟用、停用或刪除外掛。

◉安裝外掛：搜尋與安裝新的外掛，擴充網站功能。

8.使用者：

◉全部使用者：管理網站所有的（各種權限的）使用者。

◉新增使用者：新增新的各種權限的使用者。

◉個人資料：管理個人帳號、設定密碼、編輯作者簡介等。

使用者角色及其權限

訂閱者（SUBSCRIBER）：可以檢視留言、發佈留言、接收電子報等，但無法新增網站內容。
投稿者（CONTRIBUTOR）：可以撰寫及管理自己的文章，但無法發佈文章或上傳媒體檔案。
作者（AUTHOR）：可以發佈及管理自己的文章，也可以上傳檔案。
編輯（EDITOR）：可以發佈文章、管理文章以及管理其他作者的文章等。
網站管理員（ADMINISTRATOR）：最高等級的權限，可以使用全部管理功能。

9.工具：

◉可用工具：分類與標籤的轉換工具。

◉匯入程式：把內容從其他平台匯入到這個網站。

◉匯出程式：匯出這個網站的內容，下載備用。

◉網站狀態：檢查網站的狀態，獲得相關建議。

◉匯出個人資料：可應使用者要求，匯出個資檔案的壓縮檔給對方。

◉清除個人資料：可應使用者要求，完全清除其個資。

◉佈景主檔案編輯器：新手請勿從此編輯佈景主題。

◉外掛檔案編輯器：新手請勿從此編輯外掛。

10.設定：

◉一般：網站名稱、語言、時區、日期時間格式等設定。

◉寫作：預設文章分類、預設文章格式等設定。

◉閱讀：首頁與文章列表的顯示設定、搜尋引擎可見度設定。

◉討論：與網站留言相關的設定。

◉媒體：上傳後的圖片，自動產生的縮圖尺寸大小設定。

◉永久連結：網頁的永久網址的結構設定。

◉隱私權：建立與設定隱私權政策頁面。

4-2-4 設定「即將上線/Coming Soon」模式

正在製作中的網站通常不夠美觀、內容也不夠完善，因此，建議在這段期間，對外暫時以「即將上線/Coming Soon」的畫面來呈現，對內在管理員登入帳號的狀態下，依然會看到網站真正的首頁（可以預覽網站實際的狀態），該怎麼設定請見下列兩種方法。

☞方式一：利用主機控制台的功能

有些主機商的控制台，有提供「Coming Soon Page（即將上線的頁面）」的功能。

例如Bluehost主機，只要在登入Bluehost後，「Hosting（主機）」，點選你的網站旁的「...」圖示進入「Manage（設定）」，就可以在「Settings（設定）」頁籤的最下面「Coming Soon Page（即將上線頁）」的地方，選擇啟用或停用就可以囉！

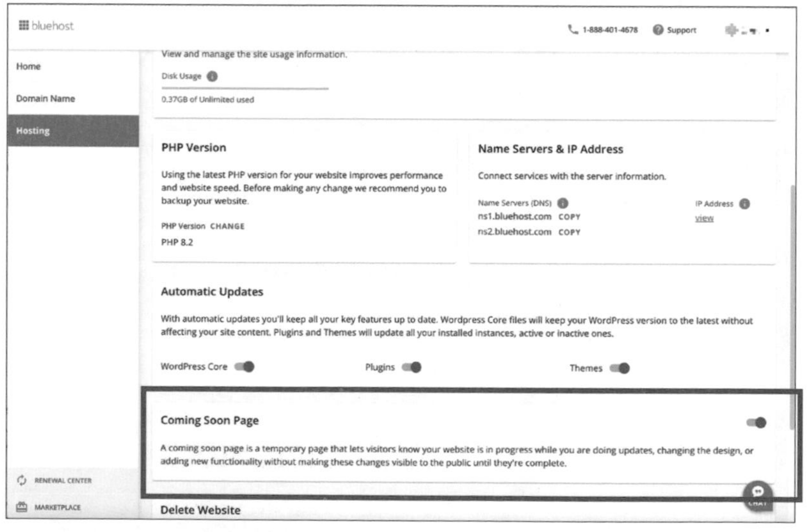

圖4-18：啟動或停用「Coming Soon Page（即將上線的頁面）」。

☞方式二：安裝SeedProd外掛

不論你購買什麼主機、使用什麼佈景主題，都可以透過安裝 SeedProd外掛，來製作「即將上線/Coming Soon」的模式。

STEP01：到「外掛>安裝外掛」，在右邊搜尋處輸入「Coming Soon」，就可以找到「Website Builder by SeedProd — Theme Builder, Landing Page Builder, Coming Soon Page, Maintenance Mode」外掛。點選「立即安裝」，稍等幾秒後，點選「啟用」（在 WordPress安裝外掛，如果不啟用，預設是停用的狀態）。

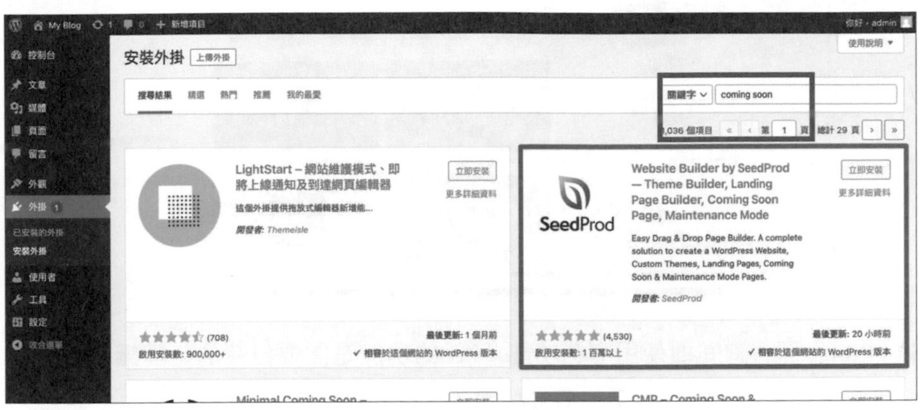

STEP02：接著會跳出SeedProd的設定精靈，帶你一步步建立一個「即將上線/Coming Soon頁面」。

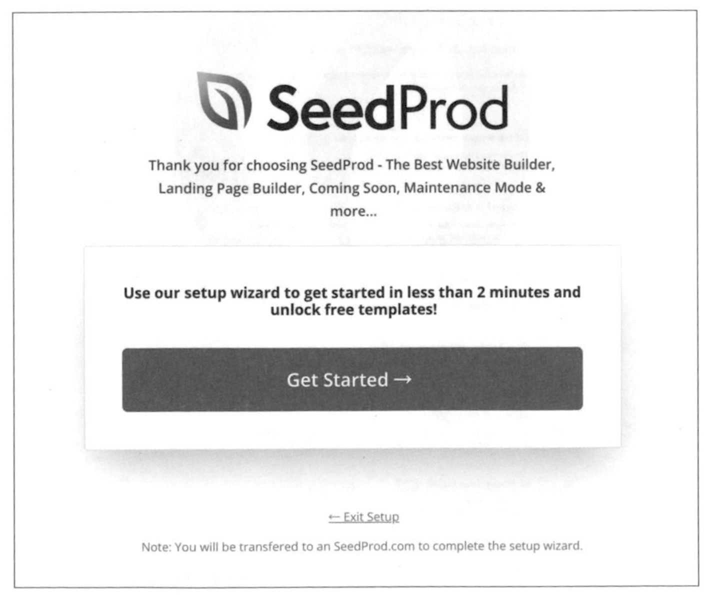

STEP03：在建立的過程中，請跟著上方圓點進度表進行，請選擇喜好的版型。

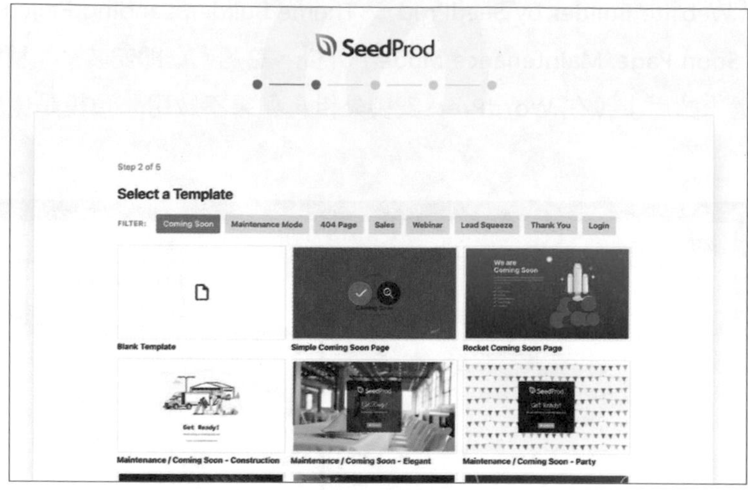

STEP04：還會詢問要使用哪些功能？Pro的功能是需要付費的，建議新手先選擇免費的功能，之後可再慢慢研究付費的功能。

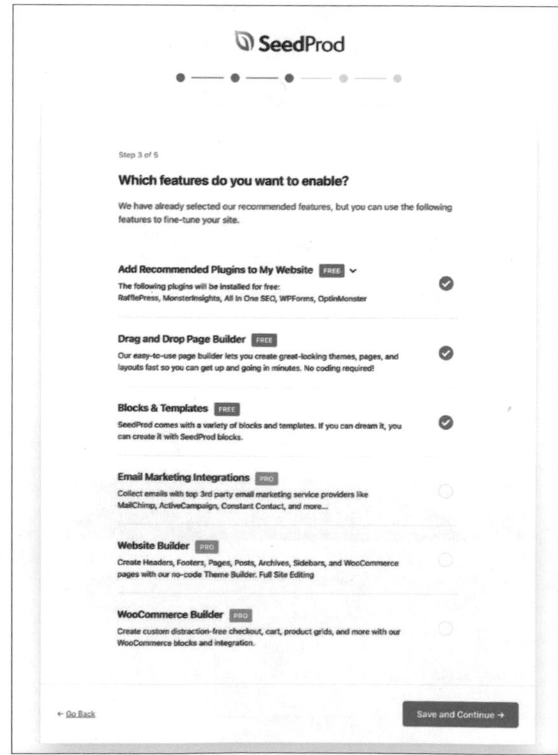

STEP05：點選「Finish Setup（完成設置）」的按鈕，進入編輯Coming Soon Page（即將上線頁）。

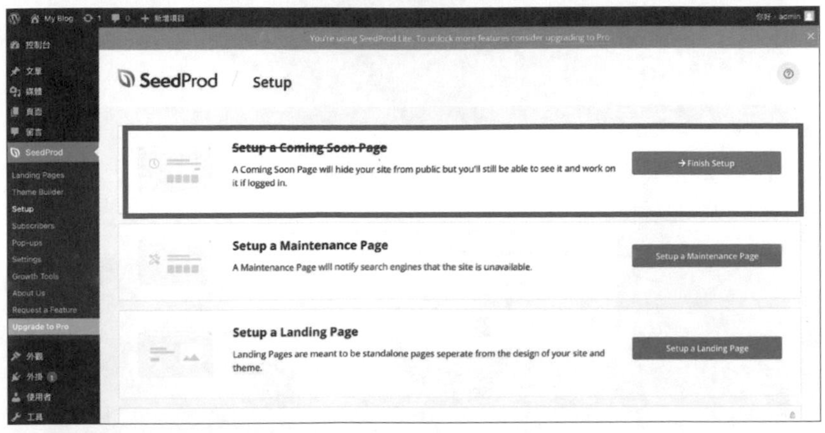

STEP06：編輯頁面的方式非常直覺，只要點選「Coming Soon」文字，就可以直接編輯文字，改成中文的「即將上線」即可。

STEP07：完成編輯後，離開編輯畫面時，記得要點選「Yes, Activate」，就會正式啟用「即將上線/Coming Soon」模式。

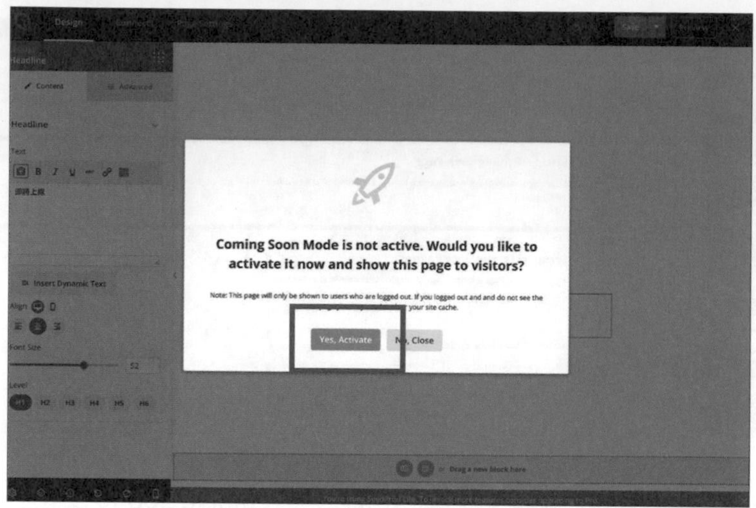

STEP08：之後隨時可以點選頁面右上方的「Coming Soon Mode Active」按鈕回到設置頁，透過Coming Soon Mode下方的切換開關，來決定是否要啟用這個模式。

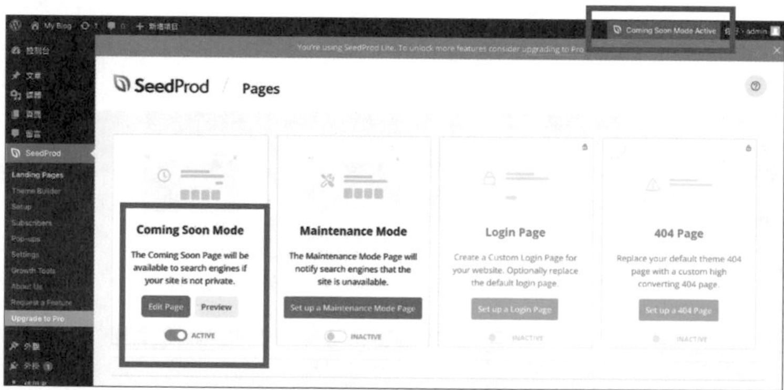

NOTE

上述步驟可搭配第一天線上教學影片，可以看到最新版的介面與完整的步驟說明。

4-2-5 設定暫時阻擋Google索引網站

在下一個章節，將帶你匯入示範網站的內容與設定，把網站變得和示範網站一樣漂亮，可是，匯入的示範文章與頁面，會被誤以為是自己建立的，而被Google索引，陸續顯示在搜尋結果中。

為了避免發生上述的狀況，建議在網站架設的階段，先設定阻擋搜尋引擎來索引這個網站，等到網站架設完畢，準備好要公開上線時，再把示範內容都刪除，重新允許 Google來索引網站。

設定的方式非常簡單，只要依照下圖的步驟操作即可。

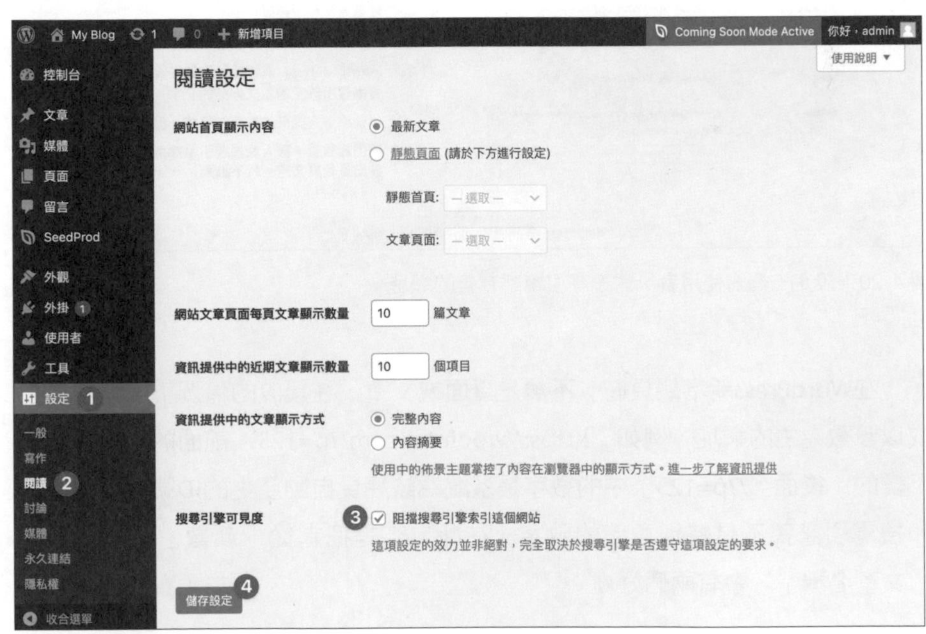

圖 4-19：阻擋搜尋引擎索引這個網站。

NOTE

網站製作完成時，請記得回來這裡取消勾選，才能讓網站被搜尋引擎索引、出現在搜尋結果裡喔！

4-2-6 設定網頁的永久連結架構

這個也是十分重要的基本設定，就是設定網頁的「永久連結架構」，將會影響你未來製作的網頁，網址是如何被系統自動生成出來。

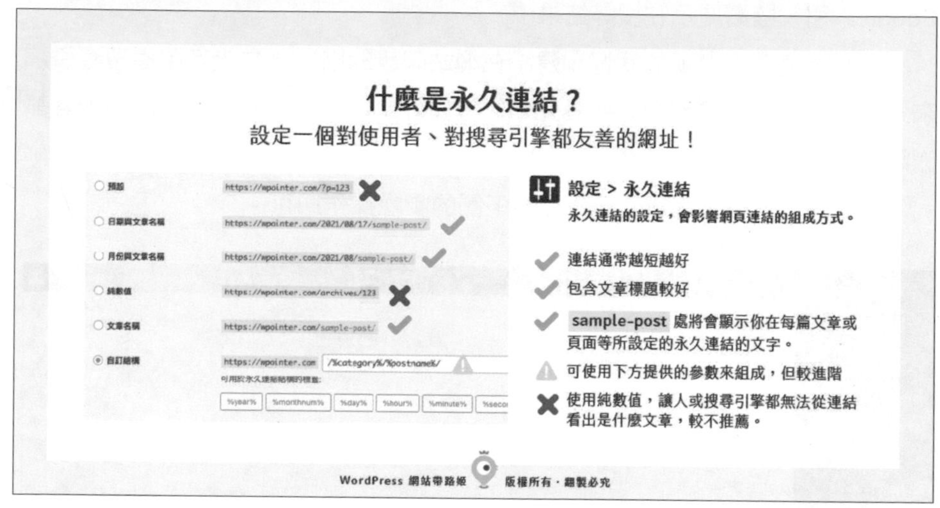

圖 4-20：設定一個對使用者、對搜尋引擎都有善的網址。

在WordPress新增網頁時，不論是頁面或文章，在預設的情況下，會自動生成以參數為主的網址，例如：https://wpointer.com/?p=123，前面的網域名稱是不變的，後面「/?p=123」中的數字是系統為該網頁自動產生的ID號碼，對訪客和搜尋引擎都不具特別意義的數字。在此，若是把它從「參數」改變成包含「文章名稱」，會有兩個好處：

1. 讓人一目瞭然，知道該網頁與什麼相關，有利於傳播分享。
2. 讓搜尋引擎更精準的知道網頁與什麼相關，有利於搜尋排名。

那麼，該如何更改永久連結架構呢？請參考下列步驟：

STEP01：在網站控制台，請到左側的「設定 > 永久連結。」

STEP02：在一般設定處，選擇包含有「文章名稱」的結構。

STEP03：點選「儲存設定」即可。

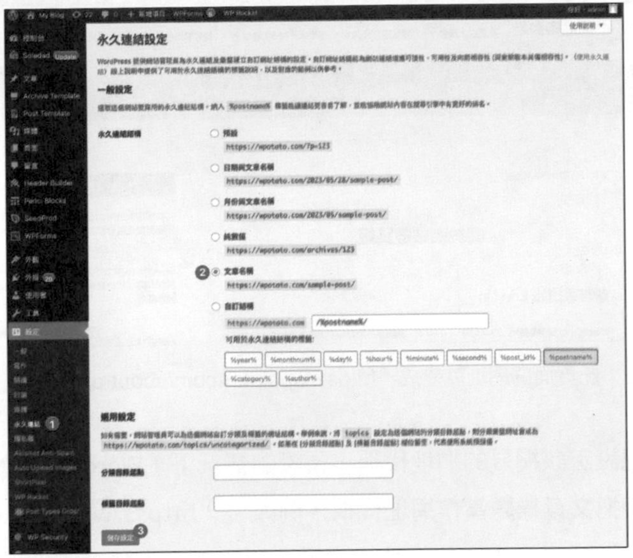

圖 4-21：更改永久連結架構。

除非你的網站內容特別具有時效性，才建議包含月份和日期於永久連結中，否則，一般的情況下，建議選擇單純的「文章名稱」就好，一來可以維持較短的網址，再來可以避免「常青文」在幾年後看起來很舊。

永久連結的架構，只需在架站初期設定一次。之後新增每個網頁時，建議在右邊網頁設定的介面中，自訂「永久連結的網址代稱」，就可以決定該網頁的永久連結。以下的例子是「關於網站帶路姬」頁面。

圖 4-22：右側網址代稱處，填入「about-us」。

圖 4-23：此頁面的網址就變成「https://wpointer.com/about-us」。

若你忘記設定該網頁的網址代稱，預設的情況下，WordPress會在你發佈該網頁時，直接把文章標題當作網址代稱，例如：「https://wpointer.com/關於網站帶路姬」，這樣含有中文的網址，也是可以正常讓人連結的，但是，在分享到社群媒體時，容易變成亂碼，像是「https://wpointer.com/%E9%97%9C%E6%96%BC%E7%B6%B2%E7%AB%99%E5%B8%B6%E8%B7%AF%E5%A7%AC」，含有亂碼的網址不僅讓網址長度過長，也不利於閱讀，最好還是填入自訂的英文網址代稱，讓永久連結更平易近人。

最後，當網站正式營運後，網頁一旦發佈出去，搜尋引擎就會在不久後索引到這個網頁，永久連結就會被記錄到搜尋引擎的資料庫裡，如果這時再改變永久連結，就會導致搜尋者從搜尋結果裡，點選到舊的連結而找不到網頁，不僅造成搜尋者的困擾，也會降低網站在搜尋引擎裡的排名。因此，請盡量不要在網頁發佈後，再改動網址代稱，如果必須改動，最好另外設定自動轉址。

TIP

【線上教學影片：第一天】https://go.wpointer.com/blogd1

4-3 第二天 · 迎接瞬間的蛻變：套用佈景主題

這個章節的主要內容是：如何購買佈景主題，把網站變得和示範網站一樣漂亮，並且學習如何修改示範網頁裡的內容。

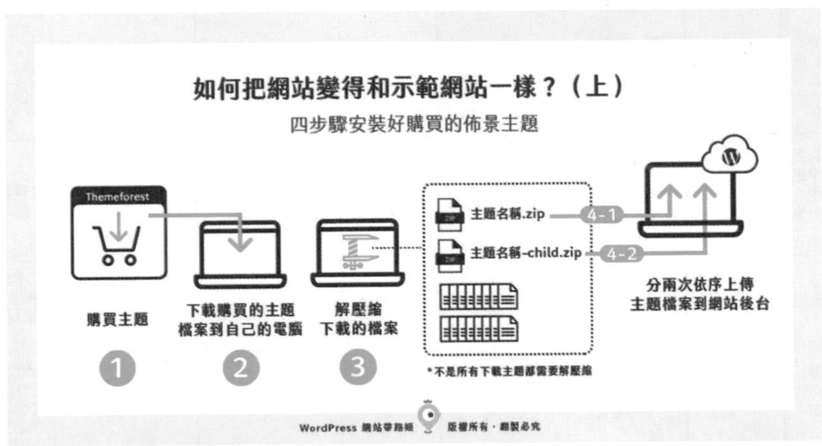

圖 4-24：四步驟安裝購買的佈景主題。

4-3-1 購買佈景主題

◍ 可以使用免費的佈景主題？還是必須花錢購買佈景主題？

在3-5中已介紹四種類型的佈景主題，也稍微分析過其價格上的差別。實際上，除了價格之外，他們所包含的功能是截然不同的，請搭配下表，一同理解付費的佈景主題的優勢及其必要性。

我認為付費主題對新手來說，最大的優勢在於「會提供許多示範網站的選擇」，讓新手站長可以直接套用、並且稍微修改，就能做出一個看起來美觀又專業的網站，光是這點，就可以節省至少一個月的摸索時間，是非常值得的投資。

表 4-1：各類佈景主題的功能比較表（價格可能會變動）。

	WordPress 預設	WordPress 佈景主題庫	Envato Market 主題商城	其他常見專業佈景主題			如果沒有這個項目的話 ...
			一次購買，可終身使用	免費試用版	付費升級成完整版		
價格	免費	免費	約 29 美元～89 美元；以 59 美元為最多	雖然免費，但有很貴的可能	每年付費方案：每年持續付費，才能升級佈景主題，最低每年 49 美元起。	終身使用方案：一次購買，終身使用，最低每年 149 美元起。	
			便宜		貴	貴	
有預先設計好的網頁範本與樣式	幾乎沒有	○	○	○	○	○	網頁會看起來像沒設計過
許多示範網站（Demo Site）可以直接套用	X	不一定有，即使有也是少數	○	有限制的	○	○	沒辦法快速套版，就得自己一頁一頁慢慢設計。沒有很多示範網站可以選擇來套用，就會很容易和別人的網站撞板。
全站式客製化外觀的選項，像是字體大小、標題顏色、是否顯示社群分享按鈕等等		不一定有	通常有，越貴的選項越多	有限制的	○	○	就得靠寫程式，才能修改網站的樣式
客製化網站頁首、主選單及頁尾區域的排版工具		不一定有	○	有限制的	○	○	無法視覺化的、隨心所欲的放置想要的素材到主選單或頁尾區域
除了文章與頁面外，還可增加特殊內容類型，例如：作品集、食譜、評論等。	X	不一定有	通常有	X	X	X	導致作品集等其他內容都和文章混雜在一起，如果想要把作品集分出來管理，就得另外學習更多的外掛與知識
網頁中，可插入更多種類的網頁元素，像是頁籤（Tabs）、媒體輪播（Slider）等。	X	不一定有	○	有限制的	○	○	網頁內容會比較單調，缺乏互動元素
客服支援	X	X	預設半年客服期；如需延長，需加購「延長客服」服務。	X	付費期間有	終身有	使用主題遇到問題，沒有客服可以詢問
學習曲線	低	低	中	高	高	高	
熱門常見主題	Twenty Twenty-Three	OceanWP、Astra、Blocksy、Kadence、GeneratePress 等	Avada、Soledad、Flatsome、Jupiter、Jannah、Essentials、TheGem、Porto、The7、WoodMart 等	OceanWP、Astra、Blocksy、Kadence、GeneratePress 等			

至於付費的佈景主題，主要分成來自於Envato Market商城，或其他第三方的獨立廠商，其最大的差異在於：

☞**Envato Market的佈景主題**：付費一次就可終身使用，比較便宜，較適合業餘架站者，佈景主題商會包了很多方便新手直接上手的功能，省去另外摸索如何擴充外掛的時間。

☞**第三方的獨立佈景主題**：大多是需要每年付費訂閱，或者用更高的價格才能買到終身授權，較適合專業架站者，佈景主題商不會包太多功能，反而希望網站後台輕盈，留給架站者自行選擇擴充的外掛。

我十分建議新手朋友先從Envato Market商城的佈景主題下手，降低學習曲線、節省架站時間與花費、提高成功機率，然而，WordPress系統與佈景主題是不斷進化的，請記得在4-3結尾，掃描課程QR Code，就可以看到最新的推薦主題及相關操作教學。

◍ 如何選擇佈景主題？

網站一旦開始營運，更換佈景主題並不是件輕鬆的事，正如同長期使用iPhone，當要換成Android手機時，就會遇到有些APP不能用了，或是資料需要轉換等。因此，一開始就選對佈景主題是非常重要的。

首次架站，最簡單的選擇佈景主題方式，就是跟著這本書的選擇，使用Soledad佈景主題，Soledad主題長期是Envato Market商城中部落格類主題的第二名，包含非常多部落格常用的功能，像是自動產生文章目錄、顯示文章瀏覽數、支援列出多位作者的外掛（Co-Author Plus）、建立食譜內容、建立評論內容、建立作品展示、接受贊助、接受訪客發文、付費解鎖文章等，更棒的是它有十幾種文章版型可選、以及兩百多個示範網站可供套用，只要跟著本書學習微調與客製化，就可以輕鬆做出專業又獨特的部落格。之後如果在使用上有任何心得與疑問，還可以到網站帶路姬的Facebook私人社團與大家交流討論，不僅社員多，還有非常多與Soledad主題相關的討論串，將讓你的架站之路有後盾、有伴不孤單。

如果你想選擇Soledad以外的佈景主題，建議要注意「是否有足夠的學習資源」的問題，因為前面4-1曾提到過，每個佈景主題的功能與操作介面都完全不同，而佈景主題的官方使用說明都是英文的，因此，除非你很習慣閱讀大量英文，否則，最好選擇有完整中文教學的佈景主題，尤其是包含如何客製化網站外觀的，才能避免網站到後來無法順利完成。

最後，不論你是首次架站就想挑戰自行選擇佈景主題，或先跟著本書使用Soledad製作，之後更有經驗時再換成其他主題，選擇佈景主題絕對不能只看示範網站的外表，更要注意它的內在，在此就列出一些選擇技巧給各位參考。

◉示範網站的選擇是否足夠？是否有接近你的理想網站的選擇？這將方便日後可以快速套用，透過微幅修改就能完成網站。

◉網頁內容和字體大小等，通常可以在套版後，再另行調整，但是「特效」是無法的，像是滑鼠移到某物件上，該物件會閃一下、或有色塊淡入覆蓋等，因此，可以多關注該佈景主題的示範網頁裡的特效，是否是自己喜歡的？

◉有些佈景主題，會提供文章以外的內容類型，例如作品集，可以到示範網站中，查看是否有自己喜歡的作品集的展示方式？

◉示範網站是否符合響應式的設計？（顯示在手機上的網頁是否流暢美觀）

◉佈景主題商或者該佈景主題的評價是否良好？

◉佈景主題的銷售數量多不多？如果銷售量還很少，可能會有潛在的問題還沒被發現，或者最後可能會被主題商遺棄，放棄持續更新。

◉匯入示範網站的流程是否容易？是否有步驟引導？

◉程式碼是否對SEO（搜尋引擎最佳化）友善？

◉佈景主題的速度如何？能不能停用沒有使用的功能？

◉是否和熱門的外掛都相容？（像是WooCommerce購物車外掛、WPForms表單外掛、WPML翻譯管理外掛等）

◉是否有提供自助系統或高質量的説明文件？

◉是否有提供完善的客服？

◉佈景主題多久更新一次？是否有持續地維護與更新？

◉網路上的資源多寡？台灣的社群裡，使用的人多不多？

◍ 如何購買佈景主題？

購買佈景主題的流程，與一般網路購物流程相似，都是先查看商品資訊、把喜歡的佈景主題加入到購物車，最後就是註冊帳號與結帳，唯一不同的是，購買完佈景主題後，所得到的佈景主題是電子商品，只會提供連結下載使用。

STEP01：以Envato Market主題商城來說，在喜歡的佈景主題頁面，點選右側的「Add to Cart」，將商品加入到購物車。

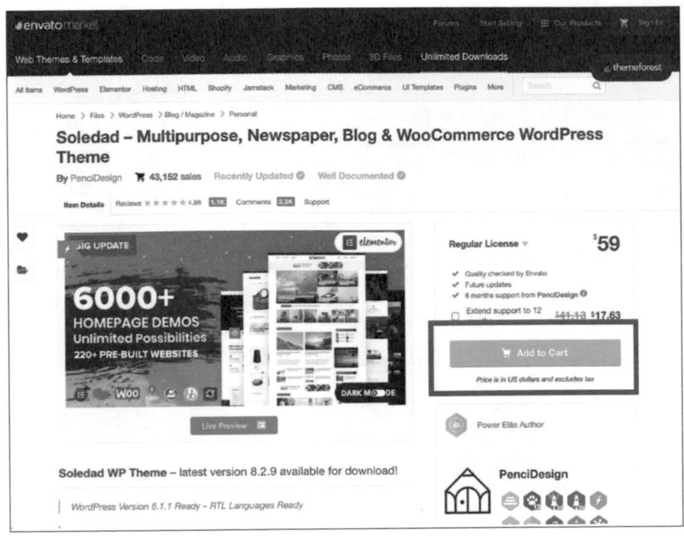

STEP02：然後點選「Go to Checkout」前往結帳即可。

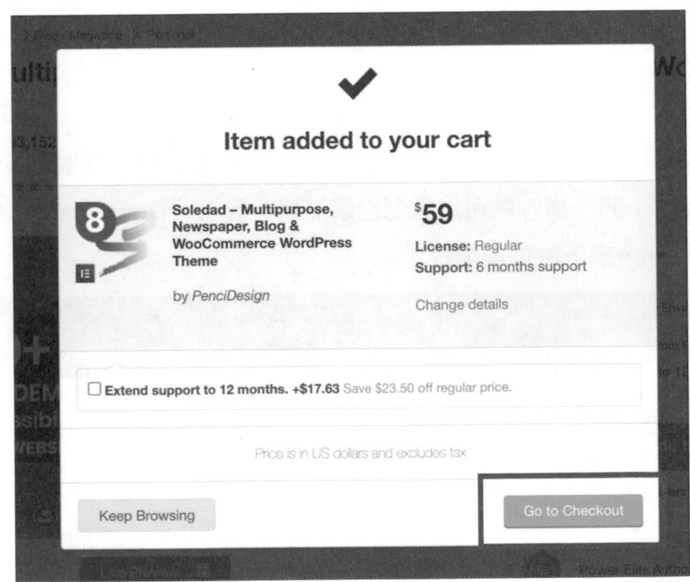

STEP03：首次購物時，請申請一個新的Envato Market帳號，可以自行輸入帳號資訊，或者串接Google帳號，註冊完帳號後，再進行刷卡付款。

Create Account
Already have an account? Sign In
Continue with Google
or
First Name
Last Name
First name is required
Email
Username
Password
Use 8 or more characters with a mix of letters, numbers and symbols. Must not contain your name or username.
I'm not a robot
reCAPTCHA
Privacy - Terms
Send me tips, trends, freebies, updates & offers.
You can unsubscribe at any time.
Envato collects and uses personal data in accordance with our Privacy Policy. By creating an account, you agree to our Terms & Conditions.
Create account & continue
Billing Details
Select Payment Method

Order Summary
Soledad – Multipurpose, ... $59.00
Handling Fee: $0.00
Total: US$ 59.00
Secure checkout

STEP04：購買完佈景主題後，只要到網頁右上角你的帳號，點選下拉選單裡的「Downloads」的字樣，就可以看到已購清單，點選「Download > All files & documentation」來下載佈景主題。

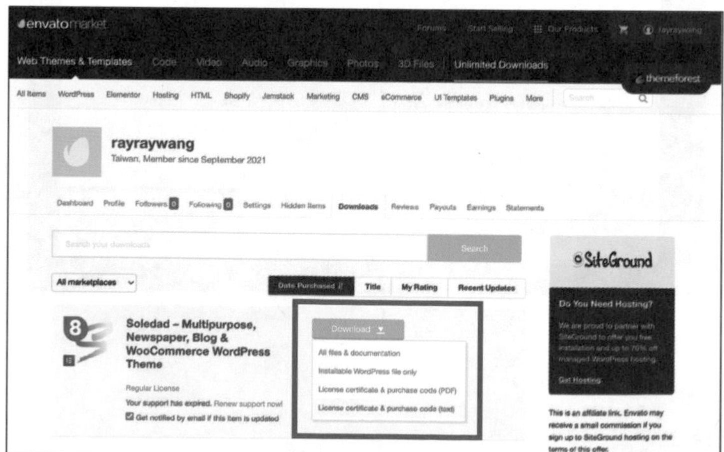

4-3-2 安裝佈景主題

在WordPress控制台，只要到「外觀 > 佈景主題」，就可以看到目前已經安裝過的佈景主題，佈景主題一次只能啟用一個。點選「安裝佈景主題」就可以安裝新的佈景主題。

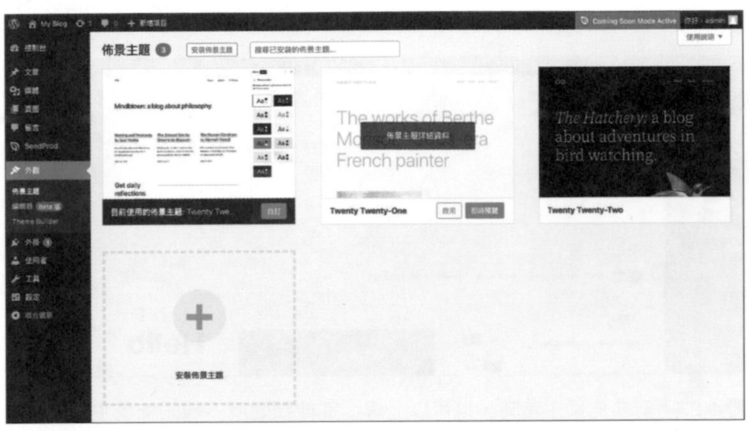

圖 4-25：到「外觀 > 佈景主題」，即可管理佈景主題。

搜尋與安裝免費的佈景主題

在安裝佈景主題的頁面，可以從畫面右側「搜尋佈景主題」處輸入關鍵字搜尋，或者透過「熱門」、「最新上架及更新」等過濾器來篩選佈景主題。這個頁面裡的所有佈景主題都是免費的，是屬於 WordPress佈景主題庫，創作者

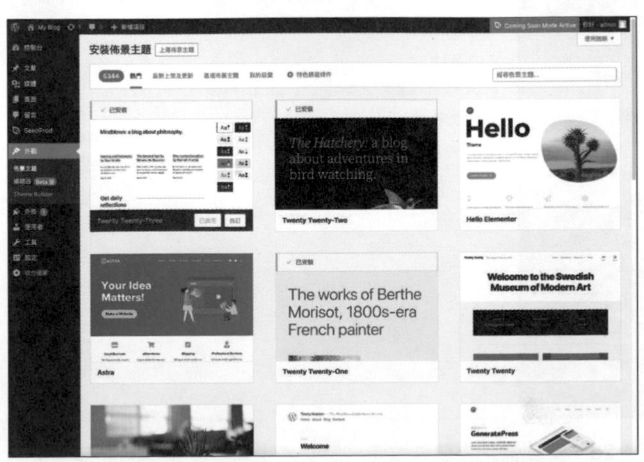

圖 4-26：安裝佈景主題時，可篩選出免費的佈景主題來安裝。

來源複雜，佈景主題品質不一，還包含了很多付費的佈景主題的免費試用版主題，如果你要使用這裡面的佈景主題，一定要小心慎選。

◍ 上傳付費的佈景主題

在安裝佈景主題的頁面，除了可以尋找免費的佈景主題來安裝，也可以點選「上傳佈景主題」，上傳從第三方的佈景主題網站所購買的主題。

圖 4-27：安裝佈景主題時，也可以上傳從其他網站所下載的佈景主題。

上傳佈景主題時，有時候會發現像下圖「佈景主題安裝失敗」的訊息畫面，那是因為下載的佈景主題包，不僅包含了佈景主題的上傳檔案，還有使用說明等，請先將下載的檔案解壓縮。

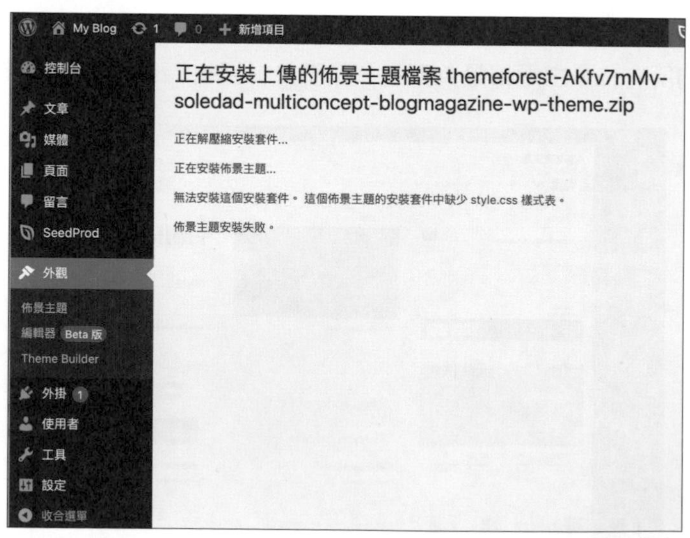

圖 4-28：安裝佈景主題失敗時，請檢查上傳的檔案是否正確。

解壓縮後的資料夾內，通常可以找到兩個壓縮檔（.zip），其中一個檔案名稱會和佈景主題的名稱一樣，另一個則是多加了「-child」，這兩個才是必須分兩次上傳的佈景主題檔案。

以Soledad佈景主題為例，在Envato Market主題商城的Downloads下載頁面，點選「Download（下載）」之下的「All files & documentation（所有檔案及 名文件）」後，必須先將下載的檔案先解壓縮，在解壓縮後的資料夾內，找到soledad.zip以及soledad-child.zip，這兩個才是必須分兩次上傳的檔案。

☞**soledad.zip**：主要的佈景主題檔案，又稱作父（母）主題。

☞**soledad-child.zip**：子主題檔案。

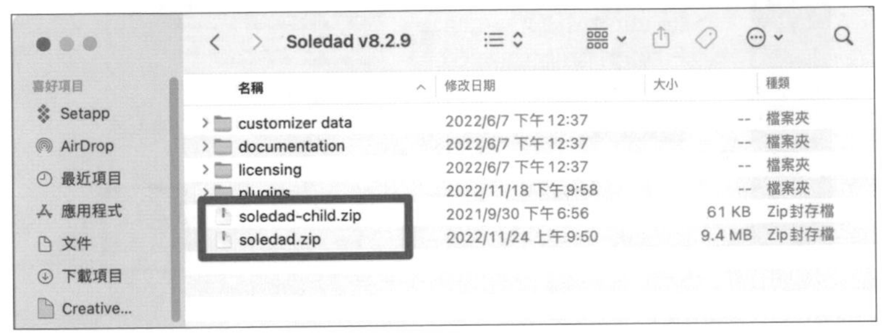

圖 4-29：以 Soledad 主題來說，必須將下載的檔案解壓縮後，才能找到真正該上傳的兩個佈景主題檔案。

◀為什麼要有子主題呢？▶

子主題（Child-Theme）除了繼承父（母）主題的所有功能，還會另外儲存客製化外觀時所產生的檔案與設定，這樣可以確保網站的客製化資料，不會因為父（母）主題的更新，而被覆蓋過去，造成外觀上的改變，又要重新客製化一次。

因此，功能比較完善的佈景主題，通常會提供父（母）主題及子主題，請分兩次上傳到佈景主題的地方，並且啟用子主題就可以囉！關於佈景主題的更多常見地雷，請參考4-7新手的常見地雷章節。

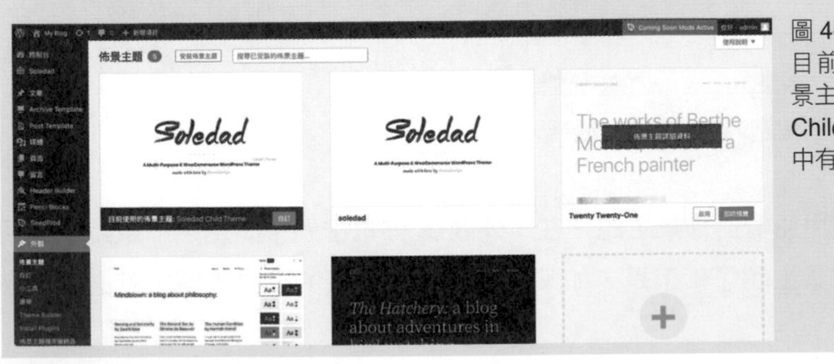

圖 4-30：目前使用中的佈景主題：Soledad Child Theme，其中有「Child」。

◍ 刪除不需要的佈景主題

只有非啟用中的佈景主題，才能夠被刪除，該如何刪除佈景主題，操作步驟如下：

STEP01：到控制台的「外觀 > 佈景主題」。

STEP02：點擊你想刪除的佈景主題。

STEP03：點選右下角的「刪除」即可。

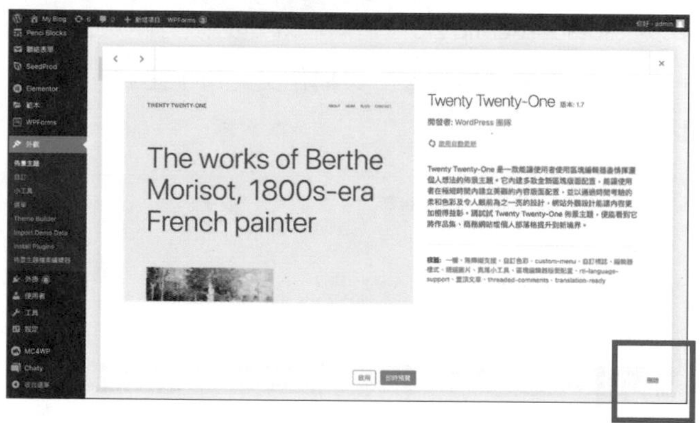

4-3-3 填入授權碼來啟用付費版的佈景主題

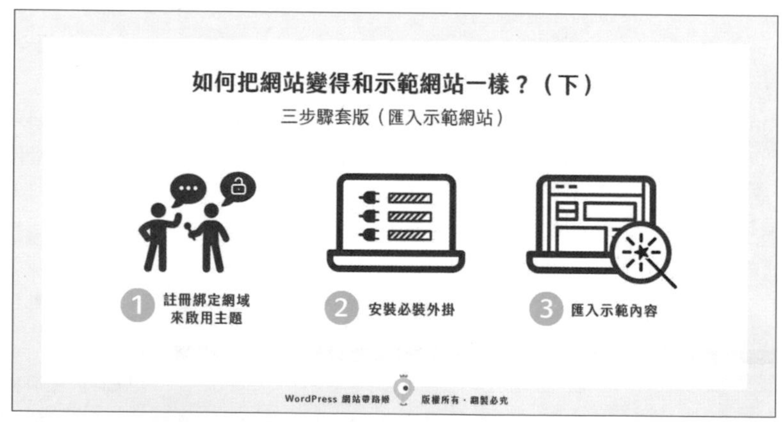

圖 4-31：套版三步驟（匯入示範網站內容）。

如果是使用免費的佈景主題，在「外觀 > 佈景主題」，點選「啟用」即可開始使用該佈景主題了；但是，如果是要使用付費版的佈景主題，就必須再多一個「填入授權碼來啟用佈景主題」的步驟，藉由此步驟綁定網域名稱，讓佈景主題商知道這個佈景主題將會使用在哪一個網站上。

因為，付費版的佈景主題通常有網站使用數量上的限制，例如在Envato Market上買一次佈景主題，會獲得一個授權碼（Purchase Code），只能在一個網站上填入授權碼來啟用佈景主題；如果要架第二個網站，就得再買一次佈景主題。

這樣的機制，是為了避免買家購買佈景主題後，把檔案分送給親友，造成佈景主題商的損失。

每個付費版的佈景主題，啟用的方式都不一樣，端看其介面如何設計，Envato Market上的佈景主題的啟用方式相仿，下列以 Soledad 佈景主題來說明啟用主題的步驟。

STEP01：到「Soledad > Active theme」頁面。

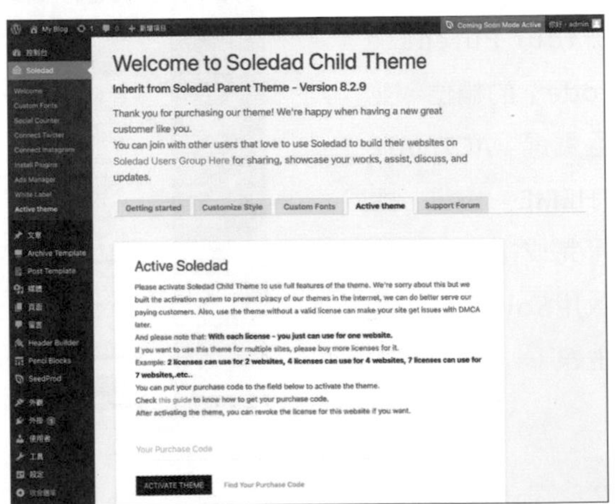

STEP02：登入Envato Market帳號後，在帳號之下的「Downloads」下載頁面，點選 Soledad 主題旁的「Download」下載按鈕，並且點選「License certificate & purchase code (txt)」。

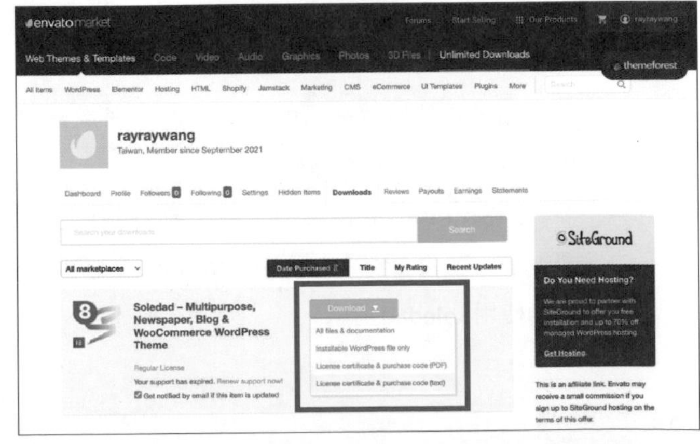

STEP03：打開下載的授權碼檔案，複製「Item Purchase Code（物件購買授權碼）」。

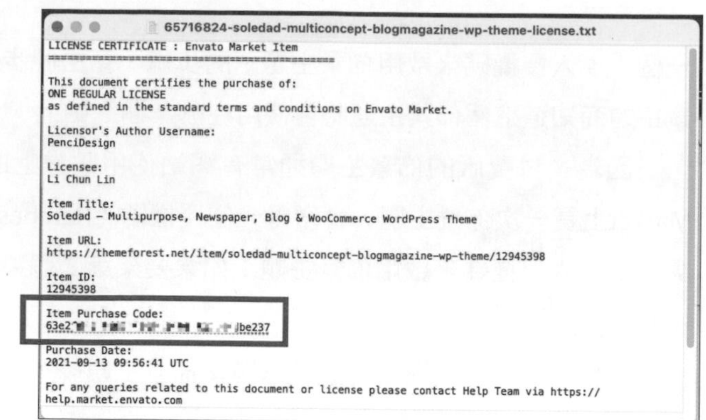

65716824-soledad-multiconcept-blogmagazine-wp-theme-license.txt

LICENSE CERTIFICATE : Envato Market Item
==

This document certifies the purchase of:
ONE REGULAR LICENSE
as defined in the standard terms and conditions on Envato Market.

Licensor's Author Username:
PenciDesign

Licensee:
Li Chun Lin

Item Title:
Soledad - Multipurpose, Newspaper, Blog & WooCommerce WordPress Theme

Item URL:
https://themeforest.net/item/soledad-multiconcept-blogmagazine-wp-theme/12945398

Item ID:
12945398

Item Purchase Code:
63e2[illegible]be237

Purchase Date:
2021-09-13 09:56:41 UTC

For any queries related to this document or license please contact Help Team via https://help.market.envato.com

STEP04：接著回到WordPress網站後台，將授權碼貼到「Your Purchase code」的欄位，並且點選「ACTIVATE THEME」按鈕，即可完成授權，成功啟用Soledad佈景主題。

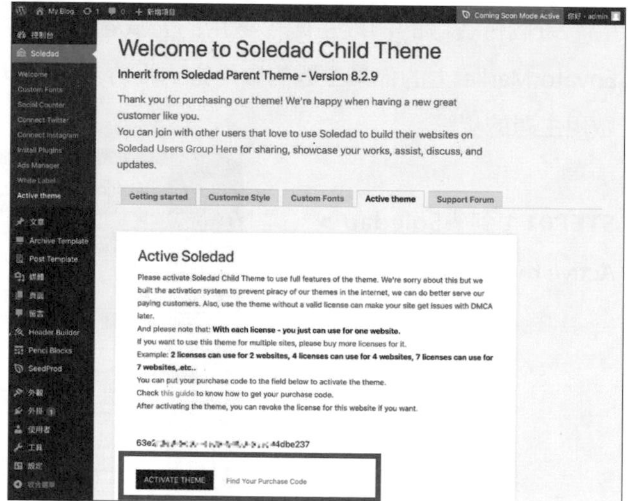

4-3-4 開始使用Soledad主題＆匯入示範網站

如果是使用付費版的佈景主題，通常會提供Demo示範網站，讓站長們快速套版，就不用從零做起。

以Soledad主題為例，只要到控制台左側的「Soledad > Welcome（歡迎）」，就會看到「Getting started（準備開始）」的頁面，依照下述三個步驟開始使用Soledad主題。

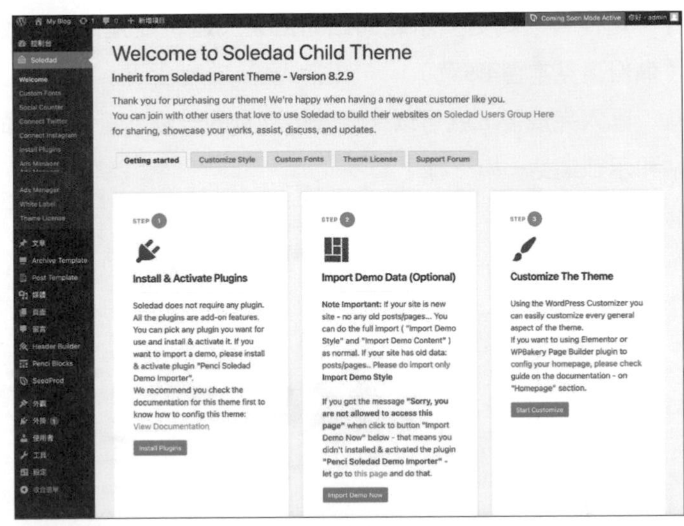

圖 4-32：Soledad 的歡迎與引導開始頁面。

STEP01：安裝與啟用外掛（Install & Activate Plugins）

不論你是使用何種佈景主題，在匯入示範網站的資料前，請先安裝與啟用佈景主題商建議安裝的外掛，尤其是標註為「Required Plugins 必裝外掛」的項目，這樣才能確保匯入的示範網站資料，能正確的呈現。

以Soledad佈景主題為例，請直接點選「Install Plugins」，安裝與啟用所有的建議外掛，之後再視情況停用不需要的外掛。如果接下來想套版，把網站快速變得和示範網站一樣漂亮，則一定要安裝「Penci Soledad Demo Importer（示範資料匯入）」外掛。

STEP02：匯入示範網站資料（Import Demo Data）

這個匯入示範網站資料的步驟，也就是「套版」的意思。一旦匯入完成，網站就會變得和示範網站一模一樣！

以 Soledad 佈景主題來說，只要點選「Import Demo Now」，就會看到所有示範網站的選擇，可以一一點選「Preview」來預覽示範網站。看到自己喜歡的示範網站，點選「Import」就可以開始匯入資料。

匯入示範網站需要一些時間，建議在網路連線平穩的狀態下進行，避免匯入失敗。另外，如果想要更換示範網站，則要確認網站中是否有已建立的內容，可能會因為更換示範網站而遺失，建議要先做好備份，再更換示範網站（備份請見本書第5章）。

匯入完成後，就可以來見證這神奇的一刻。打開網站的前台，就會看到網站和示範網站一模一樣！

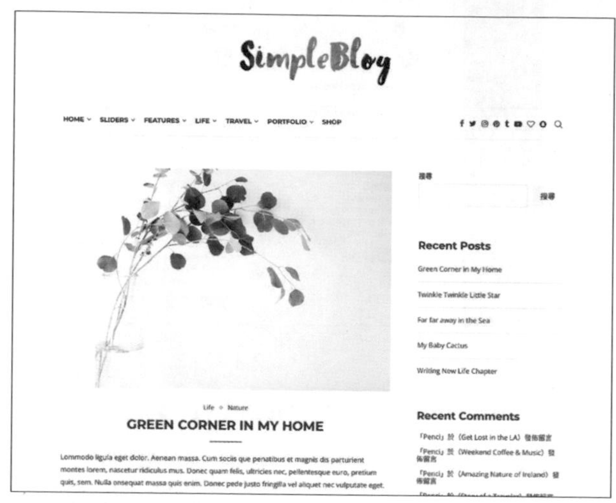

STEP03：客製化佈景主題（Customize The Theme）

雖然佈景主題商建議在匯入示範網站資料後，就可以開始客製化網站外觀，詳細情形將會在4-5做進一步說明。

4-3-5 開始編輯現有內容＆新增內容

匯入示範網站後，網站的外觀變得漂亮又專業，但是內容全部都是假的，因此，緊接著來學習如何編輯內容，換成自己想要的內容吧！

◍ 認識網站的四大區域

開始編輯網頁的「內容」前，必須先搞懂「內容」是指哪裡？以WordPress系統做出來的網站，分成四大區域：頁首（Header）、內容（Content）、側邊欄或資訊欄（Sidebar/ Widget Areas）、頁尾（Footer）：

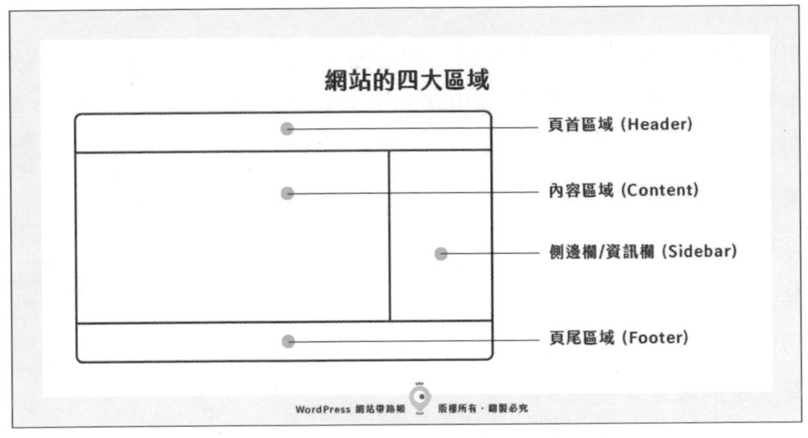

圖 4-33：網站的四大區域。

頁首區域：不論你瀏覽哪個網頁，這個區域的資訊都會一直保持在網站上方，通常是LOGO商標及主選單，有時候還會有頁首上方條（Top bar），放置聯絡資訊、社群連結等。

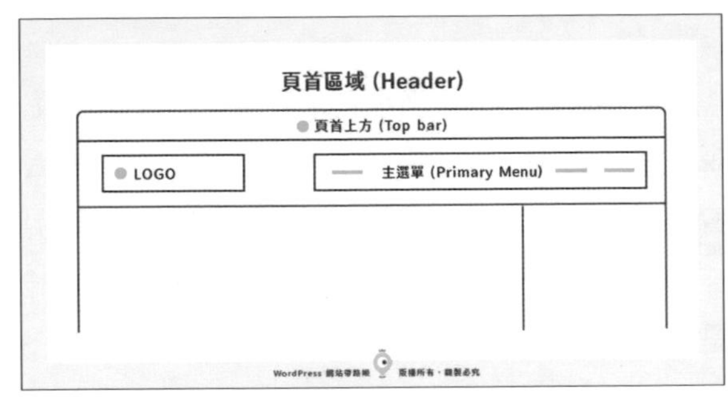

圖 4-34：頁首區域。

頁尾區域：不論你瀏覽哪個頁面，該區域的資訊都位在網站下方，通常會有頁尾資訊欄區域及版權聲明區。

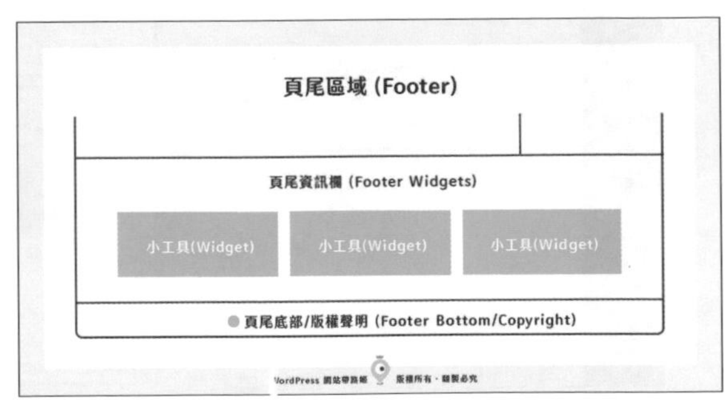

圖 4-35：頁尾區域。

頁尾資訊欄裡，會放入與整個網站的相關資訊、提醒訪客的訊息，像是關於我們、聯絡我們、社群連結等，有些網站會忽略或隱藏這個區域。而版權聲明區，則是很常見且必要的區域，會有著作財產權相關的聲明及隱私權政策、使用條款等連結。

側邊欄/資訊欄：最常出現在網站的右側，不論你瀏覽哪個網頁，側邊欄都維持不變，通常會放一些與內容相關的、區塊式的補充資訊，例如：熱門文章、最新文章、文章分類等，讓正在瀏覽內容的訪客，有多一些瀏覽選擇。

有些網站如果使用付費版的佈景主題，可以透過佈景主題的設定來隱藏側邊欄，那麼，內容區域就會變成100%完整寬度。

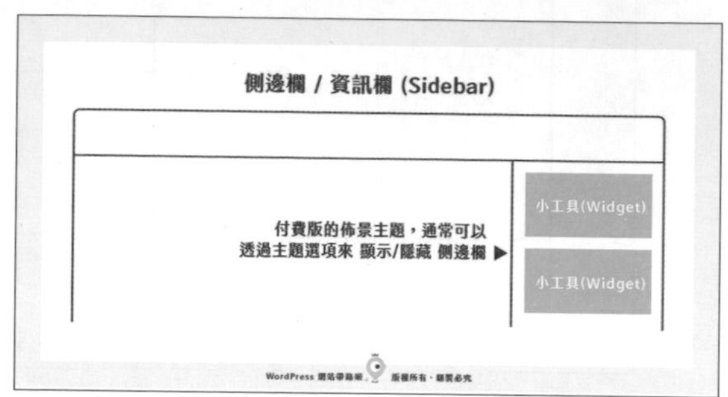

圖 4-36：側邊欄 / 資訊欄。

內容區域：這是網頁真正想傳遞的資訊位置。以WordPress控制台的架構來說，在「頁面」與「文章」所建立的內容，都會出現在這個內容區域裡，通常會包含頁面或文章的標題，以及內容文字、圖片等。

WordPress網站的四大區域是非常重要的觀念，因為在網站控制台裡，它們是從不同的地方管理，因此，建議大家務必熟記這四個區域的名稱。

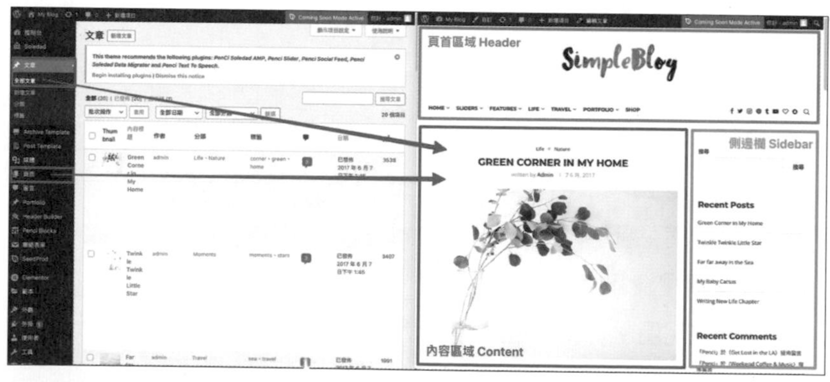

圖 4-37：內容區域。

◍ 如何編輯現有的內容

了解四大區域後，我們該從哪裡進入來編輯「內容區域」呢？當你以管理員身分登入控制台，並且打開網站的前台時，會看到最上方多了一排快捷工具列（Admin bar），就會有一個可以讓你快速編輯正在瀏覽的網頁的連結，是最方便的入口。

假設，你所在的網頁是一個「頁面」，就會看到上方出現一個「編輯頁面」的連結。

圖 4-38：出現了「編輯頁面」的連結。

如果你所在的網頁是一篇「文章」，則會看到「編輯文章」的連結。

圖 4-39：出現了「編輯文章」的連結。

除了上述的方式外，也可以到網站控制台，到「頁面 > 全部頁面」或「文章 > 全部文章」，再點擊你想編輯的頁面與文章，即可進入編輯。

◍ 如何新增內容

在 3-4-1 設計網站架構時，就已經介紹過「頁面」與「文章」的差別。因此，之後要新增內容時，建議請先思考一下，該內容是屬於「頁面」，還是「文章」，再到對應的地方新增即可。

新增頁面：控制台 > 頁面 > 新增頁面。

新增文章：控制台 > 文章 > 新增文章。

4-3-6 如何使用區塊編輯器編輯內容

不論是編輯現有的內容，或是新增內容，一旦進入編輯某篇文章或頁面時，就會看到WordPress預設的區塊編輯器（Block Editor）的介面。

◍ 區塊編輯器：頂端工具列

以編輯文章為例，最上方為頂端工具列，裡面包含了許多重要的快捷工具，像是返回控制台、返回上一步或下一步、儲存或更新這篇文章、以及顯示或隱藏設定等。

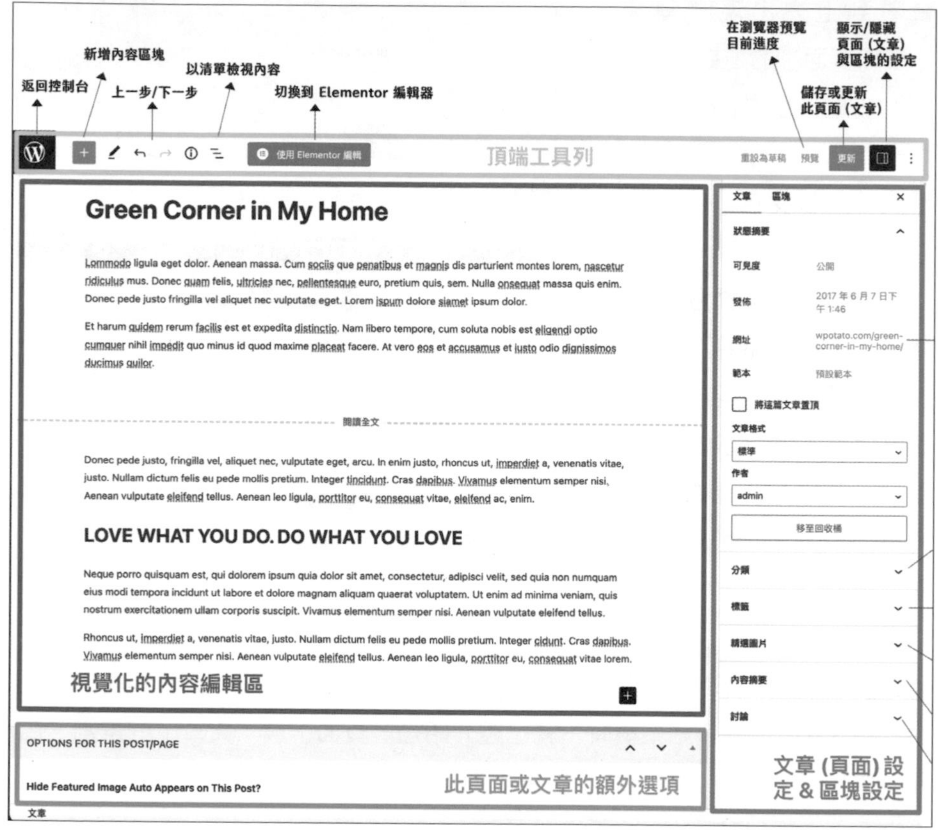

圖 4-40：區塊編輯器的操作介面—頂端工具列說明。

◍ 區塊編輯器：內容編輯區

WordPress提供非常直覺的內容編輯方式，幾乎是所見即所得，完全不需要寫程式，以下方網頁為例，這是「網站帶路姬」的「一對一諮詢」的「頁面」，在前台看起來的樣子。

同樣的網頁，在控制台編輯頁面時，看起來像是圖4-42，只能編輯內容區域，不能編輯頁首、側邊欄及頁尾。

圖 4-41：「一對一諮詢」的「頁面」於前台所呈現的樣子。

透過「清單檢視」的功能，就會發現網頁是由非常多的「區塊」堆疊而成的，其中包含了許多的「段落」區塊、許多「標題」區塊、一個清單區塊、以及一個「按鈕」區塊。

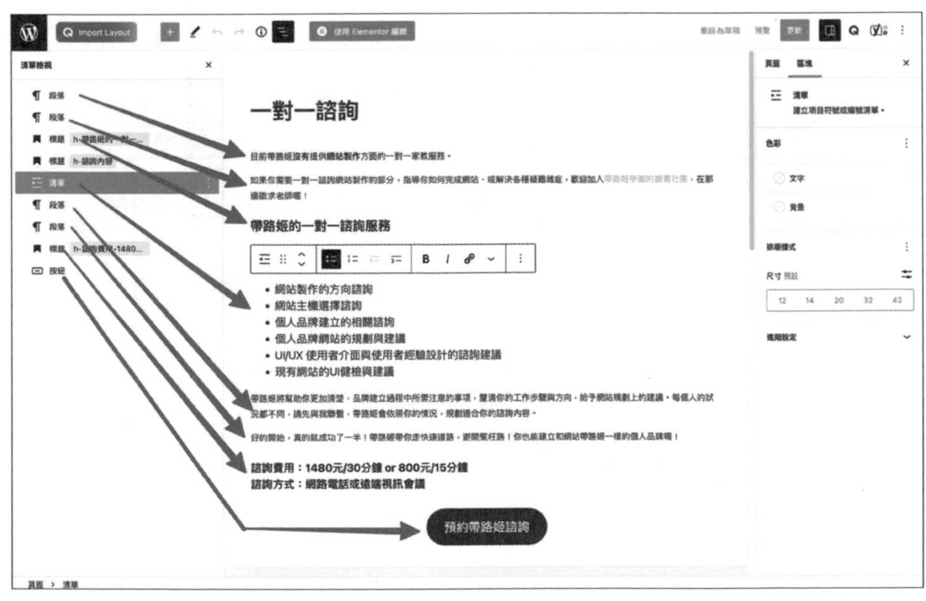

圖 4-42：「一對一諮詢」的「頁面」於後台，編輯頁面時所呈現的樣子。

這些區塊是怎麼出現的呢？只要在區塊編輯器中，重複執行下列四個步驟，就可以建立出一個個區塊，堆疊出一個網頁。

STEP01：點選「＋」的符號新增空白區塊。

STEP02：決定這個區塊的類型，像是段落文字、標題、圖片、按鈕等。

STEP03：編輯這個區塊的內容以及相關設定。

STEP04：完成這個區塊後，再回到STEP01，建立下一個區塊。

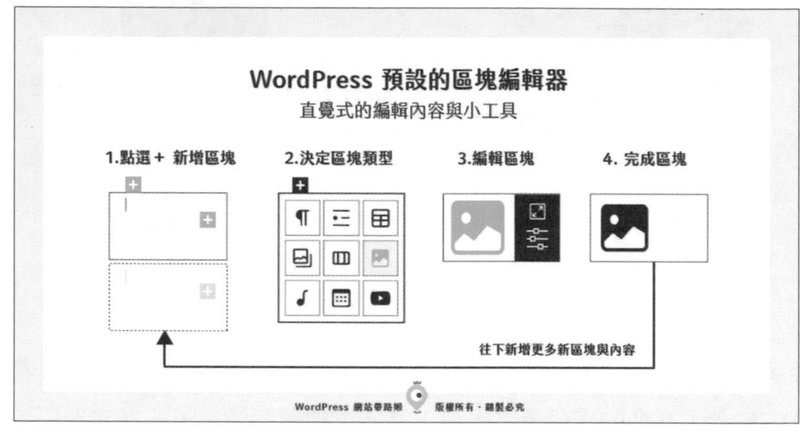

圖 4-43：重複這四步驟來建立各種內容區塊。

有了上述概念後，讓我們回到網站控制台來編輯一篇文章，從實際的介面中學習區塊編輯器的基本操作方式：

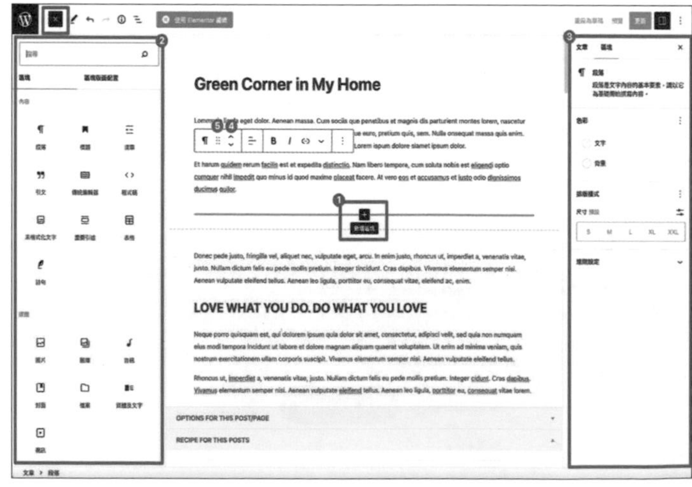

圖 4-44：編輯頁面與文章時，區塊編輯器的操作介面。

❶：畫面的最上方、每個區塊之間、以及內容的最尾端，皆有「+」的符號，只要點選就可以新增區塊。

❷：從跳出的區塊列表中，選擇想要加入哪一種區塊，只要點選就可以加入到內容裡。

❸：接著，編輯與客製化剛加入的區塊，每種區塊的編輯方式不同，但是右邊都會顯示該區塊的客製化選項（如果沒有顯示，可以點選右上角的「◫」圖示即可），因為是中文介面，操作起來十分直覺。舉例來說，如果是加入了段落區塊，就可以開始輸入段落文字，在編輯文字的同時，可從右邊的區塊設定處，設定文字色彩與字體大小等。

❹：可以使用「⌃⌄」工具，來向上、向下移動該區塊。

❺：可以使用「⠿」工具，直接拖拉這個區塊，放置到你想要的位置。

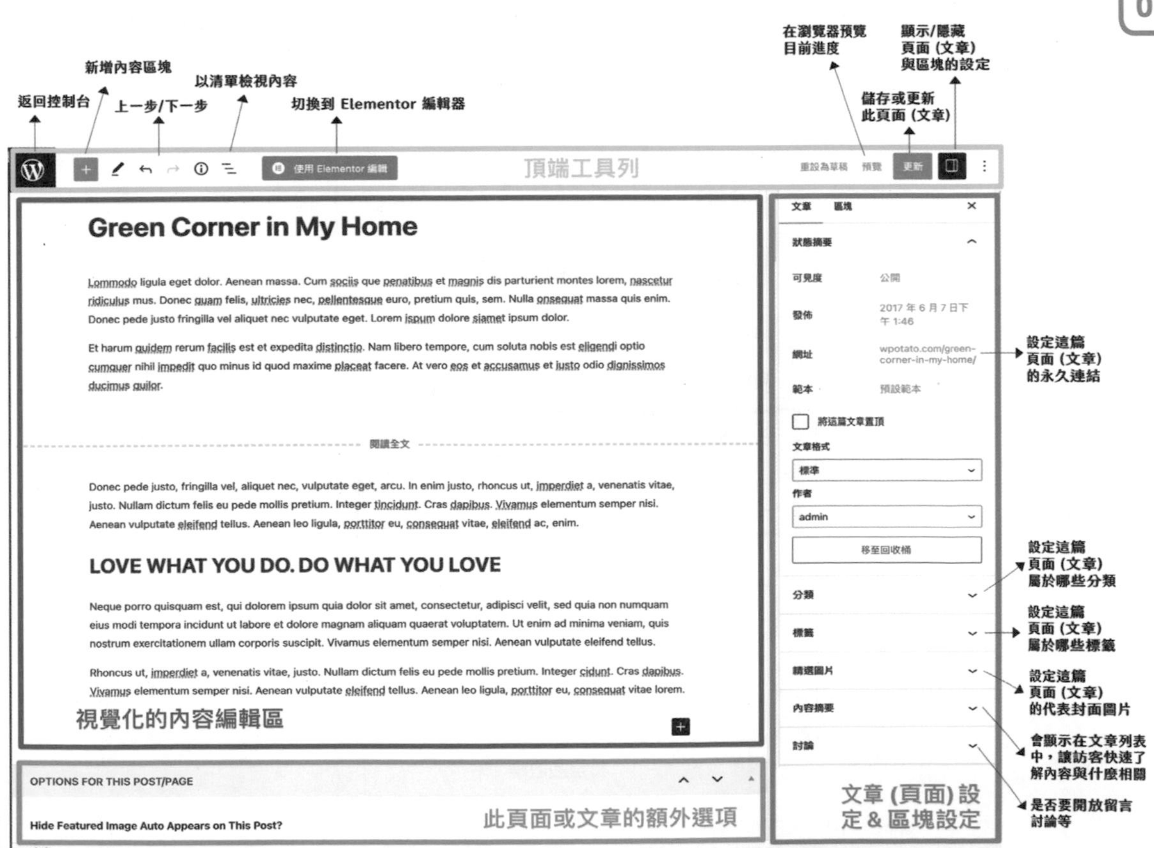

圖 4-45：：區塊編輯器的操作介面－設定說明。

◍ 區塊編輯器：設定與發佈

內容完成後，在正式對外發佈之前，記得先針對這篇內容，做好適當的設定。只要點選右上角的「◫」，就會顯示「設定」，設定分成「內容（頁面與文章）的設定」以及「區塊設定」。內容的設定是隨時存在的，但是區塊設定則是在游標正在選取某區塊時，才會出該區塊的相關選項。

內容（頁面與文章）的設定中，以下為最為重要的幾個項目：

網址：也就是設定該網頁的永久連結（建議回顧4-2-6）。

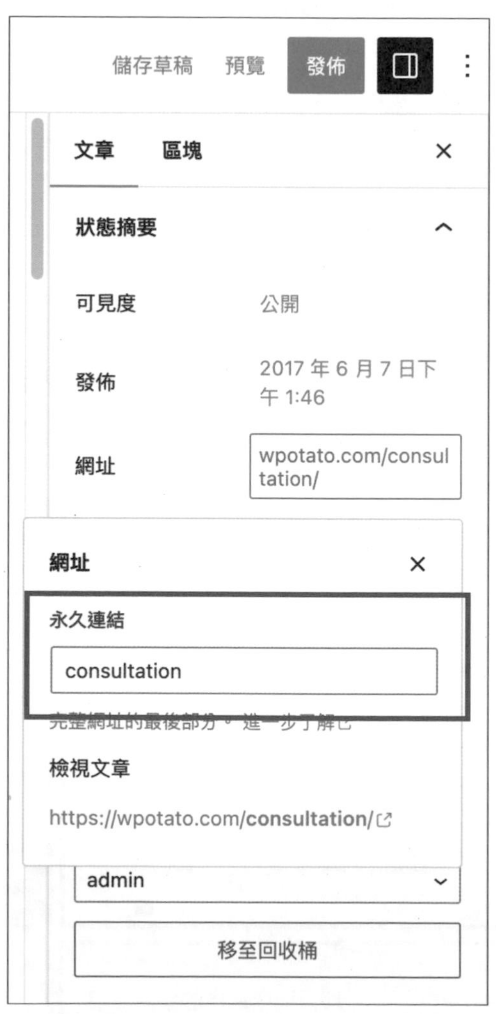

圖 4-46：內容（頁面與文章）的網址設定。

分類與標籤：文章可以設定所屬的分類與標籤，但在區塊編輯器的設定中，只能「新增」與「選擇」分類與標籤，無法刪除。若是要刪除分類與標籤，還是要到網站控制台的左側，「文章 > 分類」與「文章 > 標籤」來管理；頁面則無需設定分類與標籤（更多關於分類與標籤的操作教學，請參考 4-3-7）。

圖 4-47：左側為文章的設定（有分類與標籤）/ 右側為頁面的設定（無分類與標籤）。

精選圖片：精選圖片（封面）通常會出現在文章列表中，建議選一張有代表性的、有張力的圖片，來吸引訪客點選。

圖 4-48：文章的精選圖片通常會出現在文章的列表中。

內容摘要：內容摘要通常會出現在文章列表中，建議寫一段清晰明瞭的摘要，方便訪客辨識這篇文章是否有他尋找的內容。良好的網站瀏覽體驗，也會在無形中提高訪客回訪的意願。

圖 4-49：文章的內容摘要通常也會出現在文章的列表中。

設定就緒後，就可以點選「發佈」來公佈這篇內容。請記得，一旦發佈後，就盡量不要再修改永久連結。

在任何時間點，當內容還沒完成，暫時還不想公諸於世時，則可以點選「儲存草稿」來暫存目前的進度。

圖 4-50：離開前，記得儲存草稿或發佈文章。

4-3-7 文章的分類與標籤

「分類」與「標籤」，是為「文章」分類的兩種方式。曾在3-4-1詳細舉例說明它們之間的區別，如果你還沒有設計好網站的架構，建議先複習3-4-1，就可以跟著下列教學來新增分類與標籤。

NOTE

文章「分類」：文章分類通常是用在規模比較大的分類時，可以包含子分類，有層級之分。

文章「標籤」：文章標籤通常是用在規模比較小的分類時，沒有層級之分。

◍ 如何新增與管理文章分類

圖 4-51：管理文章的分類。

1.到控制台的「文章 > 分類」。

2.**分類名稱**：可以寫中文名稱，前台會依照佈景主題的設計（設定），來決定是否顯示出來。

3.**分類代稱**：建議填入英文，與分類有關的永久連結較適讀，避免分享到社群媒體時變成亂碼。

下列的兩種情況，就會在永久連結中看到所設定的分類代稱：

●WordPress會自動彙整同一個分類的文章到一個頁面，這種系統產生的頁面叫做彙整頁面，這與自己建立的頁面不同。舉例來說，如果有一個分類叫「旅遊」，代稱叫「travel」，WordPress 就會自動彙整這個旅遊分類的文章到一個頁面，頁面網址就是https://你的網址/category/travel（如果多於一頁，WordPress也會自動產生頁碼，網址就會是https://你的網址/category/travel/page/2，以此類推）。

●如果永久連結的架構含有「分類」，分類代稱也會出現在網址裡。像是https://你的網址/%category%/%postname%/就是https://你的網址/分類代稱/文章代稱。

4.**上層分類**：如果這個分類是隸屬於其他分類的子分類，可以在此處選擇已經建立過的分類當作上層分類。

5.**分類內容說明**：可以寫一段話來描述這個分類，前台會依照佈景主題的設計（設定），來決定是否顯示出來。

6.填寫完資料後，點選「新增分類」就完成了。

7.分類一旦建立完成，就會出現在右邊的列表中，只要滑鼠移到列表中的分類上，就可以再次編輯或將其刪除。

◍ 如何新增與管理文章標籤

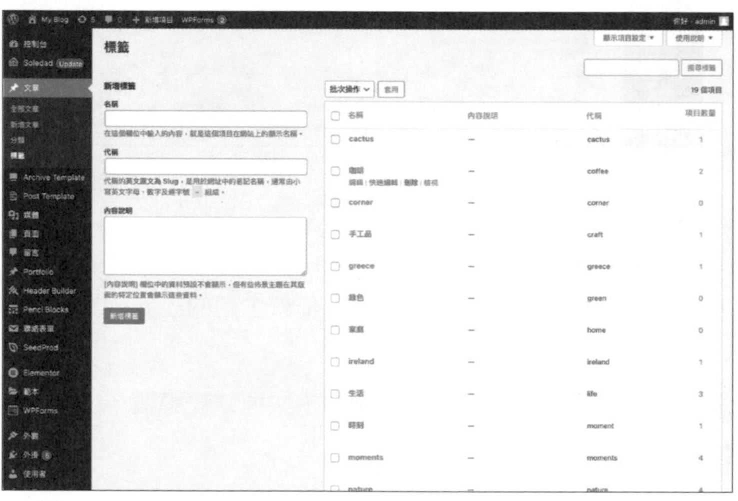

圖 4-52：管理文章的標籤。

只要到控制台的「文章 > 標籤」，就可以新增與管理文章的標籤，需要填寫的欄位和「分類」非常接近，唯一不同的是，標籤因為沒有層級之分，所以不需要設定上層，沒有「上層標籤」。

TIP

【線上教學影片：第二天】https://go.wpointer.com/blogd2

4-4 第三天・建立人性化的導覽：主選單與首頁設計

隨著WordPress不斷地進化，建立主選單與設計首頁的方式也越來越多元，本章將帶你認識各種常見的做法，尤其是認識WordPress 5.9之後才推出的網站外觀編輯器，以及功能強大的Elementor頁面編輯器，讓你能夠適應各種佈景主題，並且選擇最適合自己的編輯外觀方式，隨心所欲的設計網站的門面，做出既美觀又專業的首頁與導覽選單！

4-4-1 建立主選單

在網站上方的頁首區域會放置導覽連結，以幫助訪客快速找到網站中的資訊。這個導覽功能，在WordPress系統中稱作「選單」。

圖 4-53：網站的主選單在中間。

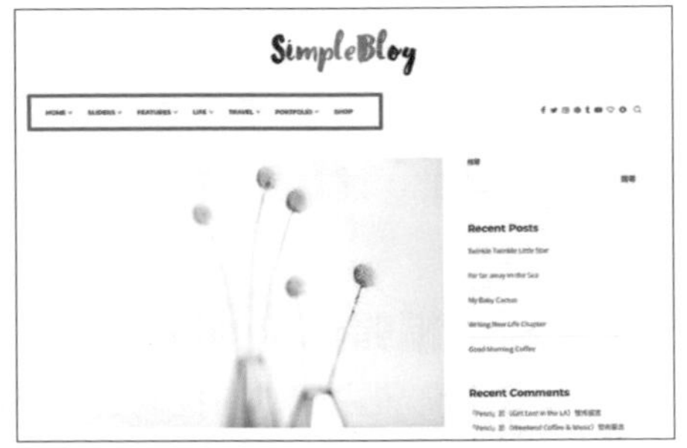

圖 4-54：網站的主選單在 LOGO 下方，靠左側一些。

圖 4-55：網站的主選單在網站左側。

製作選單時，有兩個非常重要的觀念：

1.一個網站可以有很多個選單，分別放置於網站的不同位置。

2.一定要先建立內容、再把內容加入選單，訪客就能連結到該內容。

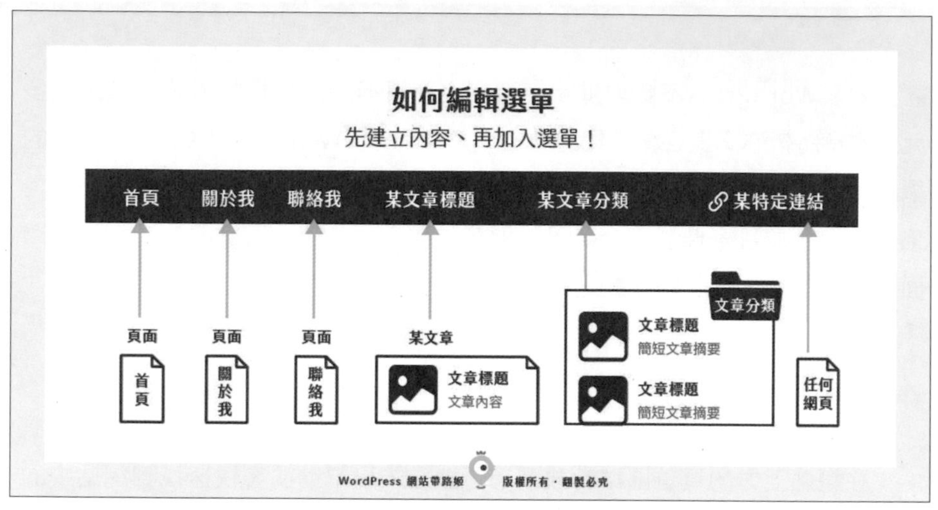

圖 4-56：要先建立內容，再把內容加入選單。

由於WordPress近年來正處於「使用區塊編輯方式來編輯全網站的外觀」的過渡階段，因此，建立選單有兩種不同的方式，會因佈景主題的設計而定：

◍ 方式一：編輯傳統的選單

若安裝完佈景主題，在控制台的外觀之下，仍有看到「選單」的項目，表示你的佈景主題仍支援傳統的選單編輯方式，其操作方式如下：

STEP01：在控制台的「外觀 > 選單」。

STEP02：點選「建立選單」。

STEP03：在選單結構處，填入選單名稱。

STEP04：點選「建立選單」。

STEP05：勾選想要新增的選單項目，並且點選「新增至選單」。除了可以加入已經建立過的文章與頁面，如果選擇「分類」，該選單項目就會打開WordPress自動為該分類產生的彙整頁面。

STEP06：必要時，可以上下拖拉改變選單項目的順序。、

STEP07：在選單設定處，記得一定要勾選這個選單的顯現位置，這些位置是佈景主題預設的，主選單的位置通常叫做Primary Menu或Main Menu。

STEP08：最後，點選儲存選單即完成。

STEP09：如果想編輯其他曾經新增過的選單，可於此選取切換選單。

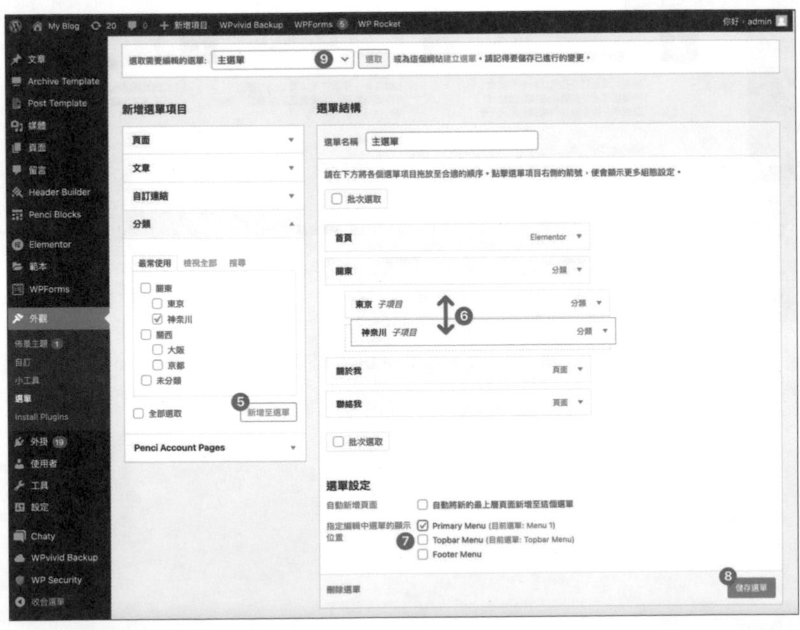

◍ 方式二：編輯網站外觀編輯器的選單

若安裝完佈景主題，在控制台的外觀之下，看到了「編輯器（Editor）」選項，那麼，你正在使用的佈景主題，即是支援WordPress最新的「全站式網站外觀編輯（Full Site Editing）」的新型佈景主題。

WordPress 5.9版推出網站外觀編輯器（Full Site Editor）的功能，它進一步延伸了區塊編輯的概念，讓站長們可以使用熟悉的區塊編輯方式，來編輯整個網站的外觀與客製化佈景主題。

因此，近期WordPress預設的官方佈景主題，像是Twenty Twenty-Two、Twenty Twenty-Three，以及少數支援網站外觀編輯器的佈景主題，在控制台的外觀之下，已不再提供「選單」的項目，而是直接從「外觀 > 編輯器」，進入網站外觀編輯器編輯選單。

圖 4-57：自 WordPress5.9 起，部分佈景主題僅提供網站外觀「編輯器」，不再提供「選單」等傳統選項。

關於網站外觀編輯器的介面

以WordPress2023年預設的佈景主題「Twenty Twenty-Three」來說，一旦點選進入網站外觀編輯器，就會看到如圖4-58的畫面，可從左邊選擇想要編輯的範本，或者點選右邊的首頁預覽處，開始進入編輯首頁範本（圖4-59）。

編輯首頁範本的方式與4-3-6使用區塊編輯器編輯內容時非常接近，但不一樣的是，網站外觀編輯器是編輯網站的「範本（又稱Template、模板、版型）」以及隸屬於範本之下的「範本組件（Template Parts）」，因此，在圖4-59的❺，多了一個「首頁」，表示你正在編輯的是「首頁範本」，一旁還有向下的小箭頭，點選即可選擇這個範本所包含的範本組件區域，或者透過「瀏覽全部範本」來切換成其他範本來編輯。

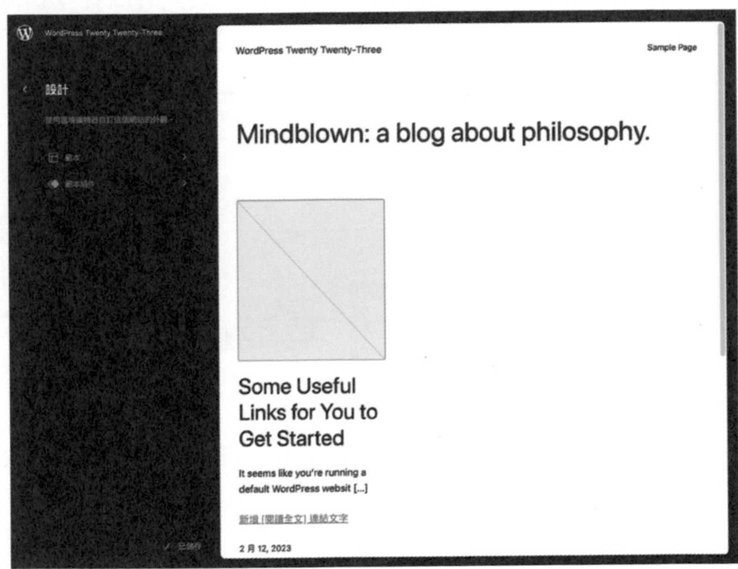

圖 4-58：剛進入網站外觀編輯器時。

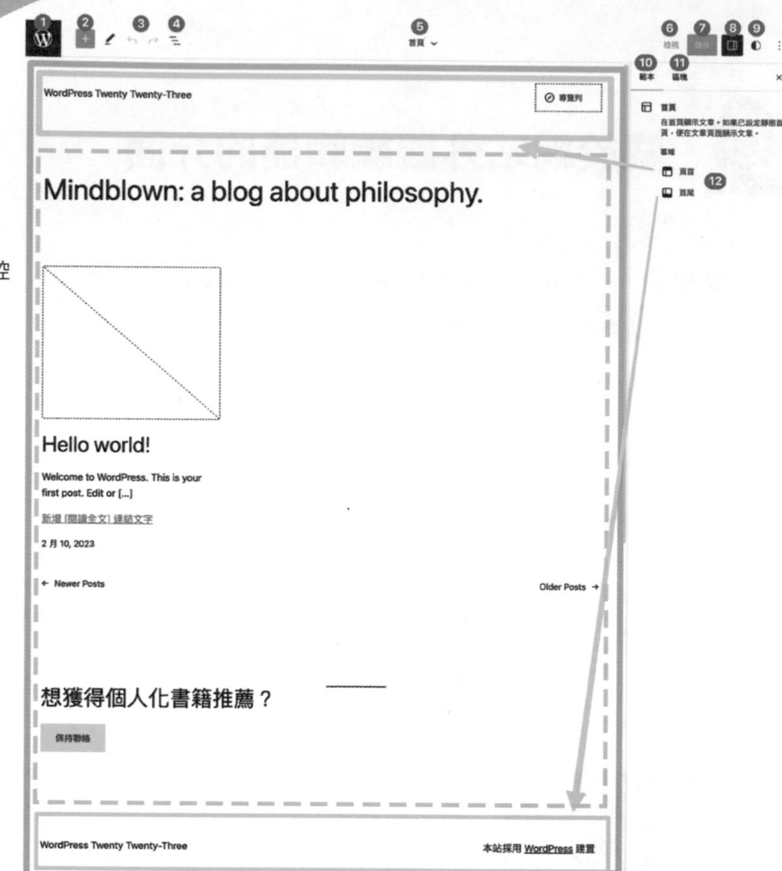

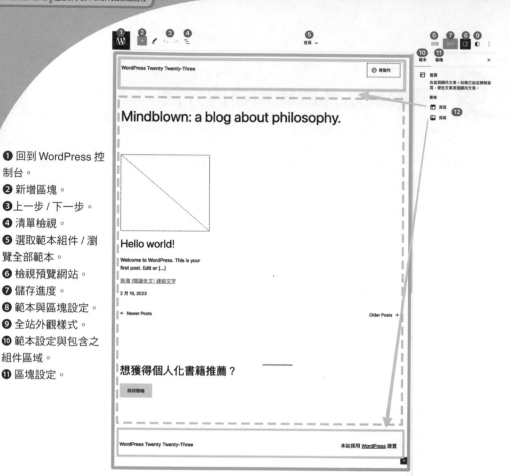

❶ 回到 WordPress 控制台。
❷ 新增區塊。
❸上一步 / 下一步。
❹ 清單檢視。
❺ 選取範本組件 / 瀏覽全部範本。
❻ 檢視預覽網站。
❼ 儲存進度。
❽ 範本與區塊設定。
❾ 全站外觀樣式。
❿ 範本設定與包含之組件區域。
⓫ 區塊設定。

圖 4-59：網站外觀編輯器的介面。

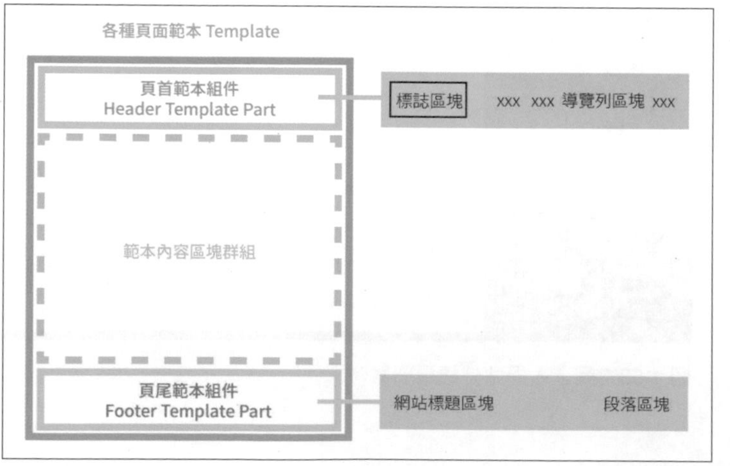

圖 4-60：圖解網站外觀編輯器。

參考圖4-60網站外觀編輯器的圖解，與圖4-59網站外觀編輯器的介面截圖相互對照，即可更清楚的看見範本與範本組件之間的關係，一個範本裡面可以包含多個範本組件。

◉編輯網站外觀編輯器裡的選單

有了外觀編輯器的基本概念後，編輯選單就更簡單了！只要在進入外觀編輯器後，直接點選頁首區域裡右側的導覽列區塊，即可從右側區塊設定處進行選單編輯，陸續新增超連結，連結到你希望的內容頁面即可。

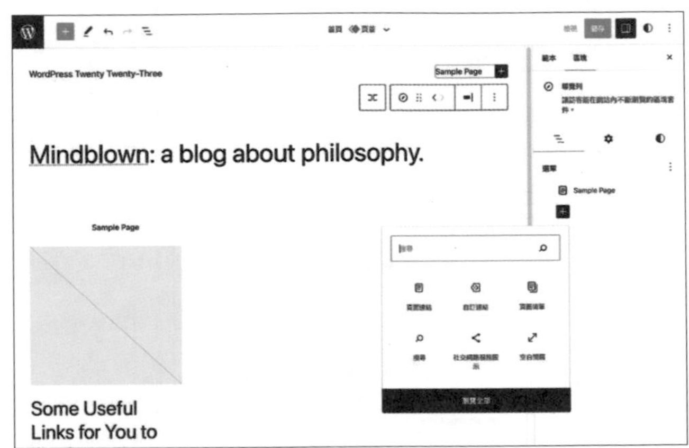

圖 4-61：於導覽列區塊新增超連結。

如果你想在其他地方插入新的選單，只要點選頁面中任何一個「＋」圖示來新增「導覽列」區塊即可。

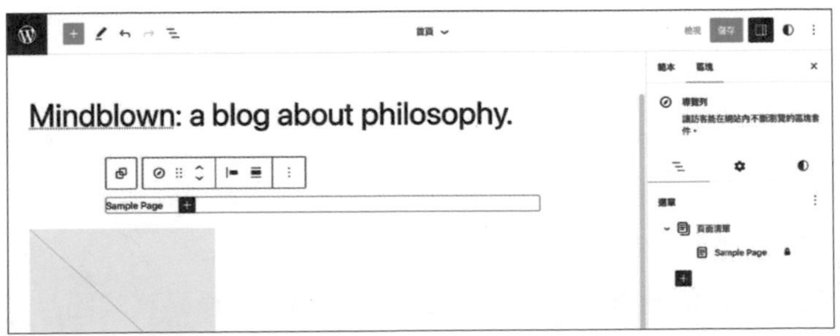

圖 4-62：點選頁面中任何一個「＋」圖示來新增導覽列。

4-4-2 設計網站的首頁

首頁就是網站的門面，當不知道該放些什麼內容時，請試著把網站想像成一間實體商店，你會想在入口處放什麼樣的商品訊息吸引客人進店呢？

例如，首頁的最上方經常會放置一個大型的橫幅（Banner）來迎賓，橫幅內可以放最新文章、最新優惠等；接著，部落格也會放入精選文章、熱門文章、以及作者簡介等，不妨回頭審視第三章的自媒體企劃，謹慎思考首頁可以放些什麼內容，才能強化自身的優勢，更利於達到預想的網站目標。

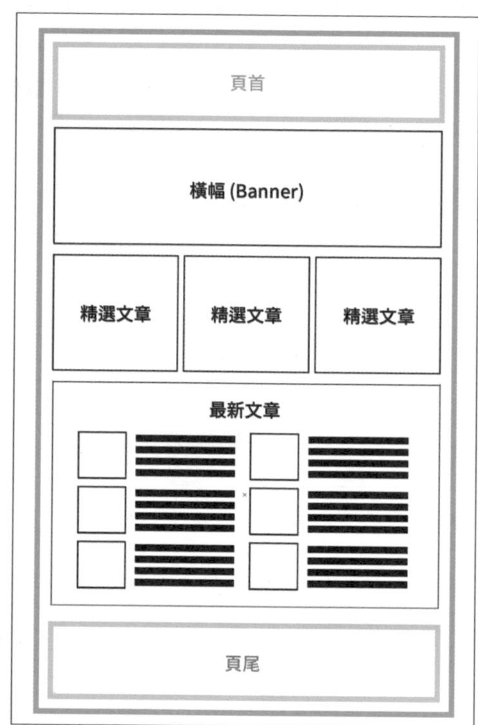

圖 4-63：常見的首頁排版。

◍ 設定網站首頁顯示內容

WordPress系統在預設的情況下，首頁所顯示的內容是自動列出最新文章，其樣式與排版則是繼承自佈景主題的版型與設定。

然而，有些人可能希望放置最新文章以外的內容，像是橫幅圖片、廣告等，這時，就得另外設計一個新的「首頁」「靜態頁面」，並且將其指定為網站首頁顯示內容的來源，WordPress才會把預設的只有最新文章的首頁換成你所設計的首頁。

這個觀念非常重要，因為首頁顯示內容的來源不同，客製化首頁的方式也就不同，所以，請一定要確認好你希望用哪一種內容來源，才能跟著下面的教學來選擇對應的方式進行客製化。

調整網站首頁顯示內容的操作方式如下：

STEP01：到控制台的「設定❶> 閱讀❷」。

STEP02：預設的顯示內容來源為「最新文章❸」

STEP03：若想將首頁內容改成自訂的頁面，把選擇改成「靜態頁面」，並且從下拉選單裡，選擇建立好的首頁頁面即可。

STEP04：最後，記得點選儲存設定。

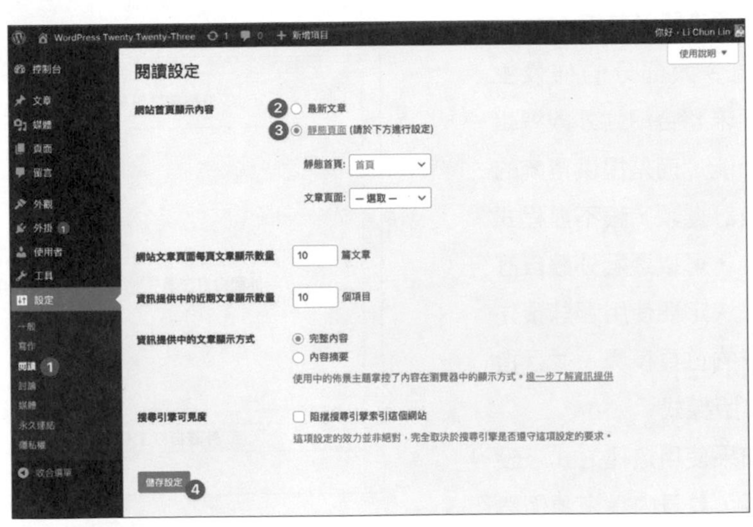

圖 4-64：設定網站首頁顯示內容。

◍ 客製化網站首頁的四種方式

☞1. 當網站首頁顯示內容設定為「最新文章」時，可使用WordPress預設的網站外觀編輯器來設計首頁

4-4-1介紹了網站外觀編輯器，可用來編輯首頁範本，並且透過裡面的全站式樣式設定來客製化網站的樣式，然而，網站外觀編輯器還處於開發中的階

段，目前使用起來並不是很順手，得到的結果也差強人意，可能還需要幾年的時間，功能才會逐漸成熟，也要等待更多的佈景主題商，投入資源開發適用於外觀編輯器的專業優質範本，才能讓新手朋友們輕鬆的利用這個設計方式。

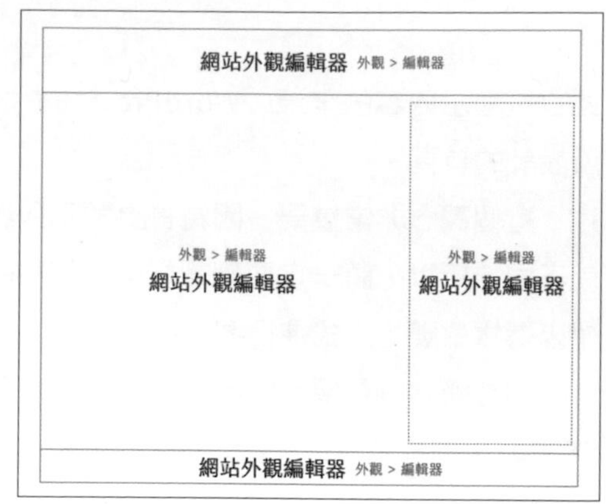

圖 4-65：使用網站外觀編輯器來設計首頁的各個區域。

☞2. 當網站首頁顯示內容設定為「最新文章」時，可利用佈景主題提供的外觀自訂選項來設計首頁。

現今大部分的佈景主題，尚未整合網站外觀編輯器的功能，而是提供傳統的外觀自訂選項，讓不懂程式的朋友，可以透過外觀自訂工具來決定要使用哪些預先設計好的首頁模塊，並且指定其排版樣式。

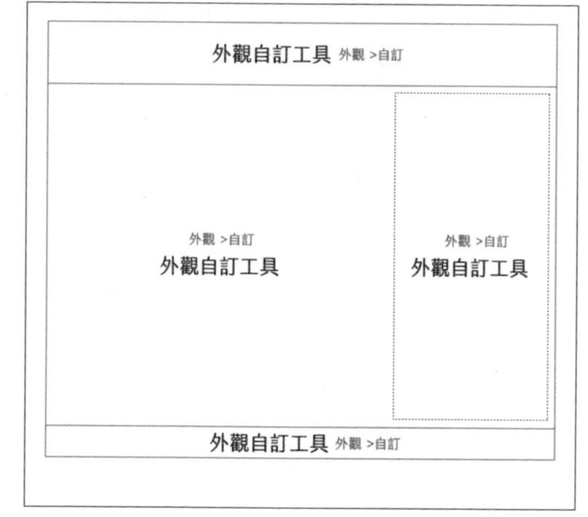

圖 4-66：使用外觀自訂工具來設計首頁的各個區域。

如果使用這種方式來設計首頁，首頁內容來源仍然是自動載入最新文章，而非自建的靜態頁面，因此，設計的彈性不大，無法在任何地方自由插入想要的內容，但好處是操作容易，最後的結果維持專業美觀。

以Soledad佈景主題為例，只要到控制台的「外觀 > 自訂> Homepage（首頁）」，就可以看到非常多客製化首頁的自訂選項。

其中，如果啟用「Featured Categories（精選分類）」的功能，填入分類的代稱，如圖4-67打出「travel, moments, nature」，就會出現右側的排版。

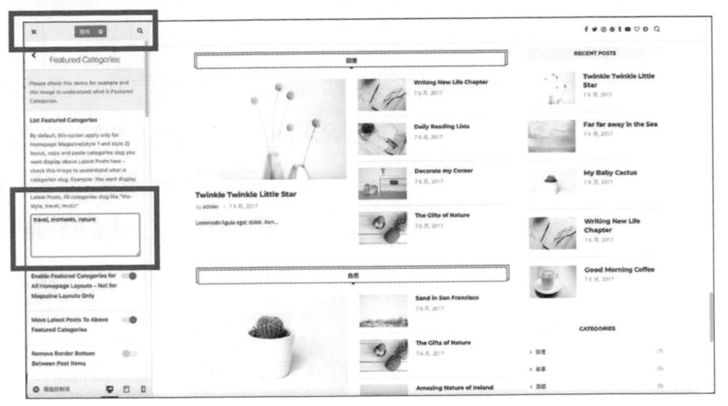

圖4-67：利用Soledad主題提供的外觀自訂選項，來幫首頁增加精選分類。

如果啟用「Home Popular Posts（首頁熱門文章）」的功能，就會在首頁上方，多出一排熱門文章，甚至可以自訂「Popular Posts」的標題，輕鬆改成中文標題。

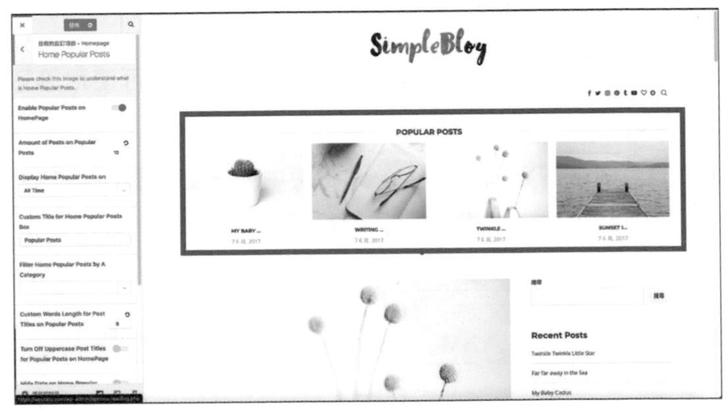

圖4-68：利用Soledad主題提供的外觀自訂選項，來幫首頁增加熱門文章。

NOTE

更多外觀自訂工具的相關設定，將會在4-5-1進一步說明。

☞3. 當網站首頁顯示內容設定為「自訂的靜態頁面」時，可使用外觀自訂工具＋區塊編輯器＋區塊編輯器的擴充外掛來設計首頁。

前面提到過，如果想要在首頁加入最新文章以外的內容，並且自由擺放各元素的位置，就得另外建立新的頁面，並且設定其為首頁顯示內容的來源。

在控制台新增頁面時，預設是使用區塊編輯器來編輯內容，但是區塊編輯器預設的區塊種類較少，可以客製化樣式的選項也比較少，通常會建議再搭配一個第三方的擴充區塊編輯器的外掛，像是Spectra、Stackable、Qubely等，就可讓首頁設計更豐富與細緻。

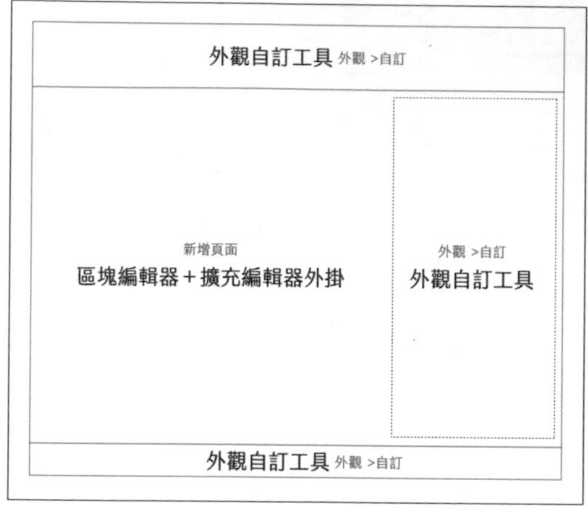

頁面內容以外的區域，像是頁首、頁尾與側邊欄，可維持利用佈景主題提供的外觀自訂選項來設計，將會在4-5-1進一步說明。

圖 4-69：使用外觀自訂工具＋區塊編輯器＋區塊編輯器的擴充外掛來設計首頁的各個區域。

☞4.當網站首頁顯示內容設定為「自訂的靜態頁面」時，可使用第三方的頁面編輯器來設計首頁。

以新建立的頁面來當首頁來源時，除了使用預設的區塊編輯器來編輯頁面內容，也可以使用第三方的頁面編輯器來編輯。

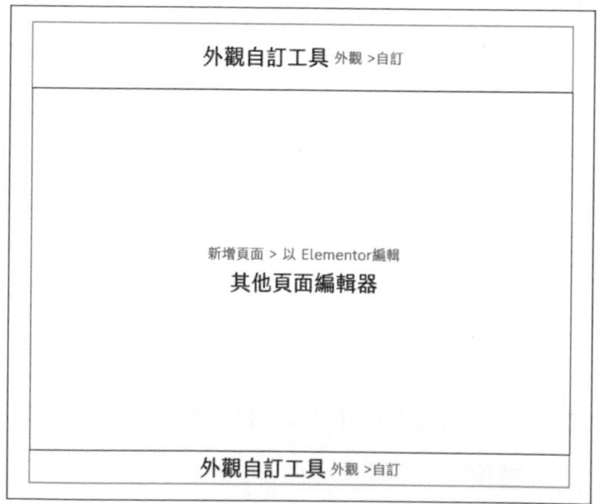

圖 4-70：可使用 Elementor 頁面編輯器來設計首頁的內容區域，內容以外的區域，則維持利用佈景主題提供的外觀自訂選項來設計。

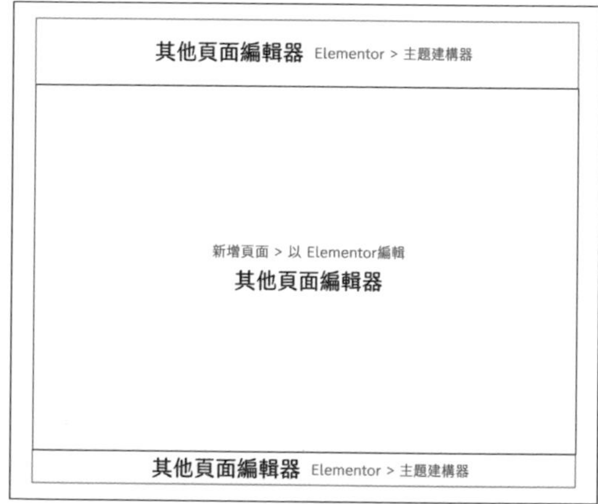

圖 4-71：如果將 Elementor 升級成 Pro 進階版，就可以整個首頁都以 Elementor 頁面編輯器來設計。

網路上有很多既熱門又專業的第三方頁面編輯器，最受新手朋友們歡迎的像是Elementor Page Builder、WP Bakery Page Builder、Divi Page Builder等，在此以Elementor為例。

頁面內容以外的區域，像是頁首、頁尾與側邊欄，可維持利用佈景主題提供的外觀自訂選項來設計，將會在4-5-1進一步說明。

上述的第三方頁面編輯器都開發已久，功能成熟也很全面，更方便調整頁面裡的許多細節，像是區塊之間的距離、行動版的呈現方式，也有更多的互動小工具可以插入，例如作品集、幻燈片秀（Slider）、各種排版的圖庫、圖示卡、社群分享等。

使用這些頁面編輯器的方式也很簡單，以Elementor 編輯器來說，可以在控制台的「外掛>安裝外掛」，搜尋「Elementor」，就會找到免費試用版，再將其安裝並且啟用。

一旦啟用之後，就會發現在編輯頁面時，多出一個「使用Elementor編輯」的按鈕，點選後即可進入Elementor頁面編輯器。

圖 4-72：點選「使用 Elementor 編輯」即可進入 Elementor 頁面編輯模式。

進入Elementor編輯器後，基本操作方式和WordPress的區塊編輯器是相似的，非常容易上手。事實上，所有的頁面編輯器，其操作邏輯幾乎都一樣，內容都是由上而下，一列一列堆疊而成。以Elementor頁面編輯器來說，每一列的藍色大框框稱作一個「段」，裡面包含一個以上的「灰色的欄」，每個欄位裡面則包含「元素」。基本的操作方式，可以參考圖4-73的流程。

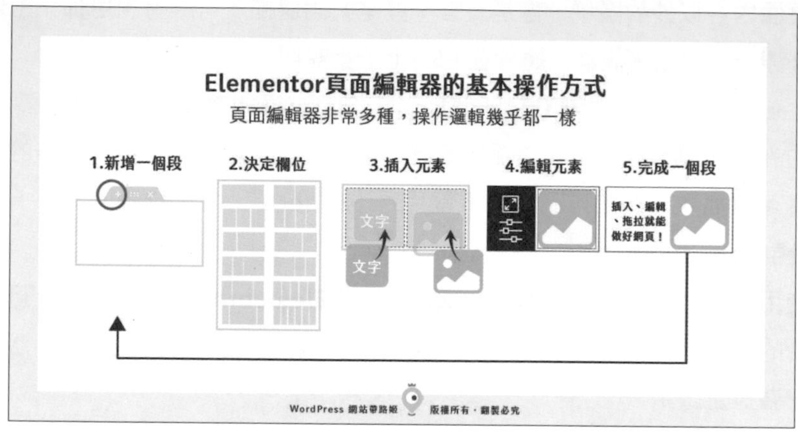

圖 4-73：Elementor 頁面編輯器的基本操作方式和 WordPress 預設的區塊編輯器很相像。

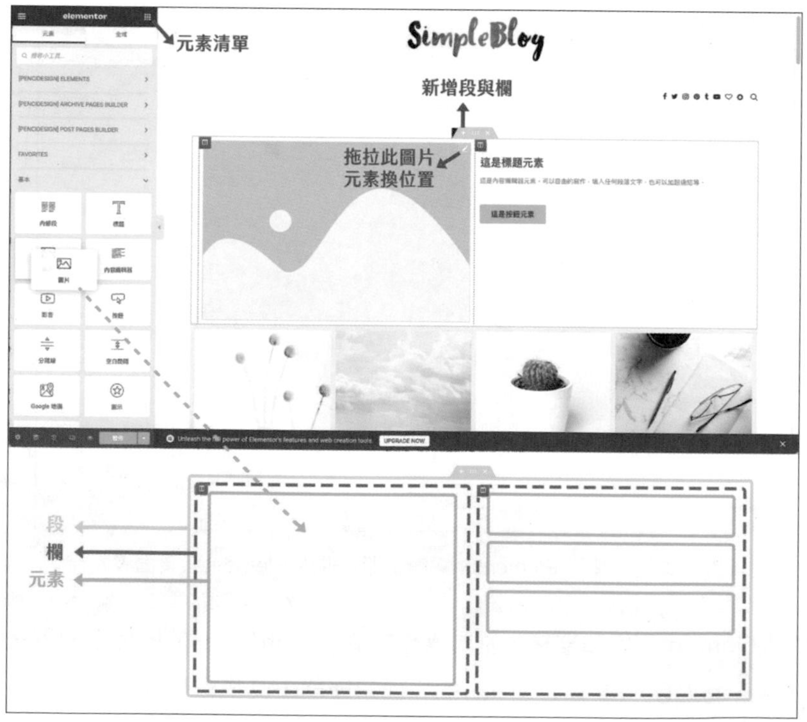

圖 4-74：Elementor 頁面編輯器的介面與圖解。

從圖4-74可見，在Elementor的實際介面中，只要新增空白的段及欄位，就可以點選左上角的「元素清單」符號，從中選取需要的元素，拖拉到喜歡的位置，再加以編輯及設定該元素即可。必要時，可以點選元素右上角的「鉛筆符號」，以拖拉的方式來改變元素的位置，放置到其他欄位裡。

當點選某個元素時，左邊的元素清單，會改變成編輯該元素的介面，裡面包含「內容」、「樣式」與「進階」三個頁籤，如圖4-75。

❶.編輯圖片：顯示正在編輯什麼元素。

❷.內容：填寫元素的文字、置換元素的圖片、設定元素的超連結等。

❸.樣式：設定元素的樣式，例如：文字排版與大小、顏色、背景、框線樣式等。

❹.進階：設定元素上下左右的間距等。

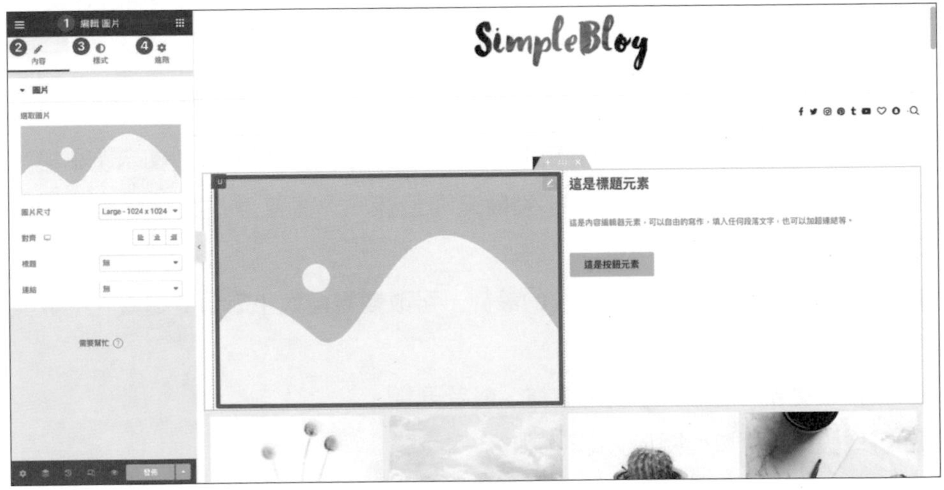

圖 4-75：點選圖片元素時，左邊會顯示該圖片的相關設定。

在此介紹更多Elementor的常用功能如下，可一邊參考圖4-76：

❶.網頁設定：設定網頁標題、狀態、是否隱藏標題等設定網頁標題、狀態、是否隱藏標題、將頁面佈局改成全寬（無側邊欄）等。

❷.導覽器：以清單的方式確認網頁的排版狀況，可選取清單中的物件直接上下拖拉，能迅速改變物件的位置。

圖 4-76：Elementor 頁面編輯器的介面說明。

❸.修訂紀錄：查看歷史修訂紀錄，並且可以回復到前幾個動作前的狀態。

❹.響應模式：點選後會看到像下圖的畫面，上方出現三種設備的圖示（桌機、平板及手機），點選即可針對該設備來調整樣式，尤其像是文字排版、間距等。

❺.預覽變更：從新視窗預覽目前的設計，可改變視窗大小來預覽網頁在平板與手機上的設計。

❻.發佈或更新：可儲存草稿、發佈，或者更新。

❼.選取段：點選這個圖示，即可選取這個段。

❽.編輯段：左邊會顯示正在編輯這個段。

❾.版面配置：設定這個段的內容寬度、高度等。

❿.樣式：設定這個段的背景、框線等。

⓫.進階：設定這個段的間距、是否要在手機上顯示等。

⓬.更多：查看更多設定，或是離開Elementor頁面編輯器。

如果不想從零開始設計，也可以匯入現成的範本（版型），再稍微加工修改，就可以更快速的做好專業又美觀的網頁，請參考圖4-77：

❶.先點選「+」符號來新增段。

❷.點此圖示可以新增Elementor提供的範本（版型）。

❸.點此圖示可以新增佈景主題提供的範本（版型）。

需要注意的是，免費試用版的Elementor，部分的元素與範本（版型）會被上鎖，需要付費升級成Elementor Pro，才能解鎖，並使用全部的功能。

圖 4-77：Elementor 可匯入現成的範本來修改，以加速網頁設計。

以上就是Elementor頁面編輯器的基礎操作說明，這樣一來，就可以隨心所欲的設計出首頁、關於我們頁面、與聯絡我們頁面等等。

TIP

【線上教學影片：第三天】https://go.wpointer.com/blogd3

4-5 第四天・打造自己的風格：客製化網站外觀

由於近年來，WordPress正好處於使用網站外觀編輯器來設計網頁範本的過渡期，加上外觀編輯器的功能其實還尚未成熟，這樣的過渡期可能還會持續蠻長的時間，必須等待全球超過八億的WordPress使用者逐漸習慣新的編輯器，以及更多的佈景主題商開發及整併新的編輯方式進入現有的佈景主題裡，有些佈景主題甚至會同時保留舊與新的編輯方式，以滿足各種習慣的WordPress使用者。

在4-4-1已經介紹了網站外觀編輯器的基本概念及操作方式，我相信未來會有更多支援外觀編輯器的佈景主題出現，並且提供精緻美觀的範本，供大家直接套用；而且在編輯器裡直接微調，就能輕鬆改造網站的外觀與風格。

因此，後續將介紹目前較普遍使用的客製化方式，也就是透過佈景主題提供的外觀自訂選項，不論前面所說的「過渡期」還會持續多久，下面的教學仍然會對你非常有幫助，因為有許多操作觀念都是通用的喔！

4-5-1 網站外觀自訂工具

安裝啟用佈景主題後，在控制台的外觀之下，如果有看到選單、自訂與小工具，表示這個佈景主題是使用傳統的外觀編輯方式。

在4-4-1已經介紹過選單的編輯方式，接下來，好好的認識「外觀自訂工具」。請到「控制台 > 外觀 > 自訂」，就會進入網站的外觀自訂工具（參考圖4-78）：

❶.自訂選項區：由於自訂選項十分多樣，佈景主題商會將選項妥善分類，方便大家尋找；然而，每個佈景主題商提供的自訂選項不同，分類方式也不完全一樣，若你安裝的佈景主題不是Soledad，那麼看到的畫面就會和圖4-78不同。之後會分享幾個常見的分類方式，不論使用何種佈景主題，都可以找到

需要的自訂選項。

❷.自訂預覽區：每當調整左邊的自訂選項後，右邊預覽區就會重新整理畫面，可即時預覽變更，有的自訂選項只會影響某些特定種類的頁面，也可以在這個預覽區直接點選連結，瀏覽特定的頁面，就可以預覽到變更。

❸.點選「X」即可離開外觀自訂工具，回到控制台。

❹.可以發佈及儲存你的變更。如果對預覽結果滿意時，請記得一定要儲存變更再離開，否則會失去所有的變更喔！

❺.選擇預覽設備：在設計過程中，可以點此切換不同的設備（桌機、平板與手機），預覽網頁在不同的螢幕尺寸下，將會如何呈現。

圖 4-78：網站外觀自訂工具（Soledad 佈景主題為例）。

◍ 常見的自訂選項分類方式

由於每個佈景主題所提供的外觀自訂選項都不同，分類方式也不同，常常造成新手朋友們的困擾，不確定自己想改的地方是否有設定可以調整，面對一堆選項，不知從何找起……

在此與你分享我多年來使用了數十個佈景主題後，所整理出來的常見分類方式：

☞**1.General/Global**：一般設定，通常包含全站式的通用設定。

- Layouts：整體網站的排版，像是網頁是否要全寬、網頁內容寬度等。
- Typography：字型與字體大小設定。
- Color：顏色相關設定。

☞**2.Topbar**：頁首區域有時會分成二到三個區域，頁首上方區域（Top bar）、頁首中間區域（Middle bar）、以及頁首下方區域（Bottom bar），有時候Top bar會獨立出來，有時候則會在 Header（頁首）之下。

☞**3.Header**：頁首區域的相關設定，通常會包括LOGO設定、選單（Menu）樣式設定等。

☞**4.Homepage**：首頁相關設定（請參考4-4-2）。

☞**5.Blog Posts/ Archives/ Posts Layouts**：彙整頁面（Archives）、文章分類列表頁面的相關設定。前面曾提過，WordPress會自動彙整相同分類的文章、相同標籤的文章、相同作者的文章、以及相同日期的文章，到各自的彙整頁面，這些頁面是系統建立的，不是我們手動到「頁面」建立的，這些彙整頁面的排版與相關設計選項，就會在這個分類裡，有些佈景主題會提供很多種排版，像是卡片式的、橫列往下堆疊的等。

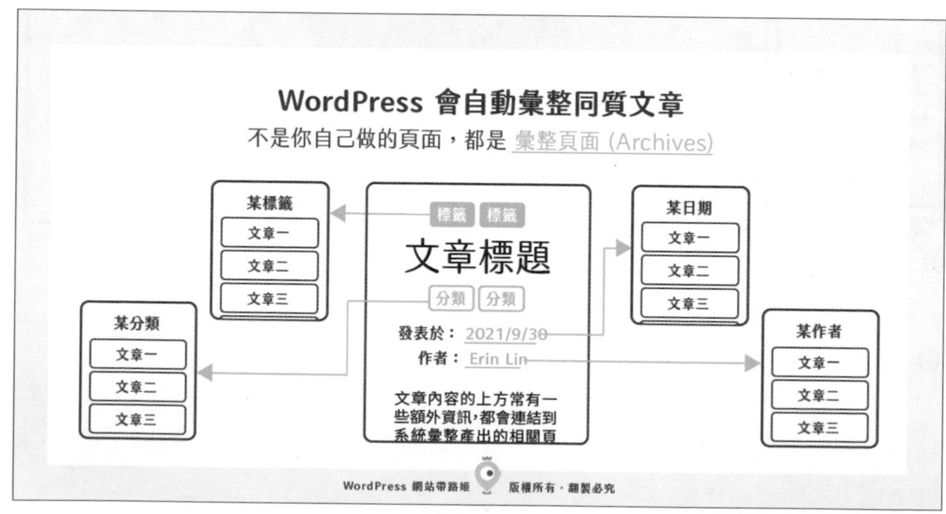

圖 4-79：WordPress 會自動彙整同質文章。

圖 4-80：Soledad 主題的示範彙整頁面，排版樣式設定為 1st Overlay Then Grid（第一個覆蓋，然後格狀）。

圖 4-81：Soledad 主題的示範彙整頁面，排版樣式設定為 Grid Layout（格狀排列）。

圖 4-82：Soledad 主題的示範彙整頁面，排版樣式設定為 List（列表）。

☞**6.Blog Single/Single Posts**：單篇文章頁的相關設定，包括單篇文章頁的排版方式、是否要顯示相關文章與作者資訊等。

☞**7.Pages**：靜態頁面的相關設定，包括是否要顯示社群分享連結等。

☞**8.Footer**：頁尾區域的相關設定。有些佈景主題會再將頁尾分成有頁尾資訊欄區域（Footer Widgets Area）、以及智慧財產權區域（Footer Bottom/Copyright bar），每個區域都有各自可以設定的選項，像是自行決定是否要顯示頁尾資訊欄等。

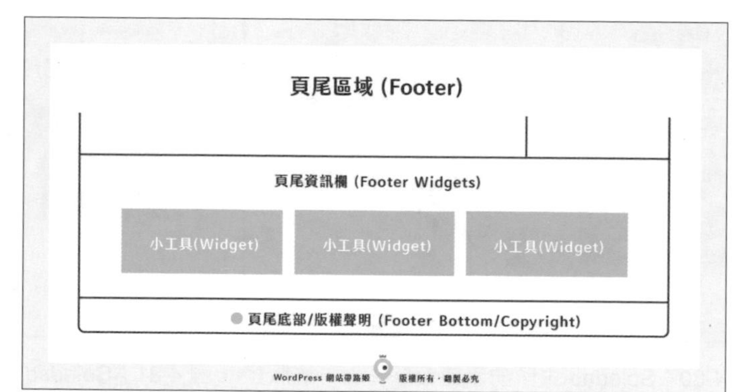

圖 4-83：頁尾區域是否要顯示資訊欄，通常可從外觀自訂工具中的 Footer 處設定。

☞**9.Social/Sharing**：有些佈景主題會把和社群檔案、以及社群分享的相關設定獨立出一個分類。

☞**10.Mobile**：網站在手機版的相關設計選項。包含手機上專用的LOGO圖檔，以及主選單的呈現方式等。

☞**11.Sidebar**：資訊欄/側邊欄相關的設定，通常可以設定是否要顯示資訊欄/側邊欄，設定側邊欄的寬度，以及側邊欄裡的標題及內文的字體大小、顏色等。

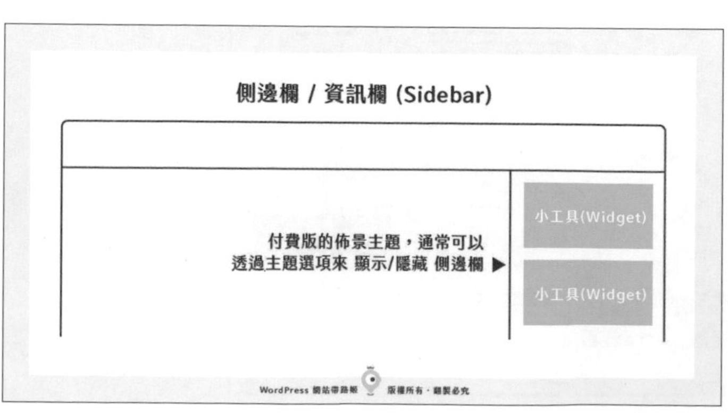

圖 4-84：是否要顯示側邊資訊欄，通常可從外觀自訂工具中的 Sidebar（側邊欄）處設定；有的佈景主題是到 Page（頁面）、Blog Posts（彙整頁面）或 Blog Single（文章頁）裡各自去設定。

☞**12.Custom CSS**：自訂CSS。CSS（Cascading Style Sheets）是一種用於描述網頁外觀的樣式表語言。如果你想自訂元素，但佈景主題商沒有提供相關自訂選項，就可以透過寫CSS語法，來控制網頁元素的顏色、字體、大小、位置、是否隱藏等。如果你不會寫CSS語法，可以購買YellowPencil的第三方外掛，以所見即所得的直觀方式，來調整元素的外觀，由外掛來幫助你寫CSS語法（參考6-1-3）。

● 其他尋找外觀自訂選項的小技巧

透過自訂選項的分類，還是沒找到自訂選項，也可以試試看以下小技巧：

1.搜尋自訂選項：使用外觀自訂工具時，在「發佈」按鈕旁，有個「放大鏡」圖示，點選即可進行搜尋，如果佈景主題是英文選項，也請用英文來搜尋。

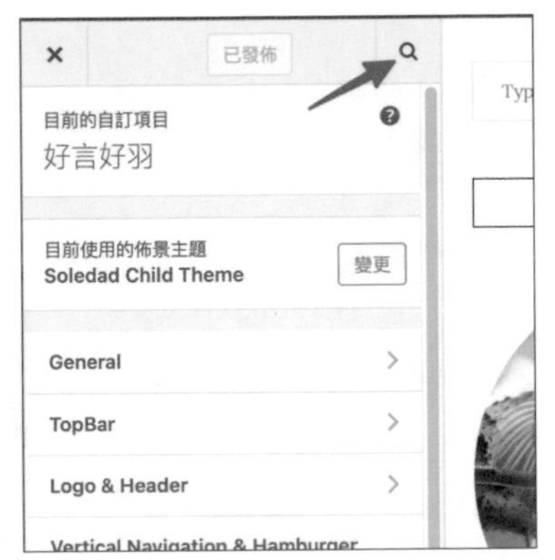

圖 4-85：點選外觀自訂工具裡的放大鏡圖示即可搜尋自訂選項。

2.使用Google翻譯擴充工具輔助：在4-1的最後，建議大家使用Google翻譯擴充工具，可即時將介面翻譯成中文，對習慣使用中文的新手朋友們，尋找起來會更有效率。

3.使用「Ctrl+F」搜尋：遇見自訂分類裡有太多的選項時，可以透過瀏覽器預設的搜尋功能，就能迅速找到自己在尋找的選項。

4-5-2 資訊欄與小工具

小工具是可以加入到網站特定區域的區塊化內容，用來補充主要內容以外的資訊、或提供額外的瀏覽選擇。

常見的小工具區域是在網站的側邊欄，裡面包含的小工具像是：搜尋、最新文章、熱門文章、文章分類、最新留言、熱門留言、標籤雲、Facebook 粉絲專頁名片貼等。

圖 4-86：側邊資訊欄是最常見的小工具區域。

另一個常見的小工具區域是網站的頁尾，在此會放置關於我們、聯絡我們的資訊、標籤雲等。

圖 4-87：頁尾也是常見的小工具區域。

該如何新增與編輯小工具，會隨著WordPress版本與佈景主題的不同而有所差異。如果在你的控制台的「外觀」之下，有看到「小工具」，請參考下列方式一與方式二；如果你的控制台的「外觀」之下，只看到「編輯器」的選項，請參考方式三。

◍ 方式一：編輯舊版傳統小工具

進入控制台的「外觀 > 小工具」，如果發現畫面是如圖4-88，表示你的佈景主題歷史悠久，佈景主題商還沒更新成新的編輯方式，可參考以下編輯流程：

❶.點選控制台的「外觀」。

❷.點選「小工具」。

❸.從可用的小工具中，選擇你想插入的小工具，將其點選不放，以拖拉的方式，準備拖進右邊的小工具區域中。

❹.每個主題提供的小工具區域不同，圖4-89的範例是Soledad佈景主題所提供的小工具區域，最常用到的是Main Sidebar（主要側邊欄）區域，裡面目前包含了兩個小工具：分類及搜尋。

❺.只要點選向下的小箭頭，就可以將小工具展開進行編輯。

❻.編輯完畢記得點選「儲存」。

❼.不需要的小工具，可點選「刪除」即可。

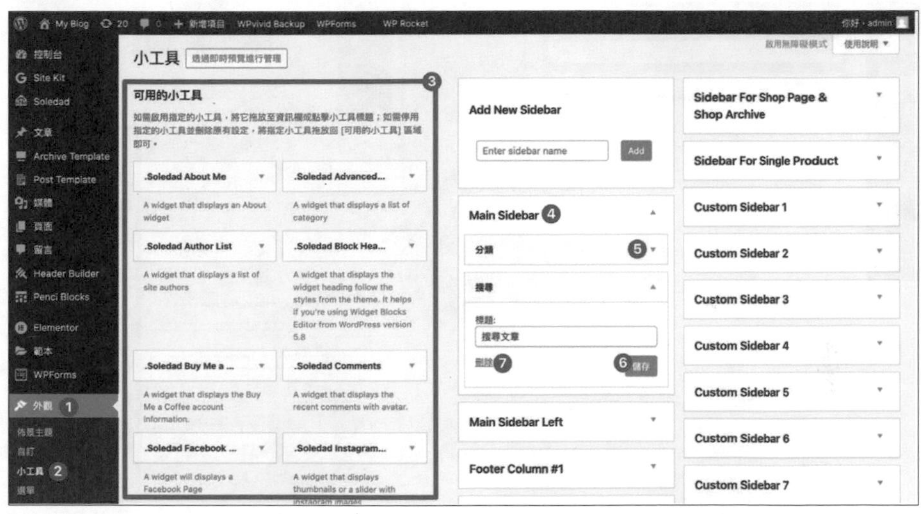

圖 4-88：傳統小工具的編輯介面。

→ 圖 4-89：對照圖 4-88 的傳統小工具編輯介面，此圖為前台所呈現的樣子。

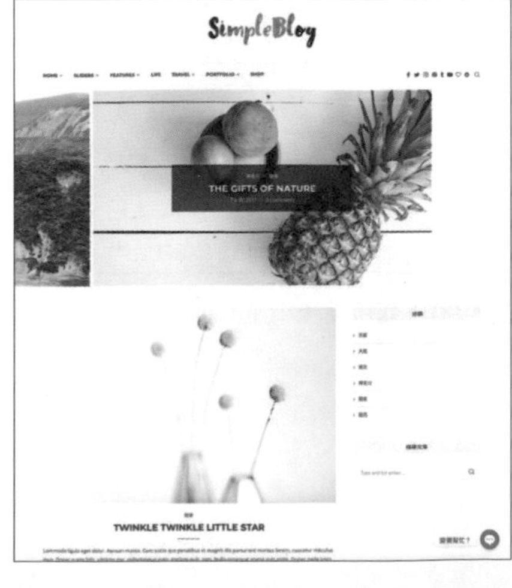

◍ 方式二：編輯新版區塊小工具

進入控制台的「外觀 > 小工具」後，如果發現是如圖4-90，代表你的佈景主題已經把小工具的內容編輯方式，更新成使用「區塊編輯器」的方式，這時，請參考以下的編輯流程：

❶.到控制台的「外觀 > 小工具」。

❷.展開你想編輯的小工具區域，例如：展開Main Sidebar來編輯主要側邊欄區域。

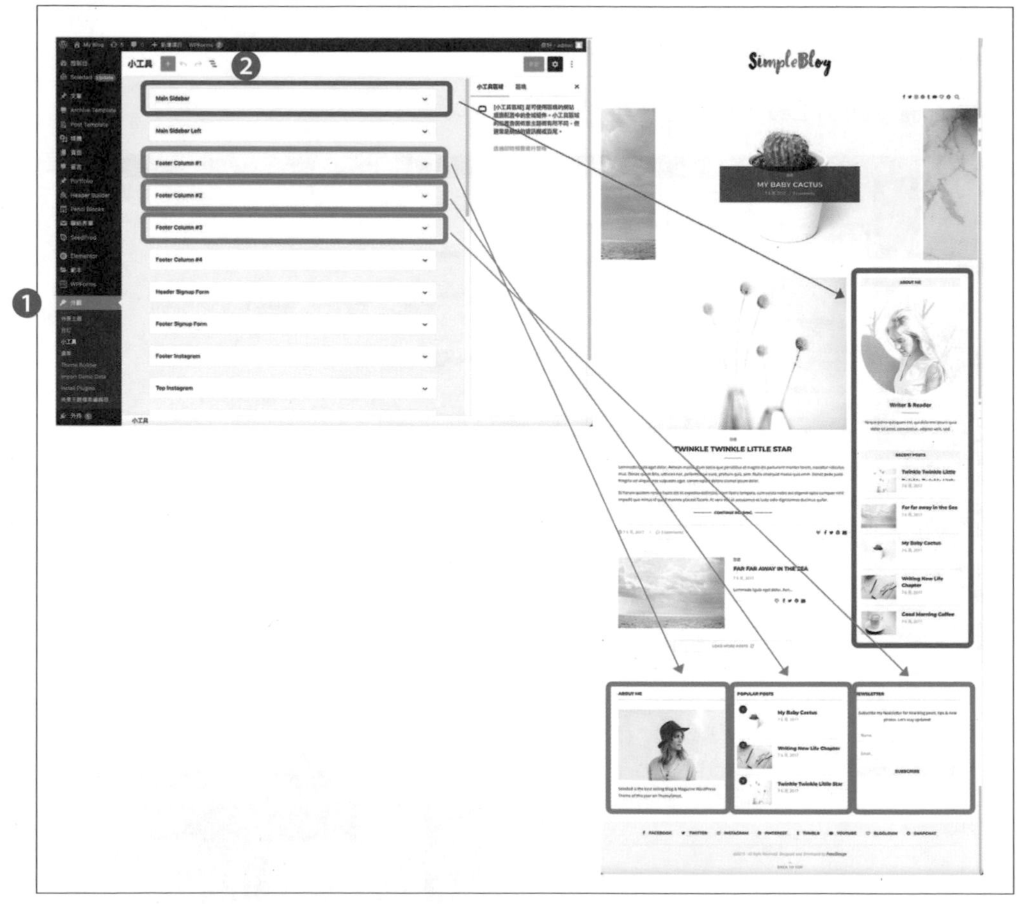

圖 4-90：新版區塊小工具的區域位置於前後台的對照。

❸.點選「＋」圖示來新增小工具，或者編輯現有的小工具，編輯方式與編輯文章類似，可參考4-3-6，編輯完畢記得點選儲存。

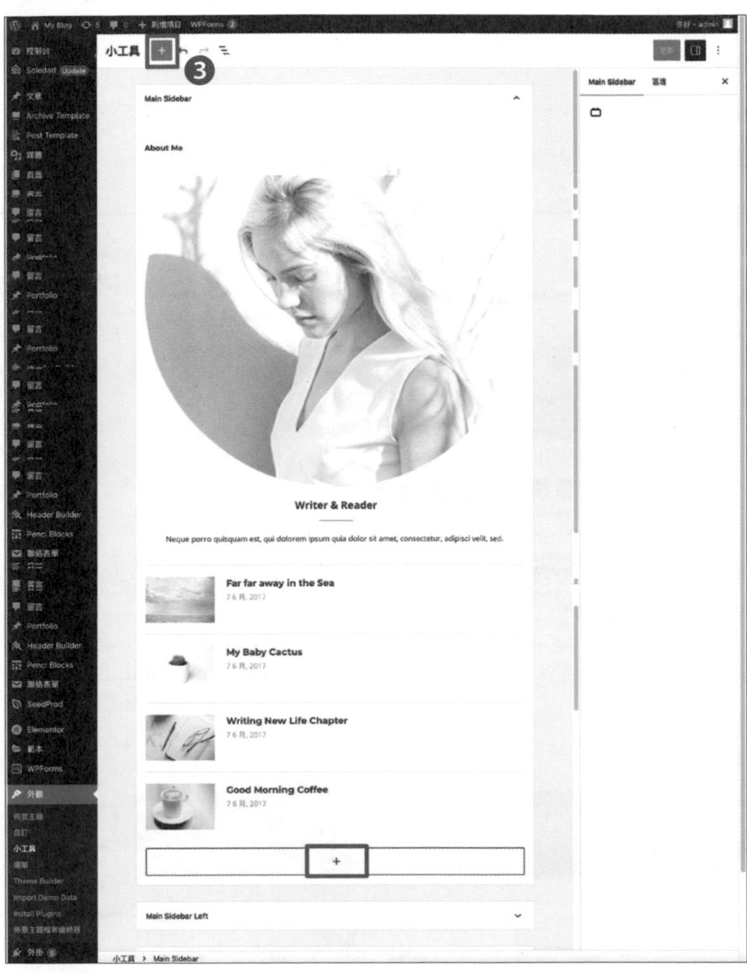

圖 4-91：只要點選＋圖示即可新增任何內容區塊到目前展開的小工具區域中。

◍ 方式三：編輯網站外觀編輯器裡的小工具

使用網站外觀編輯器來編輯範本時，不再有特定的小工具區域，範本中的任何地方都可以插入任何區塊（參考4-4-1的方式二）。

❶.到控制台的「外觀 > 編輯器」。

❷.選擇你想編輯的範本，例如單篇項目，是套用在所有單篇文章頁。

❸.在任何地方，插入你希望重複出現在這個範本的區塊。例如，插入多重欄位區塊（圖4-92），把原本的文章內容拖拉至左邊的欄位，再插入分類清單及最新文章等小工具至右邊的欄位（圖4-93）。

❹.儲存範本。

如此一來，原本所有的單篇文章，會從沒有側邊欄，變成有文章分類小工具與最新文章小工具在側邊欄中。

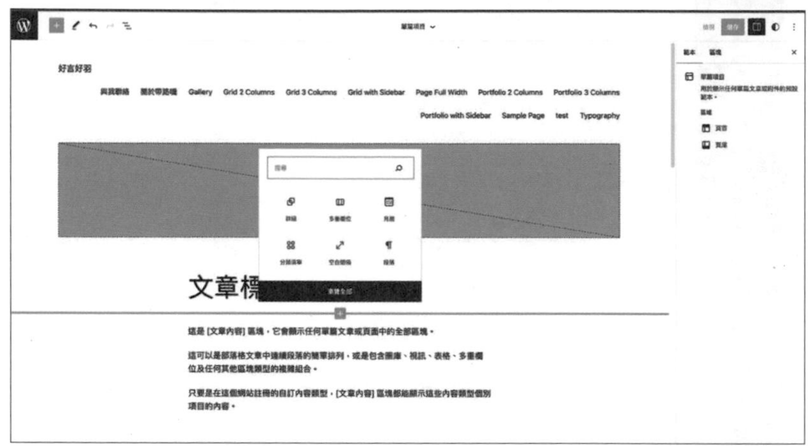

圖 4-92：編輯單篇項目的範本，插入「多重欄位」區塊，即可做出一個側邊欄。

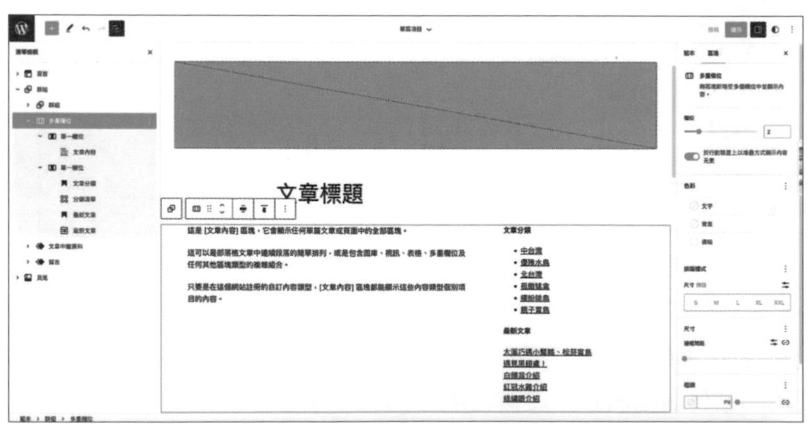

圖 4-93：可在圖 4-92 所建立的側邊欄中插入任何需要的區塊內容。

TIP

【線上教學影片：第四天】https://go.wpointer.com/blogd4

4-6 第五天·擴展網站的功能：增加外掛

外掛就像家電一樣，隨插即用！讓不懂程式的人也能擁有一個功能強大的網站，本章將帶你認識新手部落客常用的外掛、教你選擇優質的外掛、以及如何使用外掛來建立聯絡表單等，讓你的網站充滿無限可能。

4-6-1 新手部落客的常用外掛

WordPress內建免費的外掛目錄，內含超過六萬個免費的外掛，可用來擴充網站的功能，讓不懂程式的朋友，也能擁有一個功能強大的網站，以下是新手們常用的外掛供大家參考。

☞加強網站安全

1.AKismet Spam Protection：協助攔截垃圾留言，強烈建議安裝。

2.Sucuri / Wordfence Security / All-In-One Security：加強網站安全性，建議擇一安裝。

3.WP Rocket / WP Super Cache：提升網站速度，建議擇一安裝。

4.Two-Factor：增加兩階段驗證登入的功能，藉此加強網站的安全性，防止殭屍帳號野蠻強力攻擊，不斷猜測密碼強行登入。

5.Temporary Login without Password：產生讓他人臨時登入網站控制台的連結，避免提供帳號密碼給不熟悉的人。

6.WPS Hide Login：隱藏預設的登入網址，自訂登入網址。

☞網站推廣與行銷

7.Yoast SEO / Rank Math：改進網站的SEO成效，協助作者撰寫更符合搜尋引擎規則的內容，建議擇一安裝。

8.Site Kit by Google - Analytics, Search Console, Adsense, Speed：方便串接各種Google網站相關服務，強烈建議安裝。

9.MonsterInsights：串接Google Analytics，查看訪客流量及分析訪客行為。

10.Ad Inserter – Ad Manager & AdSense Ads：管理圖片橫幅廣告、Google AdSense廣告等。

11.Mailpoet3：使用表單收集訂閱者，自動發送文章通知與電子報等。

12.Popup Builder by OptinMonster / Convert Plus：製作彈出視窗和表單以獲得更多訂閱者與潛在客戶。

☞美化網站外觀

13.Post Types Order：以上下拖拉的方式改變文章順序。

14.Category Order and Taxonomy Terms Order：以上下拖拉的方式改變分類或標籤的順序。

15.Elementor：視覺化的進階頁面編輯器。

16.Advanced Editor Tools：擴展和增強區塊編輯器。

17.Visual CSS Style Editor（YellowPencil）/ CSS Hero：視覺化的CSS編輯器。點擊網頁中的任何元素，直接調整其顏色、字體、大小、位置等設計。

18.TablePress：以視覺化的方式建立功能豐富的表格。

19.Stackable / Qubely / Spectra：區塊編輯器的延伸外掛，提供更多元的區塊。

20.Loco Translate：翻譯佈景主題和外掛等。

21.Cool Tag Cloud：進階標籤雲，可設定標籤數量等。

22.Element Pack Pro：延伸Elementor頁面編輯器，提供更多互動元素。

23.Website Builder by SeedProd — Theme Builder, Landing Page Builder, Coming Soon Page, Maintenance Mode：快速建立「網站製作中」及「網站維護中」模式。

24.Envira Gallery：建立美觀且易於管理的藝廊圖庫。

25.LoginPress | Custom Login Page Customizer：客製化登入頁面。

☞加強後台管理

26.UpdraftPlus / WPvivid / All-in-one Migration：網站備份與搬家，建議擇一安裝。

27.ShortPixel Image Optimizer：壓縮圖片。

28.WP Mail SMTP / Mailgun：讓電子郵件發送變得更簡單可靠。

29.Pretty Links：輕鬆製作漂亮且可追蹤的短連結。

30.WPCode — Insert Headers and Footers + Custom Code Snippets：輕鬆管理程式碼片段，例如：Facebook像素程式碼、Google Analytics程式碼等。

31.Redirection：設定與管理自動轉址。

32.Yoast Duplicate Post：複製文章與頁面等。

33.Bulk remove posts from category：大量移除文章的分類。

34.Disable Comments：停止並且移除留言功能。

35.User Role Editor：編輯使用者角色及自訂其權限。

36.Enable Media Replace：在編輯媒體頁面，新增「更換媒體檔案」的功能，避免重複上傳媒體。

37.WP Rollback：將WordPress佈景主題目錄與外掛目錄中的佈景主題及外掛，降級或升級到指定版本。

38.WP Downgrade | Specific Core Version：將WordPress核心程式降級或升級到指定版本。

39.WP Reset：快速還原網站到初始剛安裝完WordPress時。

☞其他功能

40.WooCommerce：新增商品與購物車等電子商務相關功能。

41.Nextend Social Login and Register：設定以社群帳號登入。

42.Floating Chat Widget: Contact Chat Icons, Telegram Chat, Line Messenger, WeChat, Email, SMS, Call Button – Chaty：建立浮動式的即時聊天按鈕到網站上。

43.WPForms / Gravity Form / Contact Form 7：製作各種表單，例如：聯絡表單，建議擇一安裝。

4-6-2 選擇外掛的注意事項

許多新手在尋找及選擇外掛時，不確定要參考什麼資訊，才可以選擇到不只功能上符合，還能有口碑、有公信力、安全有保障。

下列以WordPress外掛目錄中，最熱門的外掛之一「Contact Form7」來舉例，說明「外掛介紹頁」所提供的資訊及代表的意義。不論你之後是到哪裡尋找外掛，都建議確認該網頁是否有提供類似的資訊，幫助你做正確的判斷與選擇。

❶.外掛名稱。

❷.內容說明：如果裝了這個外掛，會發揮哪些作用？包含哪些功能？是否完全免費？是否有提供示範範例？如果有付費升級版本，是從哪個網站購買？

❸.安裝方式：大部分在WordPress預設的外掛目錄裡的外掛，安裝方式都是相似的，只要點右下角的「立即安裝」即可，不過，有些外掛還是會有安裝的注意事項，像是建議一定要安裝在什麼主機環境上，或一定要搭配什麼外掛一起使用等。

❹.常見問題集：安裝外掛前，可以參考這裡的資訊，了解該外掛可能帶來的問題、評估這個外掛的難度；安裝外掛後，如果在使用過程中有遇到任何問題，也可以從這裡尋找答案。

❺.變更紀錄：可以看到外掛的成長紀錄，也能觀察到該外掛的變更頻率，以及是否有定期在維護。若外掛的變更頻率很低，就要稍微提高警覺。此外，請養成好習慣：在執行「外掛更新」前，先了解最新版本做了什麼改變，升級時是否有需要注意的地方。

❻.螢幕截圖：安裝外掛之前，最好能先確認示範範例。有些作者會把Demo（示範連結）放在內容說明裡，或者提供螢幕擷圖。當好幾個外掛都功能一樣時，不妨看一下截圖，就能知道後台的操作方式，是否為自己所需。

❼.使用者評論：這是一個很好的指標，有些外掛功能說明寫得很棒，可是評論卻是使用起來不如預期，那就不太建議嘗試了。

❽.版本：外掛目前的版本號碼。在升級外掛前，建議先記下目前的版本號碼備用，如果升級完網站出現問題，可以將外掛還原到記錄中的版本號碼。

Contact Form 7 可管理多份聯絡表單，也能透過簡單的標記靈活地自訂表單及郵件內容。表單支援 AJAX 傳送方式、CAPTCHA、Akismet 垃圾留言篩選等功能。

線上說明文件及技術支援

使用者可以在 contactform7.com 上找到線上說明文件、常見問題集及 Contact Form 7 的詳細資訊。如果無法在常見問答集或線上說明文件中找到答案，請前往 WordPress.org 上的技術支援論壇尋求協助。如果找不到相關主題，請建立新主題進行提問。

Contact Form 7 需要各位的支持

沒有各位樂於貢獻的使用者，很難繼續開發及支援這個免費外掛。如果使用 Contact Form 7 後覺得它對網站有所幫助，請考慮贊助 Contact Form 7。贊助款項將有助於鼓勵、支援外掛的後續開發並提供更好的使用者技術支援。

隱私權注意事項

依照預設設定，這個外掛及其程式碼並不會進行以下行為：

- 以匿蹤方式追蹤使用者。
- 將任何形式的使用者個人資料寫入安裝外掛的網站的資料庫。
- 將任何資料傳送至安裝外掛的網站之外的外部伺服器。
- 使用 Cookie。

如果網站管理員啟用了外掛的某些功能，送出表單的使用者包含 IP 位址在內的個人資料，便有可能傳送至服務提供商，建議網站管理員先確認服務提供商的隱私權政策。這些功能如下：

- Google 提供的 reCAPTCHA 驗證碼服務
- Automattic 提供的 Akismet 阻擋垃圾留言服務
- Constant Contact (Endurance International Group 旗下子公司)
- Sendinblue
- Stripe

8 **版本:** 5.7.4
9 **作者:** Takayuki Miyoshi
10 **最後更新:** 1 天前
11 **WordPress 版本需求:** 6.0 或更新版本
12 **已測試相容的 WordPress 版本:** 6.1.1
13 **啟用安裝數:** 5 百萬以上
WordPress.org 外掛頁面 »
外掛首頁 »

14 **平均評分**
★★★★☆
(依據 2,010 筆評分資訊)

15 **使用者評論**
在 WordPress.org 上查看全部使用者評論或發佈個人評論！

5 星	1,377
4 星	140
3 星	68
2 星	59
1 星	366

參與者
Takayuki Miyoshi
贊助這個外掛 »

立即安裝

圖 4-94：Contact Form7 的外掛介紹頁面。

❾.作者：可以確認該作者或廠商曾經做過的外掛，是否有好的評價等。

❿.最後更新：有些外掛的最後更新日期在好幾年前，建議要避開，很可能會讓網站爆炸……

⓫.WordPress版本需求：WordPress至少要這個版本號碼以上才能讓外掛正常運作。

⓬.已測試相容的WordPress版本：這與上面的不太一樣，有些外掛作者很忙，可能還來不及測試他的外掛與最新版的WordPress的相容性。建議在安裝外掛之前，一定要看一下這個外掛是否與你的WordPress版本相容。

⓭.啟用安裝數：數字越大表示越好，這代表該外掛較於活躍、且熱門。對不懂程式的新手們來說，跟著前輩走就對了，總比亂裝冷門的外掛好。

⓮.平均評分：平均分數越高越值得信任。

⓯.使用者評論分佈：可以快速看出評價的分佈比例，當然是五星評價越多越好。

⓰.PHP版本需求：有些外掛會提供這個資訊。由於WordPress的外掛都是用PHP程式語言所構成的，這種程式語言需要主機上有安裝PHP套件，才能被順利執行。所以主機上的PHP套件需要符合最低的版本需求，才能讓外掛正常運作。

4-6-3 如何使用外掛

在上一個章節已經知道如何選擇適合自己網站的外掛，接著就來實際操作，使用WPForms外掛建立連絡表單吧。

◍ 查看已安裝的外掛

到控制台的「外掛 > 已安裝的外掛」，可以看到目前已經安裝的外掛，以及使用狀態（已啟用或未啟用）。

◍ 安裝並且啟用外掛

想要在「聯絡我們」的頁面，放置一個線上聯絡表單，這時，就需要安裝一個具有「製作表單功能」的外掛。

製作表單功能的外掛很多，在WordPress外掛目錄中，以Contact Form 7和WPForms最為熱門，在此以WPForms外掛為例，帶領大家製作一個簡單的聯絡表單。

❶.到控制台的「外掛」。

❷.點選「安裝外掛」。

❸.在搜尋列，填入「WPForms」。

❹.在搜尋結果中，找到「Contact Form by WPForms - Drag & Drop Form Builder for WordPress」，並且點選「立即安裝」。

❺.安裝應該只需要幾秒鐘的時間，接著記得點選「啟用」，才能開始使用。

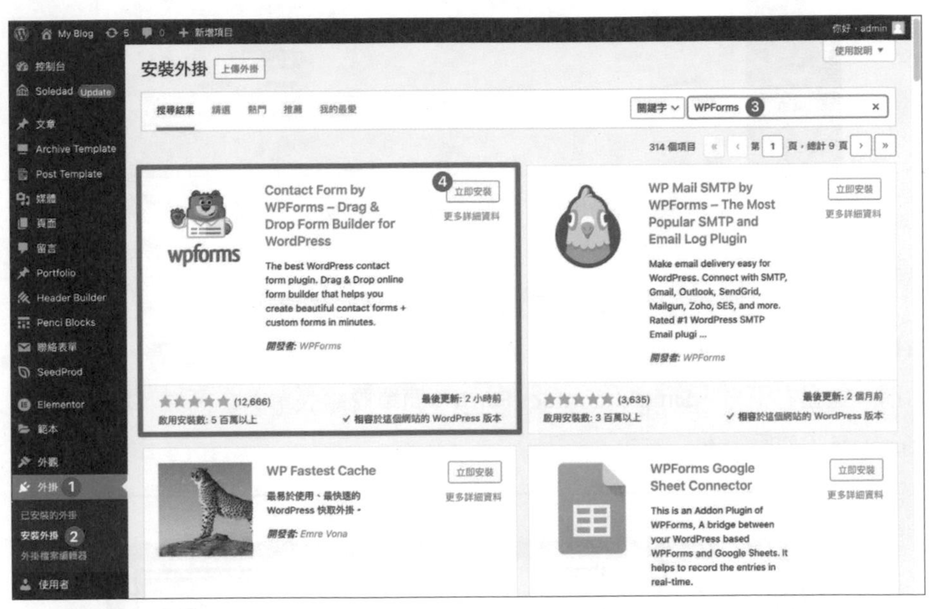

圖 4-95：搜尋並且安裝 WPForms 外掛。

外掛啟用後，依照外掛的屬性，可能會出現在不同的位置，最常見的是在控制台左邊的導覽選單裡，多一個外掛名稱的項目；如果是與設定有關的，則常出現在控制台左邊的「設定」之下，多一個外掛名稱的項目；有些外掛功能簡單，影響的範圍很小，就只會出現在特定頁面 ；大部分功能完善的外掛，會提供簡單的初次使用導覽，引導你開始使用。

如果安裝外掛後，不知道被放到哪處，可以到已安裝外掛的頁面，查看「Need help？（需要幫忙嗎）」、「Documentation（文件說明）」或檢視詳細資料，都可以找到該外掛提供的使用教學。

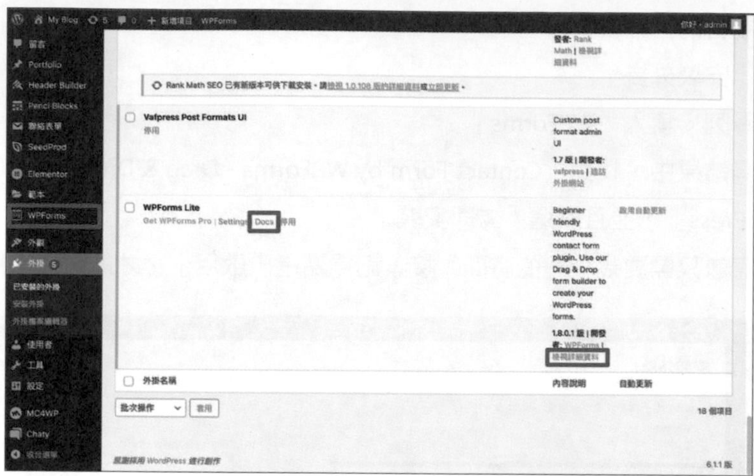

圖 4-96：到已安裝外掛的頁面可找到 WPForms 的使用說明（Docs）。

接下來，請跟著下列步驟操作，即可完成一個聯絡表單：

STEP01：到控制台的「WPForms > Add New（新增表單）」。接著，填入表單名稱，並且在下方「Simple Contact Form（簡單聯絡表單）」區域，點選「Use Template（使用範本）」。

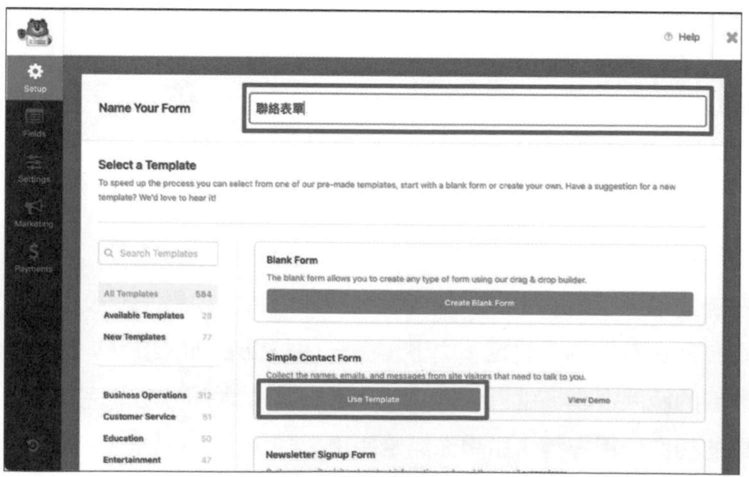

STEP02：從左邊的可用欄位裡，選擇想加入的欄位到右邊的表單中。免費試用版的WPForms只提供「Standard Fields（標準欄位）」，若想使用下方的「Fancy Fields（花式欄位）」必須購買進階版的WPForms（本章末會提供連結）。

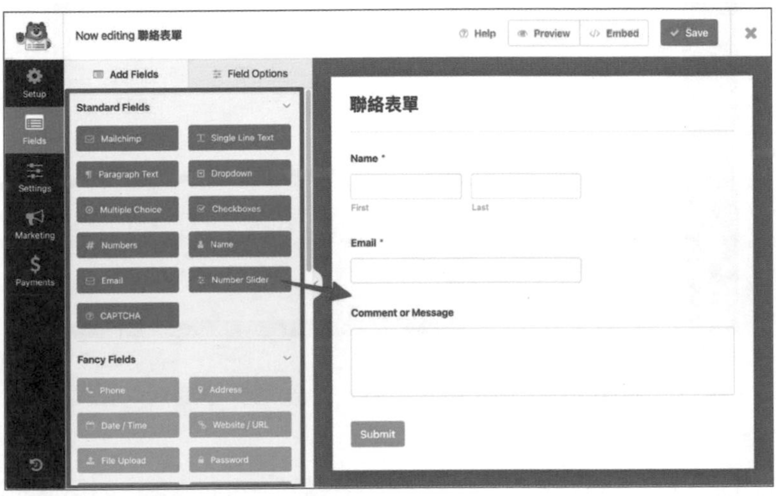

STEP03：點選右邊表單裡的欄位，來編輯文字與設定。

STEP04：點選左邊的「Settings」，進入表單設定。其中的「General（一般設定中）」，可以改變「Submit」與「Sending...」的文字。

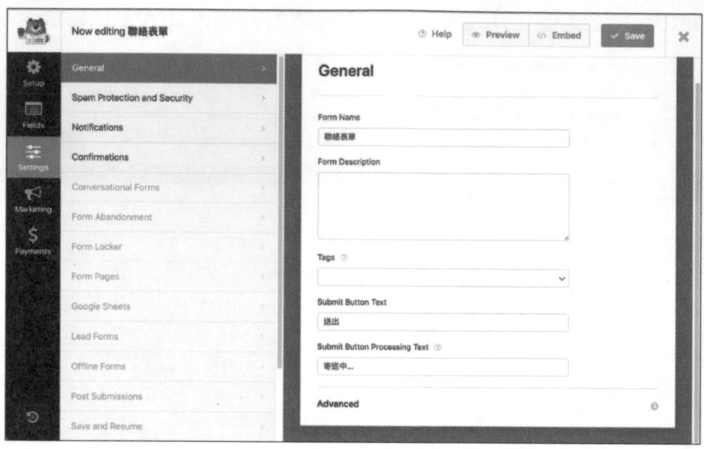

STEP05：再到「Settings > Notifications」，設定表單通知，當有人送出表單時，你會收到Email通知。

預設的情況下，寄送者與收件者都是管理員的Email信箱，如果你的管理員信箱，不是企業信箱（與你的網域一致的信箱），而是用免費信箱，如Gmail、Yahoo信箱等，那麼，信件很有可能會當作垃圾郵件，或被阻擋。

這時，建議要另外安裝免費的「WP Mail SMTP外掛」。該外掛有提供初次使用的設定精靈，使用起來非常簡單。

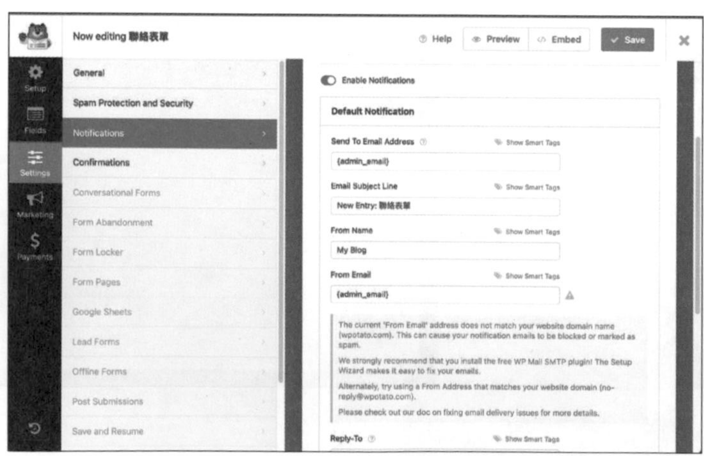

STEP06：再到「Settings > Confirmations」，設定表單成功送出後，訪客會看到的確認留言。表單編輯與設定完成後，點選右上角的「Save」儲存，即可點選「X」離開。

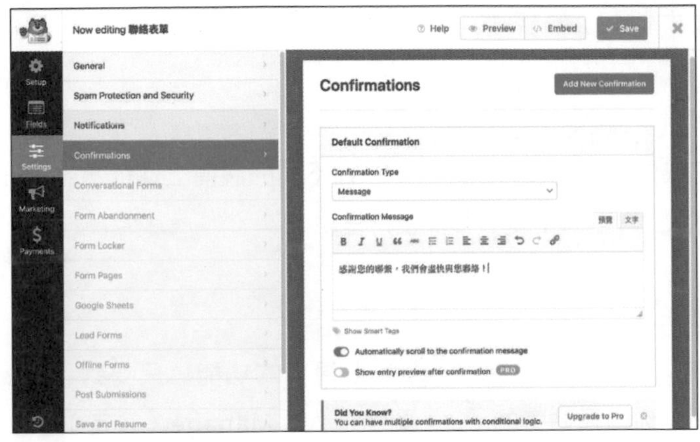

STEP07：最後，只要編輯你想插入表單的頁面，插入WPForms區塊，並且選擇之前已經建立好的「聯絡我們」表單，就完成囉！

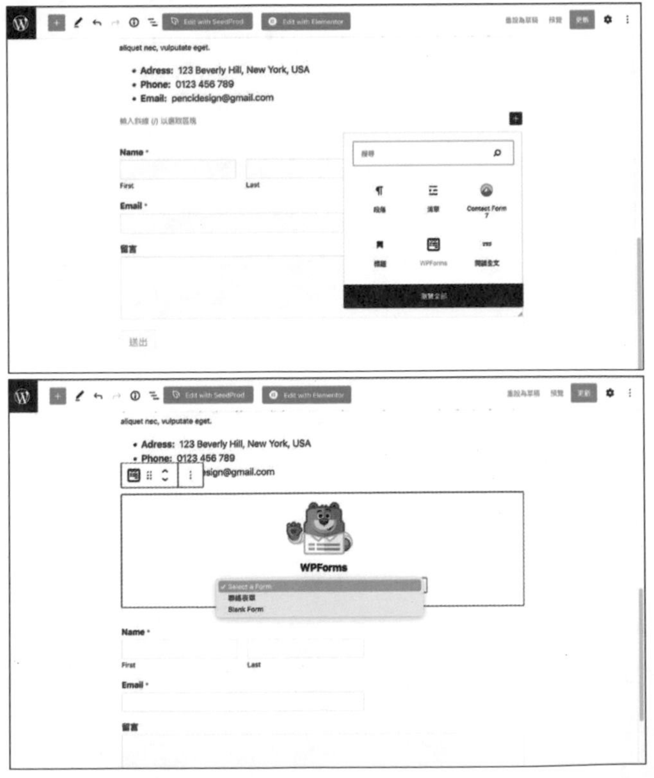

4-6-4 公開網站＆開放讓Google索引

當一切準備就緒後，在這個階段就要來公開你的網站，並且開放給Google索引，這樣才能順利讓訪客搜尋到你的網站喔！

◍ 網站測試

網站完成後，建議在公開之前，先在不同的設備上進行測試，確認網站在桌機上、平板上、手機上是否都能正常呈現。

◍ 公開網站

如果你是使用主機提供的「即將上線」的功能，只要到「Hosting（主機）」，點選你的網站旁的「...」圖示進入「Manage（設定）」，就可以在「Settings（設定）」頁籤的最下面，，將「Coming Soon Page（即將上線頁）」切換到「off（停用）」即可（可參考4-2-4的方式一）。

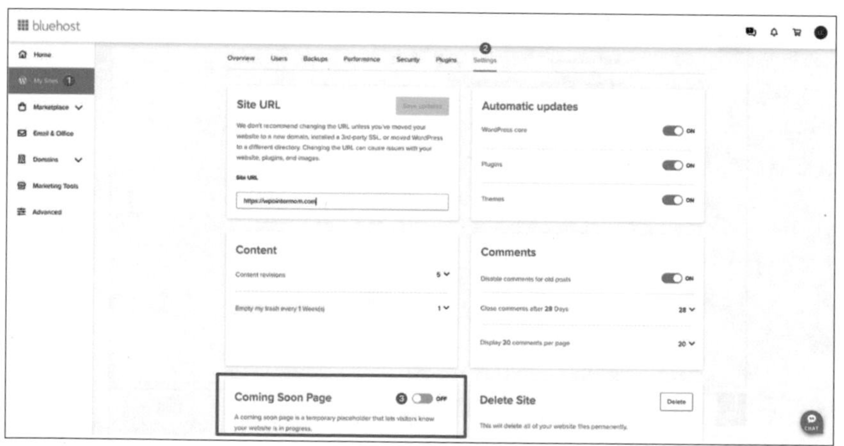

圖 4-97：停用 Bluehost 的「Coming Soon Page（即將上線頁）」，即可公開網站。

如果你安裝的是「SeedProd即將上線」外掛，記得點選右上角「Coming Soon Mode Active」，把「Coming Soon Mode」下的開關切換到「INACTIVE（停用）」的狀態，這樣網站就正式對外公開囉（請參考4-2-4的方式二）！

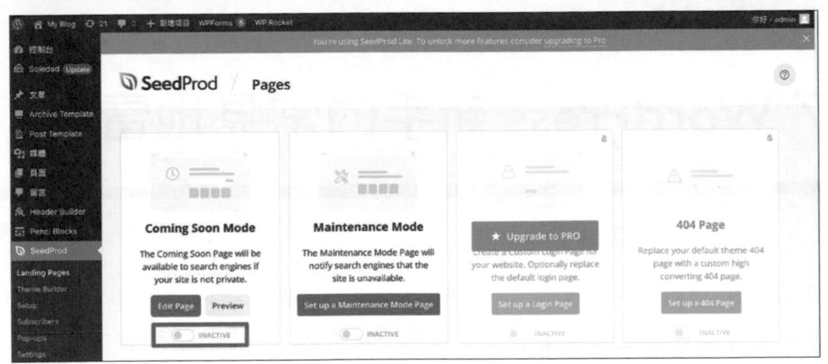

圖 4-98：停用 SeedProd 外掛中的「Coming Soon Mode（即將上線模式）」，即可公開網站。

◍ 開放給Google索引

這個步驟相當重要，這是準備好要讓Google索引你的網站，正式把你的網站加入搜尋排名中，請記得一定要更改以下設定：

❶-❷：到「設定 >閱讀」。

❸：取消勾選「阻擋搜尋引擎索引這個網站」。

❹：按下「儲存設定」，完成！

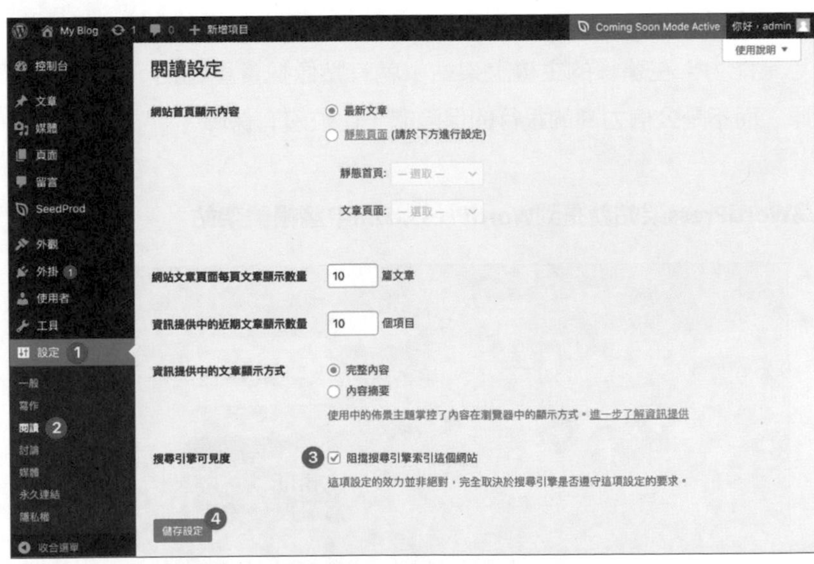

圖 4-99：公開網站時，記得同時取消勾選「阻擋搜尋引擎索引這個網站」。

TIP

【線上教學影片：第五天】https://go.wpointer.com/blogd5

4-7 WordPress 新手的常見地雷

在教學的過程中，收到許多學員的提問、慘案分享，在此也整理出新手的常見地雷，希望能幫助大家避雷，順利的架好網站！

1.把WordPress安裝在自己的電腦

有些新手朋友為了省錢，便試著在自己的電腦上安裝WordPress，導致衍生出許多問題，非常吃力不討好，詳情請參考3-5-2。

2.使用免費主機或私人主機開始架站

免費主機的空間非常小，而且為了防止惡意人士不良意圖使用或濫用，主機環境的限制就會比較多，導致架站時很容易遇到錯誤訊息。而私人主機則是規格不明，主機環境不一定適合WordPress架站，其安全性必須仰賴一個人的專業能力；在這樣的主機上架站，就有點像把貴重物品，寄放在一個私人倉庫，而不是公信力高的銀行的保險櫃，比較沒有保障。

3.以為WordPress架站就是到WordPress.com申請帳號架站

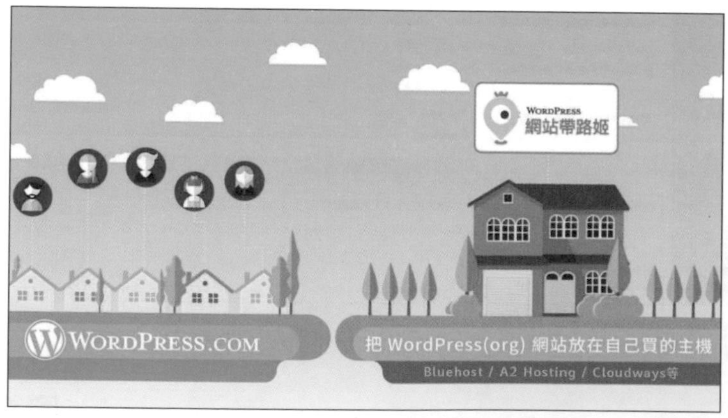

圖 4-100：架站前建議先釐清 WordPress.com 與 WordPress.org 之間的差異。

太多人在搜尋WordPress時，先找到了WordPress.com，就誤以為這是唯一的WordPress架站方式，使用了一陣子後才發現，免費帳號的功能多被上鎖，付費解鎖的話，費用又非常高；後來，發現可以自選主機安裝WordPress，費用划算很多，最後決定把內容搬到自選的主機上時，又遇到了一連串的難題。因此，我誠摯建議一定要先參考2-1-2，充分瞭解WordPress.org與WordPress.com的差異，再決定一個最適合自己的架站方式。

4.初次架站就使用彈性太大的主題

在3-5-2規劃佈景主題中，曾介紹過高花費的佈景主題，像是Astra、Blocksy等，它們本身沒有包含滑塊功能（Slider），也沒有作品集、團隊成員等文章以外的內容類型等，只提供非常輕量的外觀功能，其他都交由設計師依照自己的需求去開發或安裝外掛來擴充功能。有點像是佈景主題界的單眼相機，本身是專業設備，但是它的標配很單純，配件都交由專業攝影師自己選擇，必須仰賴專影師的專業知識，才知道要搭配什麼鏡頭、什麼閃光燈、什麼腳架等，因此，選擇這類佈景主題的新手，雖然一開始可以免費使用試用版，看似省錢、又獲得最大的彈性，可是常常到後來，必須花很多時間來研究如何擴充功能、一不小心還可能買錯外掛而白花冤枉錢。如果你的英文能力不是很好、空閒時

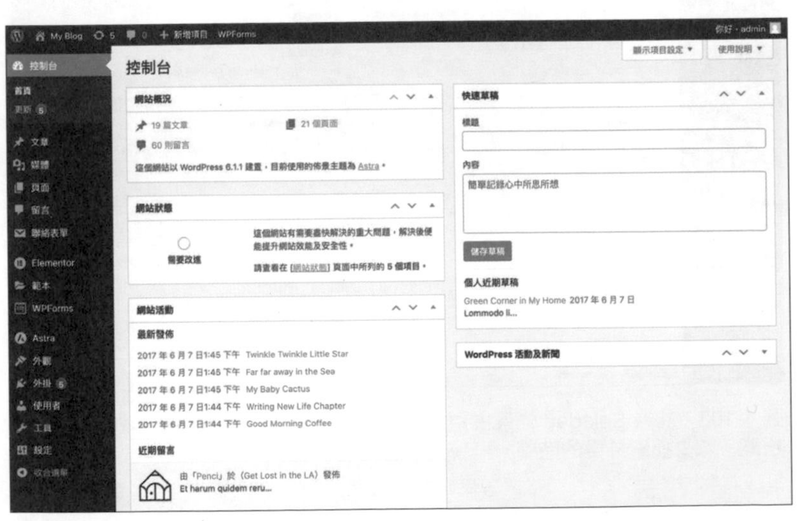

圖 4-101：Astra 佈景主題的控制台。

圖 4-102：Blocksy 佈景主題的控制台。

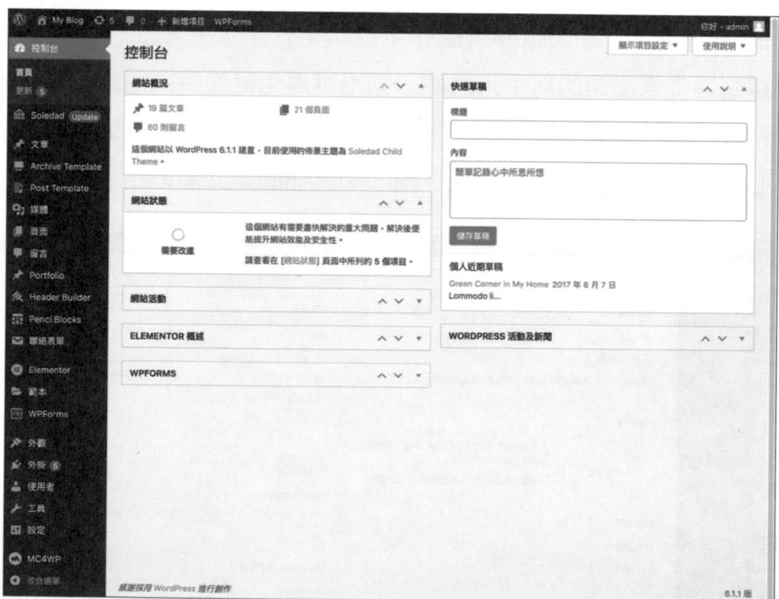

圖 4-103：此為 Soledad 佈景主題的控制台，預設就包含很多幫助新手的擴充功能，減少摸索外掛的時間。

間不多、希望快一點把網站做出來、不想花太多的錢、沒有計畫把架站當職業的話，初次架站還是先避開這類的佈景主題會比較好。

5.使用完全免費的佈景主題

在3-5-2規劃佈景主題章節中，曾提到免費的佈景主題大致分成兩種：一種是真的完全免費，但是通常功能、網頁範本和自訂選項都很少；另一種則是專業佈景主題的免費試用版。以完全免費的佈景主題來說，新手除了不容易判斷佈景主題的品質好壞，還得承擔佈景主題的作者不再維護該佈景主題的風險，或者遇到問題時，不一定找得到作者或客服協助，最終，如果選擇更換佈景主題，又得面臨Google排名變動的風險。

6.購買冷門或來路不明的主題或外掛

所謂冷門的佈景主題或外掛，就是在Envato Market上，銷售量低，表示使用過的華人一定很少。若新手初次架站就選擇這樣的佈景主題或外掛，一方面要承擔可能選到品質風險大的產品，另一方面則是在遇到問題時，到各大社群請求協助，卻因為沒人用過而得不到回應。如果你想購買的佈景主題或外掛，沒有顯示銷售量，也不確定它是否冷門時，建議可以先到各大社群詢問前輩們的意見。

圖 4-104：3000 個佈景主題＋外掛只要 10 美元，這種千萬不要買！

至於使用來路不明的佈景主題或外掛，則是有安全性方面的疑慮，舉例來說，如果要買WP Rocket外掛，就一定要去WP Rocket官方網站購買，千萬不要去不知名的網站，標榜只需要花少於官網的費用，不只可以下載WP Rocket，還贈送一堆其他的外掛，這種就一定是販售盜版的網站，其販售的佈景主題和外掛，都有被植入惡意程式的風險。

7.單純以示範網站的外觀，來選擇佈景主題

以前我也曾花了好多時間一個一個確認佈景主題，好不容易找到外觀滿意的示範網站，也沒管包含了些什麼功能，後來才發現，根本不實用啊！什麼都無法改動啊！佈景主題就跟人一樣，不可貌相，多得是金玉其外、敗絮其內的佈景主題。一個真正好用的佈景主題，客製化選項很多、分類很確實，還搭配了熱門的頁面編輯器，即使示範網站只有80%對味，剩下的20%只要調整一下就好。畢竟，網站不可能永遠停留在示範網站的當下，未來一定會視需要調整頁首頁尾、以及新增頁面等，能夠輕鬆的客製化網站，才是更重要的。

8.以為更換佈景主題像換衣服一樣快

很多新手誤以為更換佈景主題就是停用舊的、再啟用新的。事實上，只有在網站架設初期才可以這麼輕鬆的換佈景主題，一旦開始製作網站，就會花很多時間在調整客製化選項來改變外觀，以及使用佈景主題提供的頁面編輯器來設計網頁，等到網站好不容易做好，才決定要換佈景主題，新的佈景主題的客製化選項不同了、之前做過的客製化設定都失效了、搭配的頁面編輯器也變了，網站外觀因此可能整個都跑版了，這時，又得花很多時間重新了解新的佈景主題的使用方式，再重新設計一次了。

除此之外，每個佈景主題對SEO的友善程度不同，更換佈景主題甚至可能會影響到搜尋排名。因此，更換佈景主題絕非小事，建議一開始一定要慎重選擇佈景主題！

以圖4-105為例，左邊是使用Soledad佈景主題設計好的首頁，一旦切換成Astra佈景主題，外觀就完全改變了，又得重新設定了。

圖 4-105：同一個網站，切換兩種不同的佈景主題時，首頁的排版可能會完全改變。

9.安裝大量不需要的外掛

安裝外掛實在太方便了！才幾秒鐘的時間，就讓新生的網站寶寶，學會各式各樣的技能，經常讓新手朋友們玩得不亦樂乎，殊不知，這暗藏著一些風險。不論安裝什麼類型的外掛，外掛都會包含某些功能或設定，當管理員執行功能或更改設定時，需要耗費電腦資源去計算，有些外掛甚至是無時無刻都在背景執行著的，那更是不斷的耗費電腦資源。若新手朋友一開始選擇較為初階的主機空間，卻安裝了過多的外掛，很容易導致電腦資源不足，網站開始變得不穩定或斷線。另一方面，外掛安裝過多，也比較容易造成功能重複、或者外掛間功能衝突等問題。建議大家謹慎選擇公信力高的外掛，只安裝真正需要的外掛，不用的時候，記得把它停用刪除。

10.以為可以從後台直接修改網址

有些人可能為了某些原因，想幫網站換網址，於是很直覺的到一般設定裡面，直接改掉WordPress 位址（網址）與網站位址（網址）兩個欄位，然後，網站可能就壞掉了！

◉WordPress 位址（網址）：到達你的網站的網址。

◉網站位址（網址）：你的 WordPress 核心檔案的位址。

如果WordPress網站是由主機自動安裝的，通常這兩個欄位的位址會是一致的，不應該被改成不同的位址，網站會壞掉。

這兩個欄位基本上是WordPress系統用來顯示網站的安裝現況，目的並不是讓管理員用來改變網址，如果直接從這裡改變網址，只會影響網站的安裝設定，但不會連同資料庫裡的其餘網址一起替換，網站會出現不預期的問題。

總之，這兩個欄位不是幫網站換網址用的！請千萬不要這麼做！如果你需要幫網站換網址，請前往「網站帶路姬」搜尋相關教學，或是網站帶路姬的Facebook社團，與大家一起交流討論。

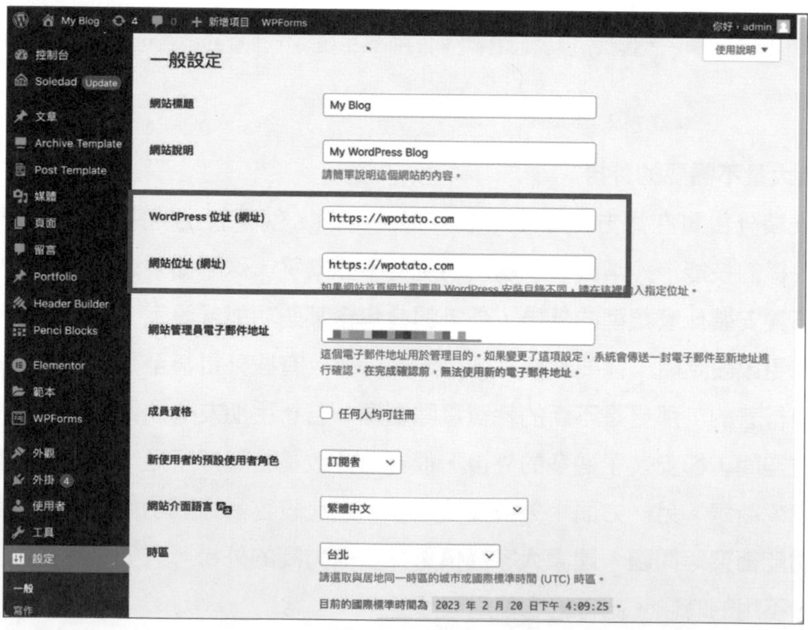

圖 4-106：請勿修改 WordPress 位址（網址）、網站位址（網址）。

11.以為網域買一次就可以永遠使用

網域的所有權並不是終身制，大部分的網站都需要逐年續約，少部分網站可以一次買好幾年，請記得一定要注意網域的到期日，在到期之前要續約，如果怕麻煩的話，可以設定「自動續約」，並且設定好信用卡資訊，才能安心的持續擁有自己的網域喔！

4-8 不用怕！一步步跟著做真的很簡單！

前面已經一起學習了以下步驟：

☞如何購買主機與網域，並且在主機上直接安裝WordPress。

☞如何購買與安裝佈景主題。

☞如何匯入示範網站的內容。

☞如何新增與編輯頁面與文章的內容。

☞如何設定主選單。

☞如何設計首頁。

☞如何設定側邊欄與加入小工具。

☞如何改變網站的LOGO標誌與客製化網站的樣式。

☞如何依照自己的需求，逐步安裝需要的外掛。

☞如何公開網站、開放讓Google索引。

應該有了WordPress基礎觀念，若你還沒有開始跟著操作，建議跟著每一章節末處QR Code，會連結到網站帶路姬的線上教學課程（五天自學衝刺班）。切記，先使用一樣主機、一樣的佈景主題、匯入一樣的示範網站，架站會進行得比較順利喔！

◀推薦課程▶

● 免費的線上教學課程：
五天自學衝刺班：https://go.wpointer.com/5days

◀推薦商品▶

1 Bluehost主機：https://wpointer.com/recommends/bluehost/
2 A2 Hosting主機：https://wpointer.com/recommends/a2-hosting/
3 Cloudways主機：https://wpointer.com/recommends/cloudways-hosting/
4 Soledad佈景主題：https://wpointer.com/recommends/soledad/
5 SeedProd 即將上線外掛：https://wpointer.com/recommends/seedprod/
6 WPForms線上表單外掛：https://wpointer.com/recommends/wpforms/

1

2

3

4

5

6

Chapter_

5

邁向自媒體之路 I：基礎網站管理

前一章已經完成網站雛形，接下來的重點應該放在內容的產出、與社群的經營，可是，網站的定期維護也很重要，懂得一些小技巧，就能避免大麻煩。

在此分享如何維護網站、好用的自學資源、高效率的自學技巧，即使不懂程式的你，也能當個快樂的業餘站長！

5-1 網站管理的十大守則

一般來説，WordPress是個相當安全的工具，但如果主機環境設置不當、WordPress系統設置有問題、沒有定期維護、人為操作不當時，網站就會處於相對脆弱的狀態，就有損壞的風險，若能養成下列好習慣，就能將網站維持在最佳狀態。

一、定期備份網站，隨時保有備份

網站備份是不可妥協的必備工作，今天留下備份，明天就多一份希望，千萬不要心存僥倖，更多關於網站備份的説明，請參考5-2。

二、使用高強度的登入密碼及兩階段驗證登入

WordPress的登入頁面是其中一個最顯而易見的攻擊點，駭客常常在此進行暴力破解攻擊，一旦成功破解，就可以進入網站植入惡意程式，造成網站中毒、強制轉到廣告頁面、竊取網站敏感資訊、破壞網頁內容等。因此，建議使用高強度的登入密碼，以及安裝兩階段驗證登入的外掛，以確保網站大門的安全，更多加強網站安全的技巧，請參考5-7。

三、時常更新WordPress核心程式、佈景主題與外掛

關於網站的更新，有以下五點建議：

☞**不一定要更新至最新版本：**因為有些佈景主題、外掛的更新有可能會跟其他外掛產生衝突，而造成網站功能異常。若是不懂程式與技術的新手們，建

議在更新前，先觀察一下網路、社團中是否有災情傳出，再決定是否要更新。

☞**請備份好，再更新：**請先閱讀Changelog（更新日誌），充分了解該更新可能會造成的影響，並且先執行備份再更新。

☞**升級前，先記下原版本號碼：**如果在升級後，網站出現問題時，才知道要還原到哪一個版本。

☞**盡量避免全部設定為「自動更新」：**更新是有風險的，若沒有萬全的準備，使用自動更新會風險更大一些。

☞**可使用「一鍵快速產生測試網站的功能」：**有些主機商會提供此功能，可先在測試網站上測試升級，若沒有問題後再推送、覆蓋原本的網站，以避開直接在正式網站中升級的風險與可能造成的損失。

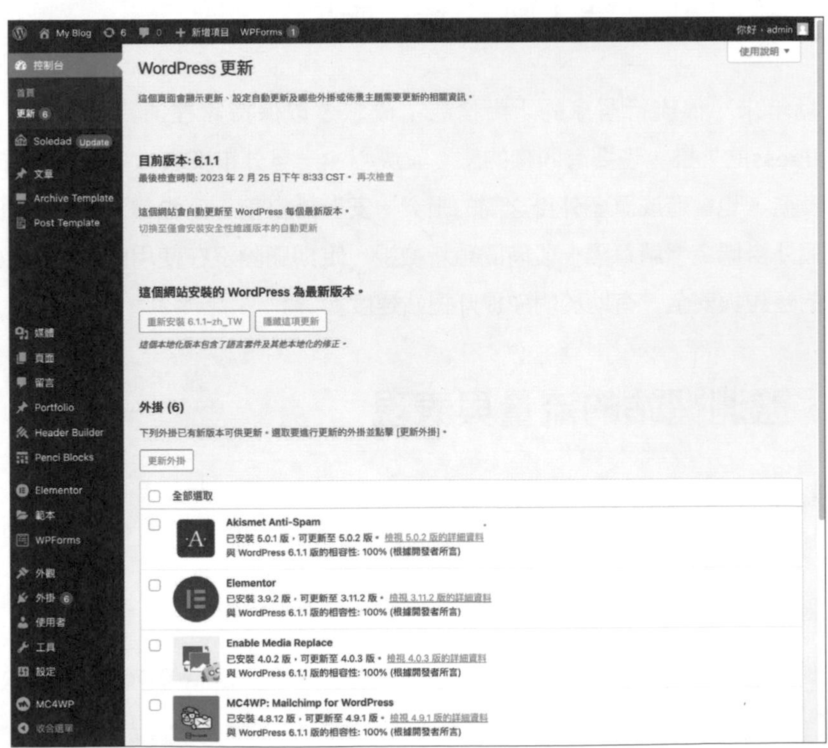

圖5-1：執行WordPress的各種更新前，請一定要先備份網站。

四、安裝加強安全性的外掛

建議安裝至少一個增強網站安全性的外掛，例如All-In-One Security、Sucuri Security – Auditing, Malware Scanner and Security Hardening、Wordfence Security – Firewall, Malware Scan, and Login Security、iThemes Security等。以上外掛各有各的特色，將在5-7做更進一步的說明。

五、不要安裝來路不明的佈景主題與外掛

來路不明的佈景主題與外掛，時常已被植入惡意程式，會對網站造成不好的影響，更多說明請參考4-7。

六、面對外掛請「斷、捨、離」

近年來，很流行居家的「斷捨離」概念，以保持家裡清爽無負擔，面對WordPress的外掛，也要有同樣的態度與決心。一旦外掛安裝太多，就會加重主機的負擔，也會造成眾多外掛之間的衝突。安裝外掛前，請先想清楚「你真的需要這個外掛嗎？」請每隔一段時間重新檢視，定期刪除沒在使用的外掛，以維持網站的輕盈與安全，有助於明顯提升網站速度。

七、監測網站的流量與表現

監測網站的流量與表現有很多好處，像是：

☞監測廣告帶來的成效差異。

☞監測是否有某幾篇文章成效特別好，可進一步產出相關內容。

☞監測網站是否正在被大量殭屍帳號惡意攻擊而暴衝流量（DDoS），導致網站斷線。

☞監測是否因為安裝了某個新的外掛，導致主機端資源消耗過快。

監測網站流量的方式十分多樣，將會在5-5做進一步的說明。

八、不要用第三方的頁面編輯器來寫文章

我並不建議使用Elementor這類的頁面編輯器來編輯所有文章，有下列兩點原因：

☞**載入網頁速度較慢：**除非是比較複雜的頁面、包含比較多的互動元素，才使用Elementor這類的頁面編輯器。一般的文章，建議使用區塊編輯器來製作，才能確保整個網站速度不會越來越慢。

☞**互動元素會因為更換頁面編輯器而必須重新設計：**頁面編輯器會提供很多互動元素，如Tabs（頁籤）、Slider（滑塊）等，假設你要更換新的頁面編輯器，而每篇文章都充滿這些元素，將全部無法正常運作，需一篇一篇重新設計處理。

九、不要拍照完就直接上傳，請記得壓縮

這是很多新手容易忽略的問題，導致在幾個月後，網站空間不夠用。要回頭處理之前上傳的照片，會十分麻煩。

建議大家在一開始就安裝ShortPixel之類的外掛，自動壓縮與裁切上傳的照片。不過，ShortPixel的免費版有壓縮張數的限制，超過張數需額外付費。如果你沒有預算，也可以考慮使用TinyPNG，先把照片事先壓縮再上傳就可以！

十、不要從網站控制台更改全站網址

其實，早在4-7新手的常見地雷中已提過，但實在太重要，一定要重複提醒。請不要從網站控制台「設定 > 一般」，改變整個網站的網址。

新手自救七大守則

做好網站之後，不會再有人手把手牽著你，邁向獨立的第一步，絕對要先學會「如何自救」！在經營網站的過程中，不論是探索新外掛時造成網站出錯、或運氣不好時遇到駭客，也有可能看到恐怖的錯誤畫面，或網站整個消失不見。這些都是WordPress人的日常，一點都不稀奇，以下列出幾點自救守則，若真的遇上問題時，也能臨危不亂。

一、保持冷靜、不慌張

第一次遇到網站壞掉，多數人都會緊張無助，不過，問題通常都是有解方的。不只是書中會列出許多解決問題的方法，或是找到對的人來解決問題。請保持冷靜，先不要亂憑自己的直覺刪掉東西、改動設定等，才不會把問題弄得越來越複雜。

二、回想與記錄問題

請先回想一下，在出現錯誤訊息、網站壞掉之前，有做了哪些事情？是啟用了某個外掛？還是升級了佈景主題或外掛？難道是刪除了某樣東西？還是更改了某個設定？請盡可能的回想，把做過的事情按照時間排序出來，這對釐清問題，會有很大的幫助。

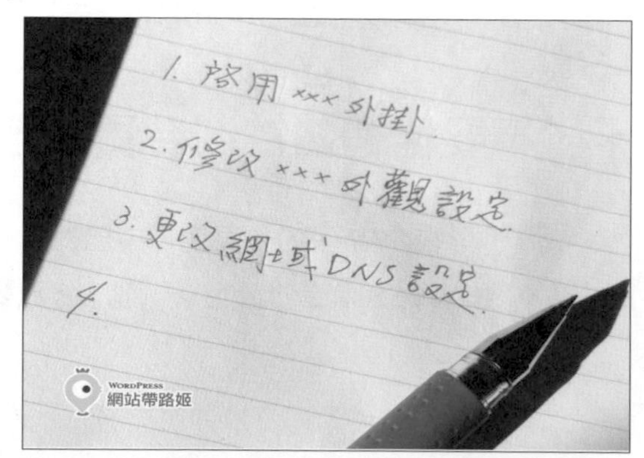

圖5-2：盡可能的回想與記錄，有助於釐清問題。

三、釐清問題

接下來，要開始釐清問題，雖然可能有點困難，但我們的目標在於，先列出幾種可能性，再一個一個剔除，找到問題的核心。

有些問題蠻明確的，也比較容易猜到解決方式，例如：

☞問題 1：升級了外掛之後，突然出現錯誤訊息。

參考解法：如果是從WordPress外掛目錄中所安裝的外掛，可以另外安裝WP Rollback外掛，即可把外掛降回升級前的版本。切記，升級前要記錄版本號碼。

☞問題 2：啟用了一個新外掛，某個功能就壞掉不能用。

參考解法：新的外掛與原本的外掛衝突，可以停用這個新的外掛，換一個外掛即可。

☞問題 3：啟用了一個新的外掛、或升級了一個外掛，造成網站的前台後台無法打開。

參考解法：這個問題較為棘手一點，若連網站控制台都進不去，就只能從主機端來解決。大部分新手友善的主機，會提供「檔案管理員」的功能，只要找到網站的根目錄，通常是public_html(yoursite)，並且找到放置外掛的資料夾「wp-content/plugins/」，把出問題的外掛資料夾名稱暫時改掉即可，讓WordPress系統暫時不讀取這個資料夾，網站就可以暫時恢復正常。舉例來說，如果是升級Elementor外掛後出問題，只要把「elementor」這個資料夾名稱，改成「elementor-old」，就可以順利進入網站控制台，網站前台也可以先恢復運作，然後再向專家尋求協助。

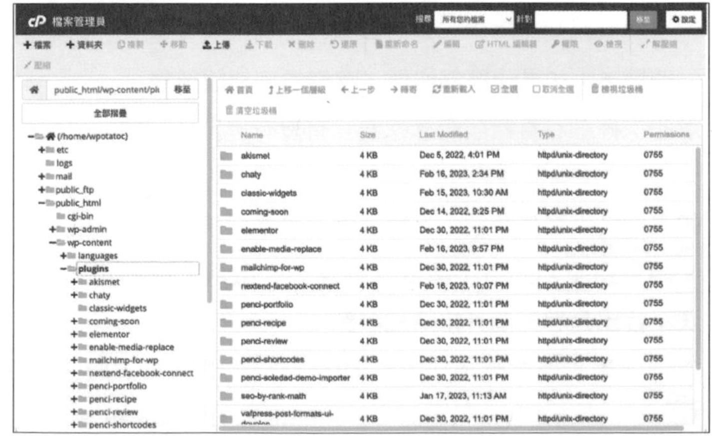

圖5-3：大部分的主機都會提供檔案管理員的功能。

如果不確定是哪個外掛造成網站壞掉，不妨把放置所有外掛的資料夾名稱「wp-content/plugins」暫時改成「wp-content/plugins-old」，接著到網站控制台重新整理外掛清單（「外掛 > 已安裝外掛」），會看到沒有外掛，然後馬上把資料夾名稱改回「wp-content/plugins」，再回到外掛清單頁面時，就會看到所有外掛已全部停用。這時再一個一個啟用外掛，並且重新整理網站，找出是哪一個外掛啟用後，導致網站壞掉，暫時改掉壞掉的外掛資料夾名稱就好。

以上方法，雖然可以暫時「急救」，至少讓網站前後台可以正常顯示，但這只是治標不治本，建議盡快與該外掛的客服聯繫，或尋求專家協助。

另外，有些問題可能造成的原因不明確，需要點猜測與測試，例如：

☞問題 1：網站本來好好的，你什麼都沒做，但是突然斷線

解答：可能是主機斷線、網域忘記續約，或者和 WordPress核心、佈景主題或外掛的自動升級有關。

☞問題 2：網站本來好好的，你什麼都沒做，但是速度變得超級慢

解答：可能是主機端的問題、或者你的網路連線有問題。

☞問題 3：網站本來好好的，你什麼都沒做，卻打不開網站，只看到網頁顯示 500-511的錯誤代碼

解答：可能是主機商端的問題。

☞問題 4：如果在修改佈景主題的外觀設定後，網頁開始出現問題

解答：可能是佈景主題的問題，也可能是某個外掛與之衝突。

☞問題 5：如果在安裝啟用外掛後，打開網頁時，看到錯誤訊息

解答：可能是該外掛本身有問題、或是和原本的佈景主題、其他外掛有衝突。建議觀察錯誤訊息中，是否有提及任何佈景主題或外掛的名稱。

☞問題 6：如果什麼都沒做，突然看到錯誤訊息

解答：仔細看看錯誤訊息裡面，有沒有提及任何的佈景主題或外掛的名稱。

NOTE

如果你仍然毫無頭緒，不妨試試看這些好用的偵錯方式：

☞請停用全部外掛，再依必要性一一啟用，每啟用一個，觀察問題是否被解決，找出是哪一個外掛造成問題。

☞把佈景主題暫時換成WordPress預設的佈景主題，像是Twenty Twenty-Three，藉此觀察是不是原本使用的佈景主題有問題。

如何安裝舊版的外掛？

STEP01：可以先安裝WP Rollback外掛，並且透過「安裝指定版本」的功能，來安裝舊的版本。

STEP02：如果上述的方法無法執行，則要到外掛介紹頁，點選右下角的「Advanced View」連結，即可下載舊版本的外掛檔案，並且從網站控制台，重新上傳安裝即可。

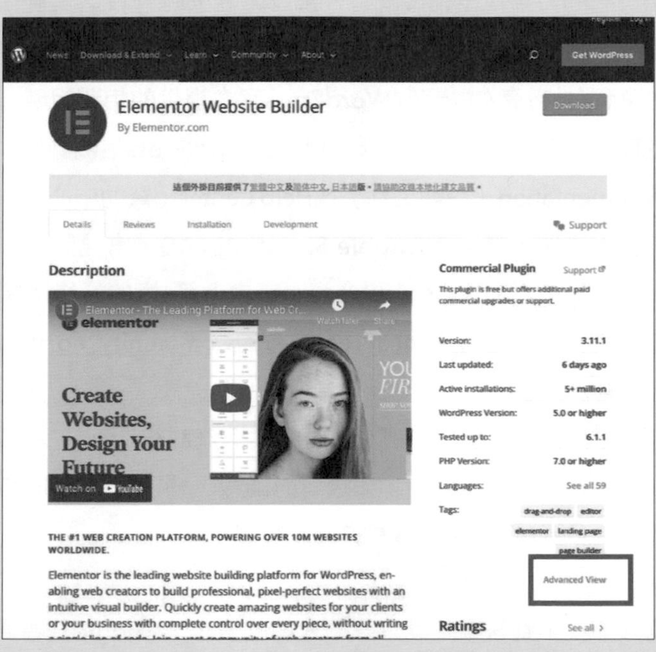

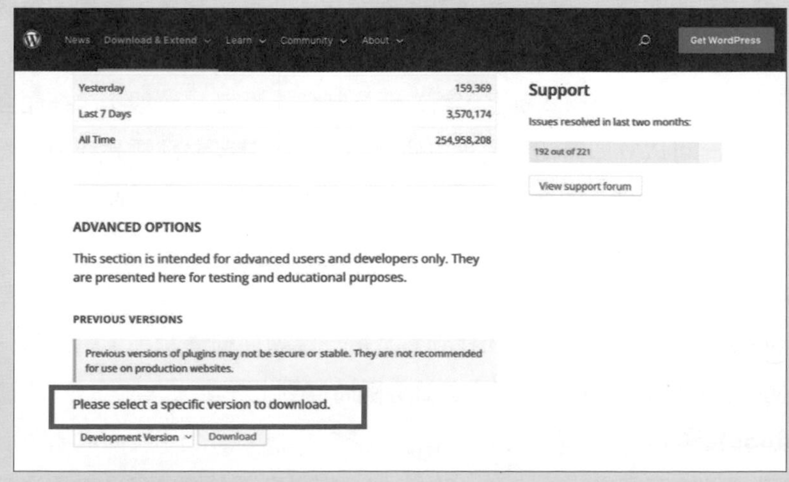

四、有耐心的學習自助

我認為，自己能找出答案，成長才會快！在向外求援之前，建議可以稍微做點功課，用自己的力量找出正確解答。那麼，要去哪裡找答案呢？以下提供方向給大家參考：

☞參考佈景主題商/外掛商/主機商/WordPress官方提供的相關說明

務必先從官方提供的說明文件找起！優質的WordPress相關廠商，通常都會提供線上的Documentation（說明文件）或Help Center（幫助中心），裡面會包含許多功能的使用說明，甚至是Trouble Shooting/FAQ（常見問題），在Help Center搜尋時，請用英文關鍵字喔！更多資源請參考第5章的最後專欄。

☞前往主題商/外掛商/主機商/WordPress官方的Community Forum或Support Forum（交流討論版）搜尋

官方除了提供說明資訊外，有時也會提供交流討論版，在那邊可以找找看，有沒有人跟你遇到一樣的問題，如果有討論板，通常會在Help Center裡面可能會有入口。更多資源請參考第5章的最後專欄。

☞Google搜尋

如果在官方都找不到答案，就只好擴大範圍搜尋，Google搜尋通常很有幫助，「使用對的關鍵字」是搜尋重點，建議用「英文」搜尋，找到的資源會多非常多，也會比較新。

若不知道該使用什麼關鍵字，請先至控制台「設定 > 一般」，把語言暫時切換成英文，可以立即得知目前正在使用的功能，其英文翻譯是什麼。然後再搭配Google翻譯功能，混合三到四個英文單字來搜尋，就容易限縮搜尋結果，提高找到答案的機會。

Google的搜尋結果，品質參差不齊，建議參考較有公信力的網站文章，逼不得已時才參考陌生人的留言。找到答案後，在做任何變動前，請記得一定要備份，或可以購買WP Reset外掛方便讓你隨時回到上一步。

☞YouTube搜尋

有些廠商會有官方的YouTube Channel，提供多部熱門問題的教學影片，雖然都是英文的，但是有畫面輔助，應該是可以理解。或是，也可以搜尋其他直播主提供的教學影片，如果是熱門的佈景主題與外掛，相關的資源會非常多。

☞**各大社群搜尋**

華人圈有幾個規模較大的WordPress Facebook社團，像是「WordPress Taiwan Community」、「不懂程式的新手站長一 網站帶路姬學園」等。可以在社團裡，充分利用「搜尋」的功能，看看是否有人曾經和你遇到一樣的問題，如果使用的主機、佈景主題與外掛是很熱門的，找到答案的機會就更高了。

此外，國外也有非常多社團可以參考，像是「Soledad Theme Community、Flatsome Theme Users」、「Cloudways Users」等，可以試著用英文搜尋。更多資源請參考第5章的最後專欄。

☞**詢問人工智慧機器人**

我曾嘗試詢問ChatGPT關於WordPress的問題，還有蠻高的機率獲得滿意的答覆。建議在發問時，盡可能把問題寫得詳細一點，將前因後果描述清楚，如果用中文詢問得不到滿意的答案，可以再換成英文嘗試看看。

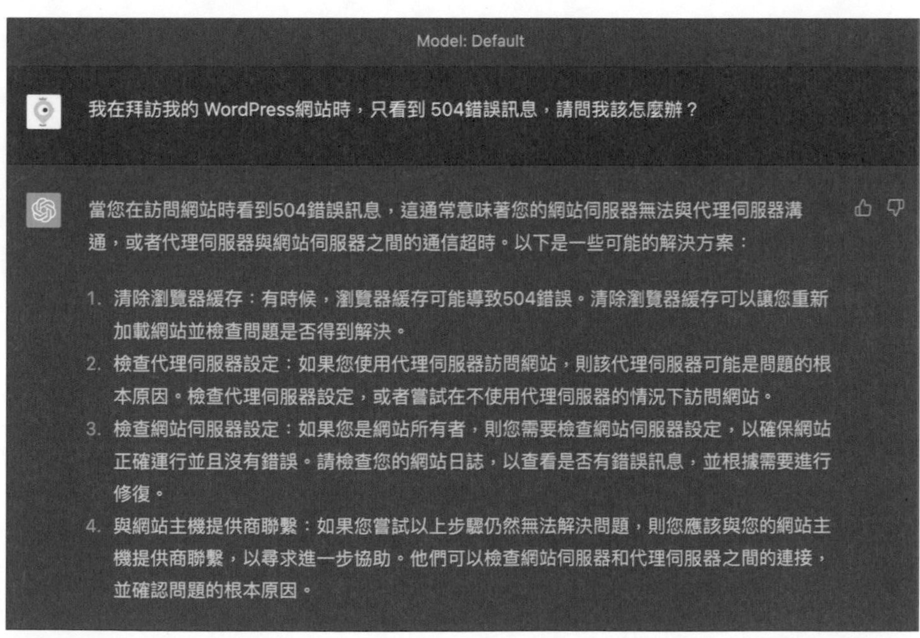

圖5-4：詢問人工智慧時，建議把問題寫得越詳細越好。

五、有禮貌的向外求助

假設上述方法都無法解決問題，就必須得向外求援了，到底要找誰幫忙呢？透過哪個管道？需要費用嗎？而且要從何開始問起？

◍ 直接先找最能解決問題的人：廠商客服

在對的地方發問很重要，可以節省很多時間。畢竟，大部分的新手使用者，都是用現成的主機、佈景主題與外掛來製作網站，而主機商最了解自家的主機、佈景主題商最了解自家的佈景主題、外掛商最清楚自家的外掛。

因此，當你確定發生的問題是與哪間廠商相關，那麼，最好的發問地點，就是該廠商的支援中心（Support Center）；若問題是與兩個外掛相關，可能是外掛間的衝突，那就建議同時聯繫兩邊的廠商。

以下提供尋找廠商支援的方法：

☞到Google搜尋「廠商名稱+空格+Support」或「廠商名稱+空格+Contact」，應該就能搜尋出來。

☞若是在Envato Market購買的產品，於產品介紹頁，點選「Support（支援）」的頁籤，然後再點「Go to item support（前往產品支援）」，就會連結至該廠商的支援網頁，即可填寫支援單與他們聯繫。

☞如果是獨立的廠商，通常在購買產品時，會在該廠商的網站建立帳號，請試著登入你的帳號，應該可在會員頁面找到客服入口。

☞有些佈景主題與外掛，會在WordPress控制台，直接列出Support（支援客服）的選項。

順帶一提的是，不論這些廠商是哪一個國家，他們的客戶是來自全世界，不用擔心英文不夠好的問題，請儘管善用翻譯工具，都是可以溝通的。

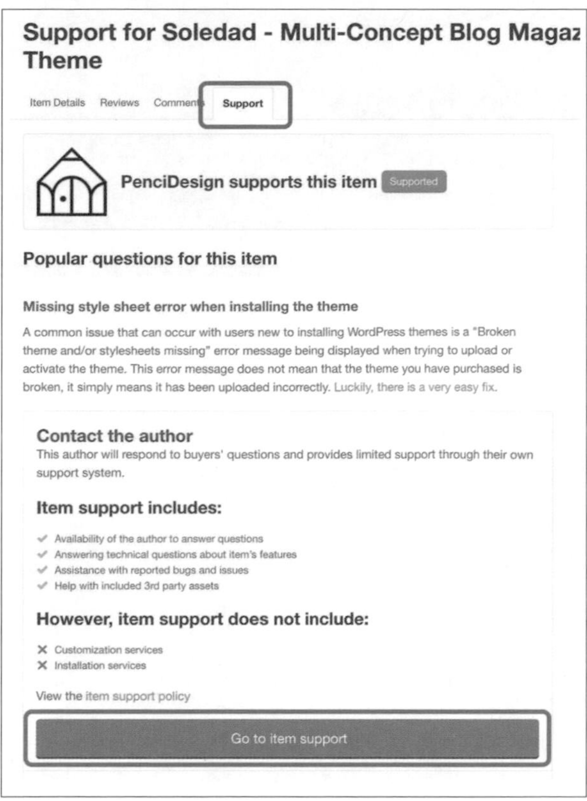

圖5-5：Envato Market商城的產品，都可以透過這個方式來找到客服支援入口。

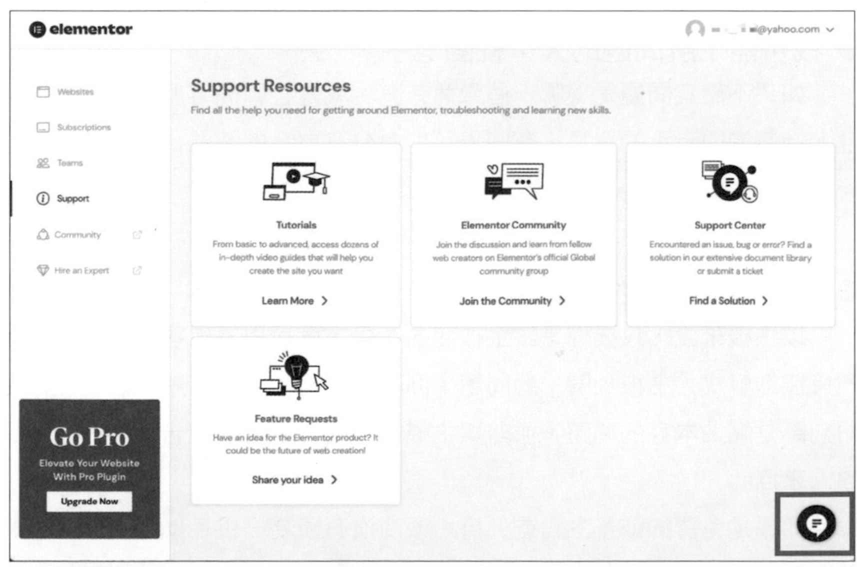

圖5-6：登入Elementor Pro帳號，點選「Support」，即可獲得支援資訊，並且可從右下角圖示與客服聯繫。

與廠商客服對應的小技巧

與廠商聯繫時，可以考慮安裝Temporary Login without password外掛，只要填入一組Email電子信箱，就可以建立一個短期登入使用者連結，只要把這個登入連結給對方，客服人員就可以不用帳號密碼即可進入你的網站後台，還可以設定這個連結的有效期限，就不用擔心帳密外流了。

圖5-7：可利用外掛建立短期使用者登入連結，防止帳密外流。

◍ 找可能了解問題的人：社團老手

如果不確定問題是與哪一個廠商有關，或是在廠商客服無法解決，可以進各大社團詢問老手的意見，有些人可能會分享自身的經驗，甚至會建議解決的管道。

◍ 尋求協助需要付費嗎？

以主機來說，只要你是該主機商的客戶，就可以獲得客服支援。但是，他們只協助解決「主機相關」的問題，而不是所有的網站問題。若檢測過後，他們判斷是網站本身的問題，並非與主機端有關，就會明確告訴你，請找更適合的人來協助。

如果是免費的佈景主題或外掛，廠商沒有義務提供協助，只能試著聯繫，然後靜待佳音。有些廠商會要求額外支付費用，才能獲得客服的協助。

若是付費購買的佈景主題或外掛，就得先確認當初購買的方案，是否有客服支援期，在這段時間內請求支援，無需另外支付費用。

以Envato Market來說，大部分的產品都只有半年的客服；半年過後，需要另外加購「Extended Support（延長支援）」，才能繼續登入客服系統。

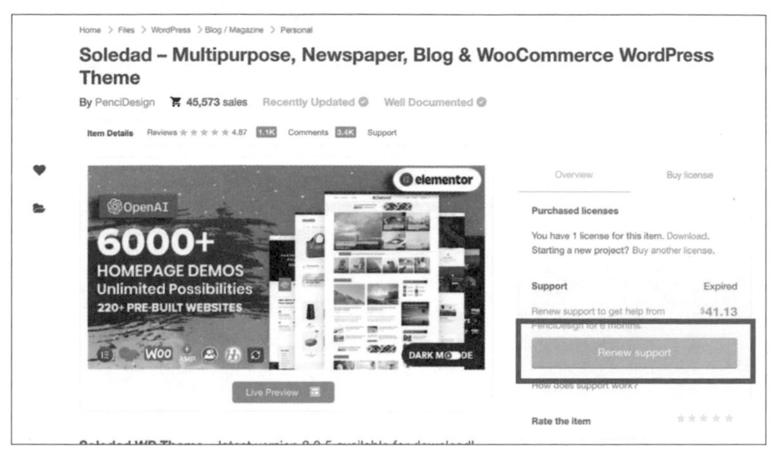

圖5-8：點選「Extend now and save」或者「Renew Support」來延長客服支援期。

以其他第三方的佈景主題與外掛廠商來說，登入帳號後，在帳號管理的地方，通常可以看到自己所購買的方案名稱、授權種類（一年或終生）及到期日，只要授權還沒過期，就可以免費與客服聯繫。

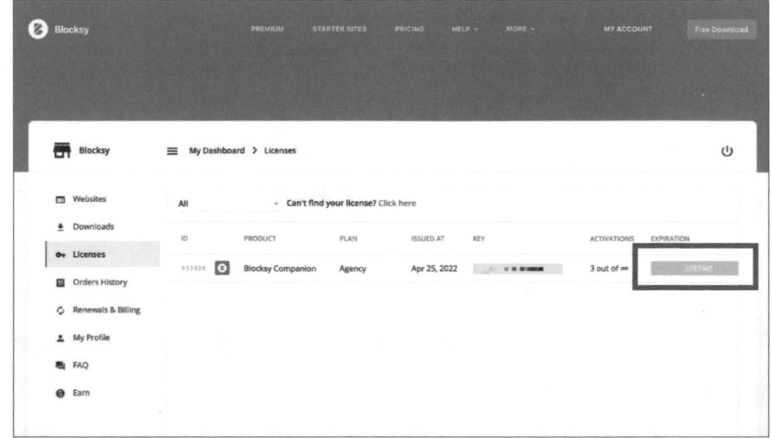

圖5-9：此為Blocksy佈景主題，購買終生方案後，會在會員控制台，看到「LIFETIME」字樣，即可獲得終生客服。

如果支援期已過，又不想花錢延長廠商的支援，也只能到各大社團詢問老手們，但，得到的答案比較瑣碎，也不一定正確，畢竟有些問題，還是得登入網站後台，了解來龍去脈，才能給予正確的建議。

◍ 如何發問？做個有禮貌又聰明的發問者！

我相信，多數發問者都是有禮貌的，但這裡要再提一個聰明的技巧：「如何正確發問」，節省老手們猜來猜去的時間，提高他們出手相助的意願，比較準確的命中目標。

建議在發問時，盡可能提供完整的資訊，並且清楚的描述問題，以下是參考範本：

【發問範本】

我的網址：

我使用的主機：

我使用的佈景主題：

我使用中的外掛（如果太多，可以到 外掛 >已安裝的外掛，截圖附上）：

我想達到 ________ 目標，我目前嘗試了 ________ 、 ________ 方式，目前看到 ________ ，結果或發現 ________ 問題，請大家幫忙提供一些方向。

盡可能多擷取一些畫面，而且是「完整的畫面」，不要只是某個範圍，以防錯失一些重要的線索。截圖可以是網站的控制台、某個設定介面、網站目前的樣子等，截圖提供越多，大家的線索越多。

此外，請提供網址，如果網站尚未對外公開，請暫時公開一兩天，會更容易獲得解答。有些人會擔心：「為什麼要提供網址？」如果你希望樣式上能修改成特定樣子，有些地方是無法靠主題的設定去修改的，這時，有網址才能讓懂HTML與CSS語法的人透過瀏覽器的工具檢視原始碼，以提供具體的建議。又或是，可以做出同一個效果的方式有很多種，如果沒有網址，大家很難猜出你嘗試的是哪一種方式，也不好提供建議了。

佈景主題、外掛、頁面編輯器的種類實在太多，若說明不清、解釋的圖片不多、也不願意提供網址，大家很難隔空把脈，猜對的機率很小，想要幫忙也無從協助。為了提高獲得答案的機率，請盡量做個聰明又有禮貌的發問者，老手們會更樂意協助喔！

六、用網站的備份還原到出問題之前

如果無法解決問題、又找不到免費的專家協助，還有一個拯救網站的簡單方式，就是「還原你的網站」！

既然是還原，前提是要擁有「有效的備份」。舉例來說，有些人的網站被植入了奇怪的程式碼，造成進入網站，就被強制跳轉到奇怪的廣告頁面。這種惱人的問題並不好根治，最好付費請求專家的協助。若你想省錢，我建議找出該網站最後一次正常的時間點，找出當時的備份進行還原，就能解決燃眉之急。更多網站備份與還原的教學，請參考5-2。

七、付費請專家解決問題

倘若上述方法都無法解決問題，付費尋求專家協助當然是最安全的方式。WordPress Taiwan Community台灣社群的Facebook社團與網站帶路姬學園的Facebook社團裡面高手如雲，大家可以從中尋找時常成功協助新手解決問題的人，私訊他們並詢問報價；或直接把問題寫清楚，請願意協助的高手們私訊給你。

WordPress網站的基礎架站費用可以省，但更多進階的技術是一門專業，不妨投資一點錢讓專家協助，可以讓自己有充分的時間專注在事業上。

5-2 備份與還原網站

網站的備份與還原絕對是架站新手的必修課，執行的方式很多種，最重要的是了解其背後的原理，才能確保不論用什麼方式，都有能力判斷備份是否成功，畢竟，要先有完整的備份，才有機會將其還原。在這個章節，就將帶著你認識備份的原理、學習使用外掛與主機端的工具來執行備份與還原。

5-2-1 WordPress備份原理

WordPress網站，是由「很多的檔案」與「資料庫」一起組合而成，備份時，要將兩者都備份到，才算是「完整的備份」。

☞備份網站的實體檔案

我們在主機上利用快速安裝程式來安裝WordPress網站時，它會把WordPress系統包含的檔案都存放在主機上，專屬於我們的帳號資料夾裡，像是WordPress的系統核心檔案（組成各種功能）、已上傳的媒體檔案、已安裝的佈景主題檔案，及已安裝的外掛檔案等。

透過使用FileZilla（FTP）軟體，或主機上的檔案管理員工具，就可以打開主機空間上，這個專屬於我們的帳號資料夾，把所有WordPress網站的實體檔案全部下載與備份，只不過，需要花費很長的時間，將在5-2-2教導大家如何用外掛備份，會更有效率。

圖5-10是使用主機上cPanel提供的檔案管理員功能，可以看到public_html資料夾，裡面包含了wp-admin、wp-content、wp-includes三個資料夾，以及wp-config.php等檔案，這些是標準的WordPress網站一定會有的部分檔案。public_html是一個WordPress網站的根目錄（主要目錄）。

如果你看到的public_html之下，包含了數個資料夾，可是不是上述說的那些，表示你的主機可能安裝了不只一個WordPress網站，這幾個資料夾分別為不同網站的根目錄（主要目錄），分別點選進去後，應該也會看到各自的wp-admin、wp-content、wp-includes資料夾，以及wp-config.php等檔案。

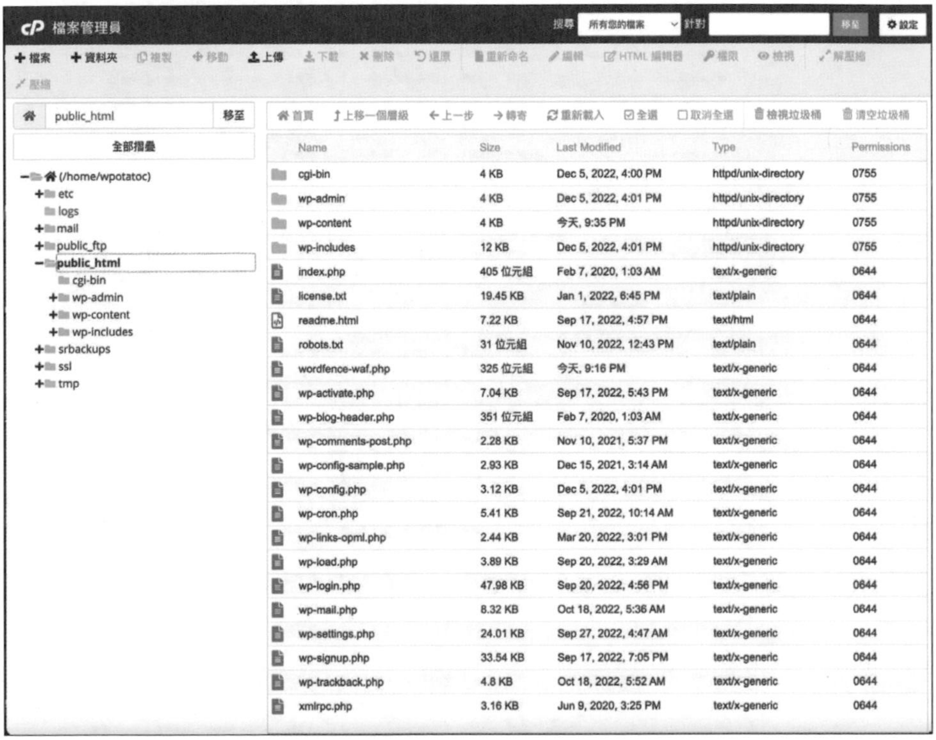

檔案管理員
public_html
全部摺疊
(/home/wpotatoc)
etc
logs
mail
public_ftp
public_html
cgi-bin
wp-admin
wp-content
wp-includes
srbackups
ssl
tmp
Name | Size | Last Modified | Type | Permissions
cgi-bin | 4 KB | Dec 5, 2022, 4:00 PM | httpd/unix-directory | 0755
wp-admin | 4 KB | Dec 5, 2022, 4:01 PM | httpd/unix-directory | 0755
wp-content | 4 KB | 今天, 9:35 PM | httpd/unix-directory | 0755
wp-includes | 12 KB | Dec 5, 2022, 4:01 PM | httpd/unix-directory | 0755
index.php | 405 位元組 | Feb 7, 2020, 1:03 AM | text/x-generic | 0644
license.txt | 19.45 KB | Jan 1, 2022, 6:45 PM | text/plain | 0644
readme.html | 7.22 KB | Sep 17, 2022, 4:57 PM | text/html | 0644
robots.txt | 31 位元組 | Nov 10, 2022, 12:43 PM | text/plain | 0644
wordfence-waf.php | 325 位元組 | 今天, 9:16 PM | text/x-generic | 0644
wp-activate.php | 7.04 KB | Sep 17, 2022, 5:43 PM | text/x-generic | 0644
wp-blog-header.php | 351 位元組 | Feb 7, 2020, 1:03 AM | text/x-generic | 0644
wp-comments-post.php | 2.28 KB | Nov 10, 2021, 5:37 PM | text/x-generic | 0644
wp-config-sample.php | 2.93 KB | Dec 15, 2021, 3:14 AM | text/x-generic | 0644
wp-config.php | 3.12 KB | Dec 5, 2022, 4:01 PM | text/x-generic | 0644
wp-cron.php | 5.41 KB | Sep 21, 2022, 10:14 AM | text/x-generic | 0644
wp-links-opml.php | 2.44 KB | Mar 20, 2022, 3:01 PM | text/x-generic | 0644
wp-load.php | 3.89 KB | Sep 20, 2022, 3:29 AM | text/x-generic | 0644
wp-login.php | 47.98 KB | Sep 20, 2022, 4:56 PM | text/x-generic | 0644
wp-mail.php | 8.32 KB | Oct 18, 2022, 5:36 AM | text/x-generic | 0644
wp-settings.php | 24.01 KB | Sep 27, 2022, 4:47 AM | text/x-generic | 0644
wp-signup.php | 33.54 KB | Sep 17, 2022, 7:05 PM | text/x-generic | 0644
wp-trackback.php | 4.8 KB | Oct 18, 2022, 5:52 AM | text/x-generic | 0644
xmlrpc.php | 3.16 KB | Jun 9, 2020, 3:25 PM | text/x-generic | 0644

圖5-10：WordPress網站的標準檔案架構。

☞網站的資料庫

WordPress網站的內容則是分開儲存在一個資料庫裡，也就是一個類似於Excel一樣的表格，裡面會存放文章編號、文章標題、文章內容文字、文章作者、文章日期、使用者名稱、使用者密碼等網站內容資料。

在備份網站時，網站的資料庫一定要進行備份，工程師通常會透過phpMyAdmin這個工具，把這個資料庫下載到自己的電腦上。

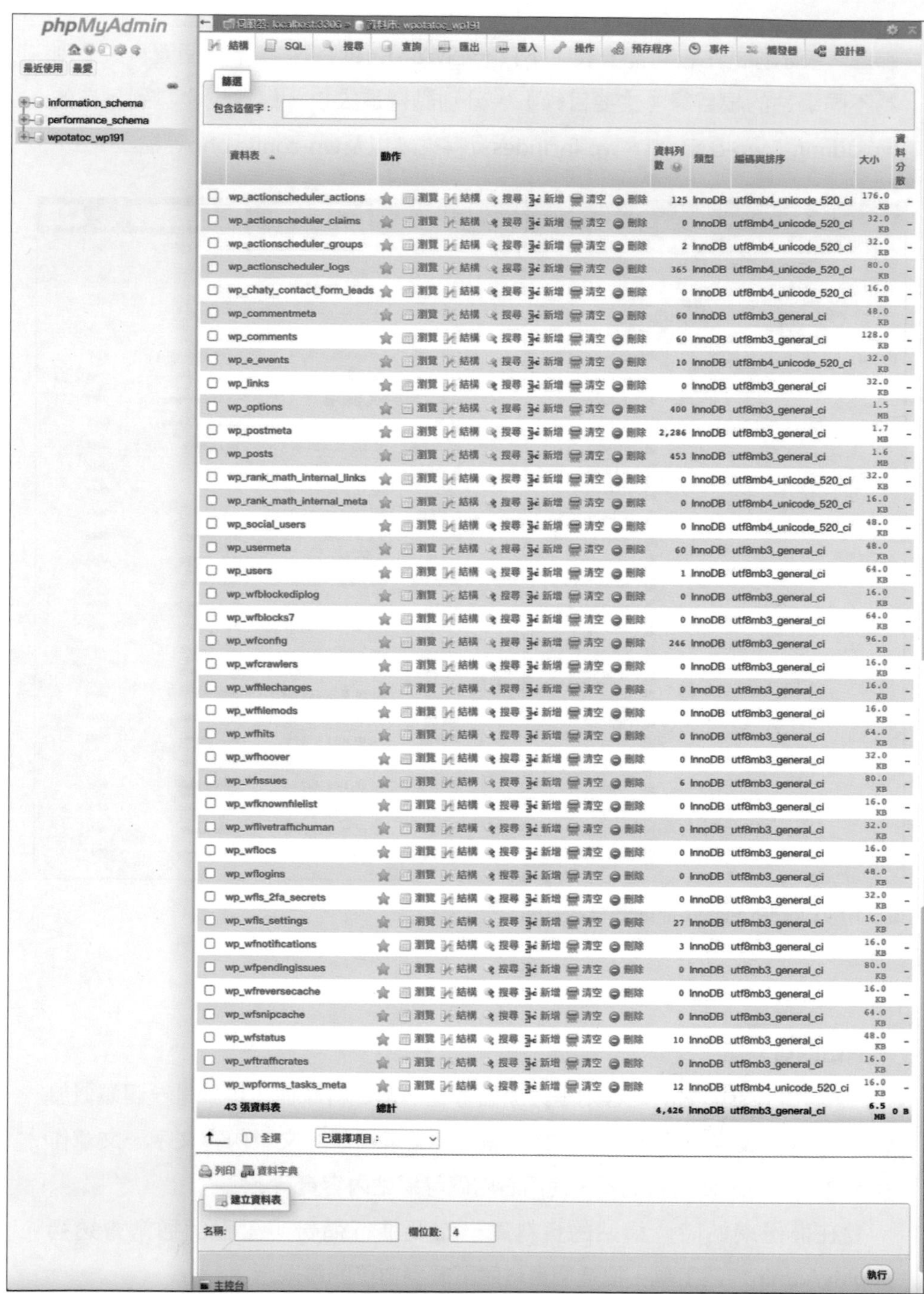

資料表	動作	資料列數	類型	編碼與排序	大小	資料分散
wp_actionscheduler_actions	瀏覽 結構 搜尋 新增 清空 刪除	125	InnoDB	utf8mb4_unicode_520_ci	176.0 KB	-
wp_actionscheduler_claims	瀏覽 結構 搜尋 新增 清空 刪除	0	InnoDB	utf8mb4_unicode_520_ci	32.0 KB	-
wp_actionscheduler_groups	瀏覽 結構 搜尋 新增 清空 刪除	2	InnoDB	utf8mb4_unicode_520_ci	32.0 KB	-
wp_actionscheduler_logs	瀏覽 結構 搜尋 新增 清空 刪除	365	InnoDB	utf8mb4_unicode_520_ci	80.0 KB	-
wp_chaty_contact_form_leads	瀏覽 結構 搜尋 新增 清空 刪除	0	InnoDB	utf8mb4_unicode_520_ci	16.0 KB	-
wp_commentmeta	瀏覽 結構 搜尋 新增 清空 刪除	60	InnoDB	utf8mb3_general_ci	48.0 KB	-
wp_comments	瀏覽 結構 搜尋 新增 清空 刪除	60	InnoDB	utf8mb3_general_ci	128.0 KB	-
wp_e_events	瀏覽 結構 搜尋 新增 清空 刪除	10	InnoDB	utf8mb4_unicode_520_ci	32.0 KB	-
wp_links	瀏覽 結構 搜尋 新增 清空 刪除	0	InnoDB	utf8mb3_general_ci	32.0 KB	-
wp_options	瀏覽 結構 搜尋 新增 清空 刪除	400	InnoDB	utf8mb3_general_ci	1.5 MB	-
wp_postmeta	瀏覽 結構 搜尋 新增 清空 刪除	2,286	InnoDB	utf8mb3_general_ci	1.7 MB	-
wp_posts	瀏覽 結構 搜尋 新增 清空 刪除	453	InnoDB	utf8mb3_general_ci	1.6 MB	-
wp_rank_math_internal_links	瀏覽 結構 搜尋 新增 清空 刪除	0	InnoDB	utf8mb4_unicode_520_ci	32.0 KB	-
wp_rank_math_internal_meta	瀏覽 結構 搜尋 新增 清空 刪除	0	InnoDB	utf8mb4_unicode_520_ci	16.0 KB	-
wp_social_users	瀏覽 結構 搜尋 新增 清空 刪除	0	InnoDB	utf8mb4_unicode_520_ci	48.0 KB	-
wp_usermeta	瀏覽 結構 搜尋 新增 清空 刪除	60	InnoDB	utf8mb3_general_ci	48.0 KB	-
wp_users	瀏覽 結構 搜尋 新增 清空 刪除	1	InnoDB	utf8mb3_general_ci	64.0 KB	-
wp_wfblockediplog	瀏覽 結構 搜尋 新增 清空 刪除	0	InnoDB	utf8mb3_general_ci	16.0 KB	-
wp_wfblocks7	瀏覽 結構 搜尋 新增 清空 刪除	0	InnoDB	utf8mb3_general_ci	64.0 KB	-
wp_wfconfig	瀏覽 結構 搜尋 新增 清空 刪除	246	InnoDB	utf8mb3_general_ci	96.0 KB	-
wp_wfcrawlers	瀏覽 結構 搜尋 新增 清空 刪除	0	InnoDB	utf8mb3_general_ci	16.0 KB	-
wp_wffilechanges	瀏覽 結構 搜尋 新增 清空 刪除	0	InnoDB	utf8mb3_general_ci	16.0 KB	-
wp_wffilemods	瀏覽 結構 搜尋 新增 清空 刪除	0	InnoDB	utf8mb3_general_ci	16.0 KB	-
wp_wfhits	瀏覽 結構 搜尋 新增 清空 刪除	0	InnoDB	utf8mb3_general_ci	64.0 KB	-
wp_wfhoover	瀏覽 結構 搜尋 新增 清空 刪除	0	InnoDB	utf8mb3_general_ci	32.0 KB	-
wp_wfissues	瀏覽 結構 搜尋 新增 清空 刪除	6	InnoDB	utf8mb3_general_ci	80.0 KB	-
wp_wfknownfilelist	瀏覽 結構 搜尋 新增 清空 刪除	0	InnoDB	utf8mb3_general_ci	16.0 KB	-
wp_wflivetraffichuman	瀏覽 結構 搜尋 新增 清空 刪除	0	InnoDB	utf8mb3_general_ci	32.0 KB	-
wp_wflocs	瀏覽 結構 搜尋 新增 清空 刪除	0	InnoDB	utf8mb3_general_ci	16.0 KB	-
wp_wflogins	瀏覽 結構 搜尋 新增 清空 刪除	0	InnoDB	utf8mb3_general_ci	48.0 KB	-
wp_wfls_2fa_secrets	瀏覽 結構 搜尋 新增 清空 刪除	0	InnoDB	utf8mb3_general_ci	32.0 KB	-
wp_wfls_settings	瀏覽 結構 搜尋 新增 清空 刪除	27	InnoDB	utf8mb3_general_ci	16.0 KB	-
wp_wfnotifications	瀏覽 結構 搜尋 新增 清空 刪除	3	InnoDB	utf8mb3_general_ci	16.0 KB	-
wp_wfpendingissues	瀏覽 結構 搜尋 新增 清空 刪除	0	InnoDB	utf8mb3_general_ci	80.0 KB	-
wp_wfreversecache	瀏覽 結構 搜尋 新增 清空 刪除	0	InnoDB	utf8mb3_general_ci	16.0 KB	-
wp_wfsnipcache	瀏覽 結構 搜尋 新增 清空 刪除	0	InnoDB	utf8mb3_general_ci	64.0 KB	-
wp_wfstatus	瀏覽 結構 搜尋 新增 清空 刪除	10	InnoDB	utf8mb3_general_ci	48.0 KB	-
wp_wftrafficrates	瀏覽 結構 搜尋 新增 清空 刪除	0	InnoDB	utf8mb3_general_ci	16.0 KB	-
wp_wpforms_tasks_meta	瀏覽 結構 搜尋 新增 清空 刪除	12	InnoDB	utf8mb4_unicode_520_ci	16.0 KB	-
43 張資料表	總計	4,426	InnoDB	utf8mb3_general_ci	6.5 MB	0 B

圖5-11：工程師常利用phpMyAdmin來管理WordPress的資料庫。

5-2-2 使用外掛來快速備份與還原

若要執行上述傳統備份方式，對新手來說比較困難，也要花費很長的時間，並不是最有效率的備份方式。接著，要教你使用外掛來快速備份，請熟記上述提及的備份概念，在操作時可以確認是否備份完全。

備份網站的外掛選擇很多，像是Updraftplus、WPvivid、All-in-One WP Migration等熱門外掛。他們的操作方式都相仿，以下是用WPvivid外掛來做簡單的示範。

STEP01：到控制台的「外掛 > 安裝外掛」，搜尋「Wpvivid」，點選「立即安裝」，並且「啟用」。

STEP02：備份時，請在「備份及還原」頁籤，選擇「資料庫及WordPress檔案」，再點選「立即備份」即可。在預設下，備份完成後，會儲存一份在主機上、並且顯示備份結果在最下方「備份」的頁籤裡。如果不想佔用主機空間，也可以先到「遠端儲存空間」的頁籤，串接雲端空間的帳號，即可在備份時，將備份儲存位置改成「傳送備份檔案至遠端儲存空間」即可，亦或者，在產生的備份旁，點選「下載」將其下載到自己的電腦上，再刪除即可。

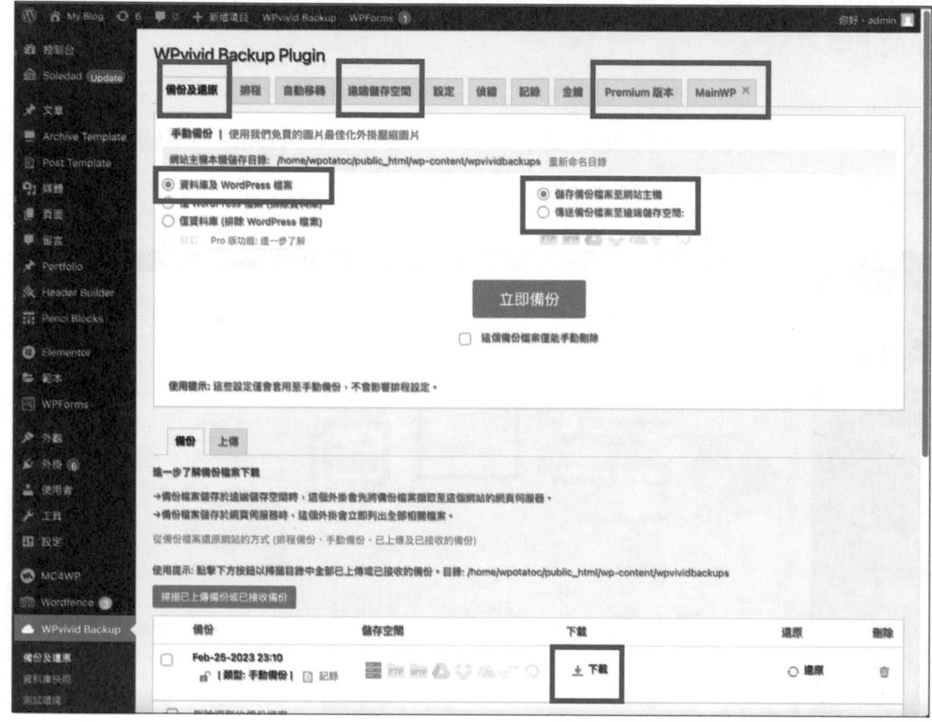

STEP03：可以依照需求，到「排程」頁籤，設定定期自動備份。需要還原時，從最下方的備份處，找到你想要還原的時間點，點選右邊的「還原」即可；或也可以在「上傳」頁籤上傳之前的備份檔，再執行還原。

5-2-3 主機端的備份與還原

有些主機方案包含了主機端的自動備份功能，同時也提供易操作的介面，可以直接選擇備份的時間點，一鍵執行還原。在此以Cloudways主機為例，圖5-12就可看出每個主機都能設定備份的時間、備份頻率、及保留的備份數量。

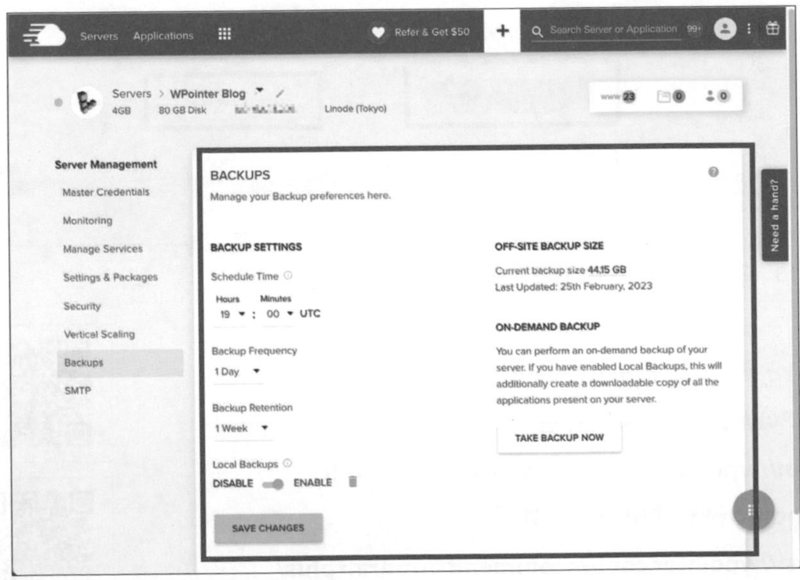

圖5-12：Cloudways的主機備份功能。

主機上的每個網站都會繼承上述的主機備份設定，並且各自產生獨立的備份，以便隨時還原：

STEP01：到「Application Management（應用程式與網站管理）>Backup And Restore（備份與還原）」。

STEP02：從「RESTORE（還原）」處，從下拉選單挑選想要還原的時間點的備份，並且點選「RESTORE APPLICATION NOW」，即可開始執行還原。

STEP03：在系統自動備份的時間點以外，想要對網站做重大修改，也可以先到「BACKUP（備份）」處，點選「TAKE BACKUP NOW」，即可立即產生備份，備份結果會一併加入到上述的「RESTORE（還原）」下拉選單裡。

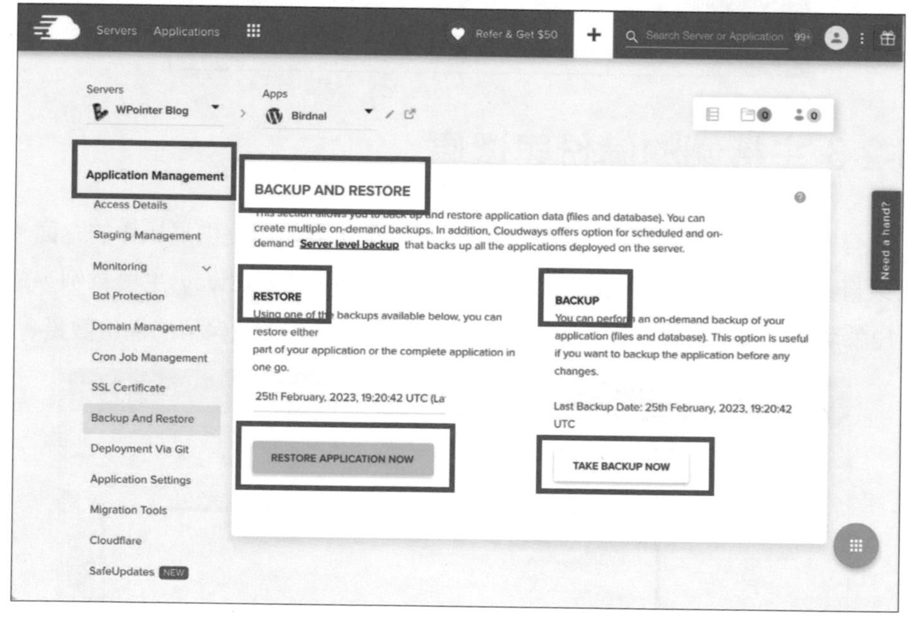

圖5-13：Cloudways主機上的每個網站都可獨立備份與還原。

TIPS 推薦商品

- **WPvivid備份與搬家外掛：**

https://wpointer.com/recommends/wpvivid/

- **Updraftplus備份與搬家外掛：**

https://wpointer.com/recommends/updraftplus/

5-3 何謂快取，為什麼要清除快取？

這算是常見的新手問題，也是網站管理員的必學技巧之一。快取是一種電腦的技術，可以減少網頁從遠端主機傳遞到瀏覽者面前的時間，讓訪客感覺網頁開啟的速度變快了！

那為什麼要清除快取呢？這就得先簡單了解一下它的原理：

以圖5-14來說明，左邊是訪客小明，正在使用手機或電腦瀏覽遠端主機上的WordPress網站，每當他在瀏覽器裡點選一個網頁連結，也就是在跟遠端的主機要求一個網頁。當主機收到指令後，便會花好幾秒的時間來運算、拼湊頁首、頁尾與內容等，組合出網頁內容，再回傳到手機或電腦給小明。

若同時，又有另一個人也點了同一個網頁連結，遠端的主機只好又花了好幾秒的時間重複運算一次，再回傳給他。假設有一百個人點選同一個網頁連結，遠端的主機就得重複相同的運算一百次。

主機的運算資源十分珍貴，如果可以避免重複運算同一頁一百次，就可以把省下來的資源拿去運算其他的頁面，因此，快取就為了達到這個目的而出現了。有了快取之後，當小明第一次跟主機要求網頁時，主機會在運算完成後，將網頁暫存成一個快取版本，傳送給小明。當下次任何人要求同一個網頁時，主機就不用重複運算，只要直接把快取版本回傳給他們就可以了，如此一來，不僅節省了主機的資源、減少了主機運算的時間、也讓訪客感覺網頁載入速度變快了！

以上是用比較淺顯易懂的方式來說明快取的概念，實際上，不只主機會產生快取，優化速度的外掛、以及瀏覽器都會產生快取。

5-3-1何時該清除快取

快取聽起來很棒，能帶給訪客更順暢的瀏覽體驗，但是，快取同時也會帶給網站管理員一些設計作業上的影響。

很多時候，網站管理員更新了網頁內容、更改了網頁設計等，但到了網站前台，重新整理後，卻看不見修改後的畫面，那是因為看到的是「舊的快取版本」（如圖5-14的上圖）。

這時，就必須執行「清除快取」的動作，才能把快取版本刪掉，請主機端重新運算一次，提供最新的版本給我們（如圖5-14的下圖）。

圖5-14：圖解快取的理論。

5-3-2如何清除快取？

不同的地方所產生的快取，清除的方式也就不同：

◍ 清除主機上的快取

每一個主機商的介面不同，清除方式也有別，建議搜尋主機商的線上支援中心，會提供快取的相關説明，如果是國外的主機，可以搜尋「How to clear cache」或「How to purge cache」即可。

以Bluehost主機為例，主機商會在網站控制台安裝一個「Bluehost」的外掛，藉此把網站控制台與主機做好串接，網站管理員就可以直接從網站控制台管理主機，而清除快取的連結就在最上方，點選「Caching > Purge All」即可。

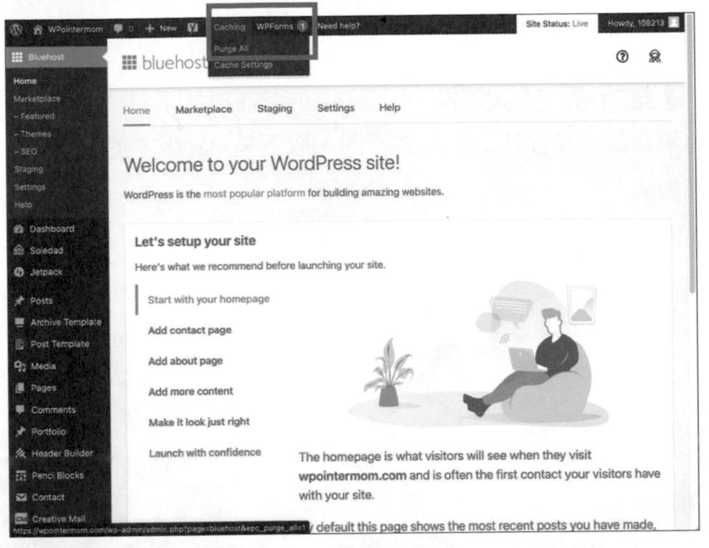

圖5-15：Bluehost主機上的網站，可從控制台上方的Caching處清除快取。

◍ 清除優化速度的外掛所產生的快取

優化速度的外掛非常多，像是WP Super Cache、WP Rocket、Breeze、A2 Optimized WP等，每個外掛的介面不同，清除快取的位置也不同，基本上是大同小異，位在網站控制台的最上方，可以找到「Purge Cache」、「Delete Cache」或者「清除快取」的連結。

以Breeze外掛來說，只要到網站控制台的最上方，點選「Breeze > 清除全部快取」即可。

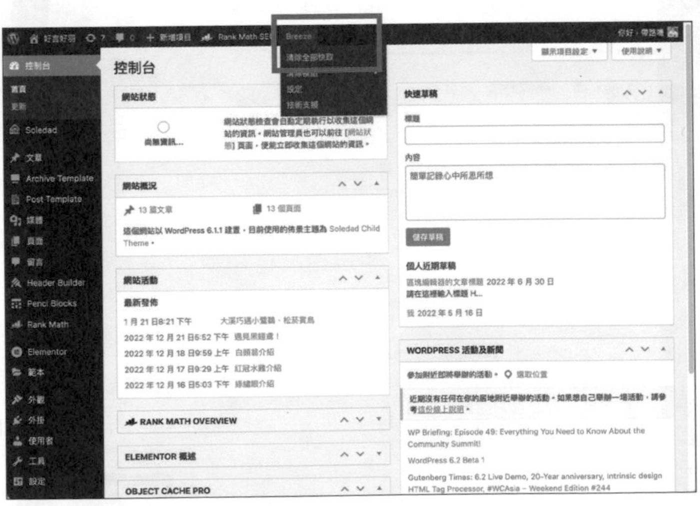

圖5-16：Breeze外掛也是在控制台上方提供清除快取按鍵。

◍清除瀏覽器所產生的快取

不同的瀏覽器，清除快取的方式不同，以下是Mac版本的Google Chrome瀏覽器為例來說明：

STEP01：點選Chrome之下的「清除瀏覽資料」。

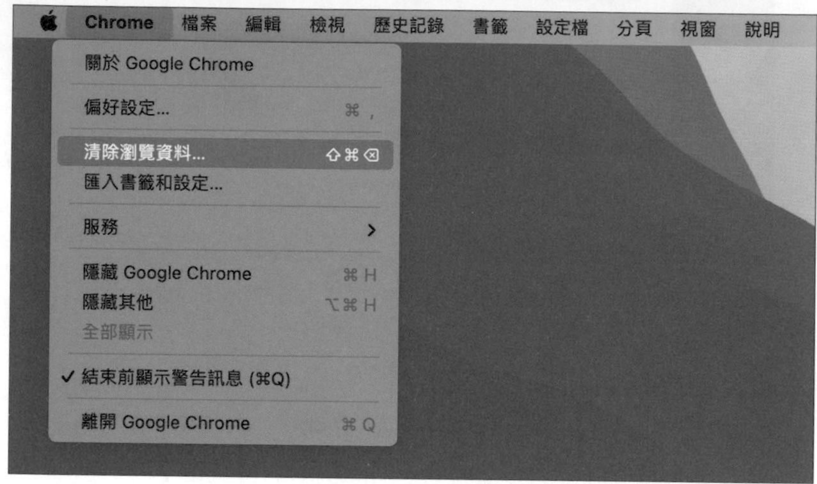

STEP02：在跳出的視窗中，勾選「快取圖片和檔案」，並且點選「清除資料」即可。

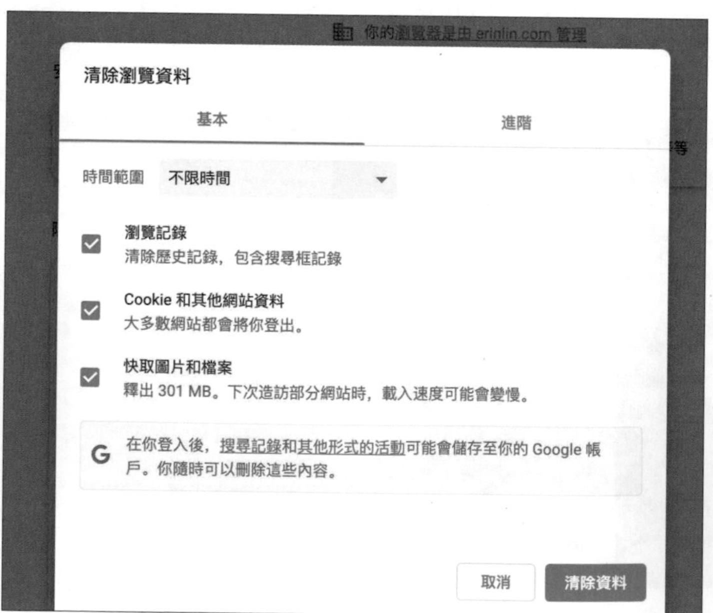

5-4 提升網站的搜尋引擎排名

搜尋引擎最佳化的英文是Search Engine Optimization，縮寫為SEO，是指通過各種技術和策略來提高網站在搜尋引擎中的可見度、排名及流量，進而吸引更多訪客來拜訪網站。

5-4-1 搜尋引擎的目標

Google、Bing等提供搜尋服務的公司，其目標在於幫助訪客用最快的速度找到正確的資訊。以Google為例，如果你最近想買「蘋果手機」，想先到蘋果手機的官網了解手機的新功能，當你打出關鍵字「蘋果」時，第一個出現的結果是什麼呢？是賣蘋果的網路商店嗎？是水果的介紹嗎？還是如何種植蘋果？

和蘋果最相關的、最多人搜尋的、最值得推薦的網站會是哪一個呢？如果你是Google，會放什麼網站到搜尋結果的第一名呢？

答案就是「Apple（台灣）」，它會出現在第一頁，而且是廣告之下的第一筆資料（如果你不住在台灣，應該也是會出現你所在地點的官網）。

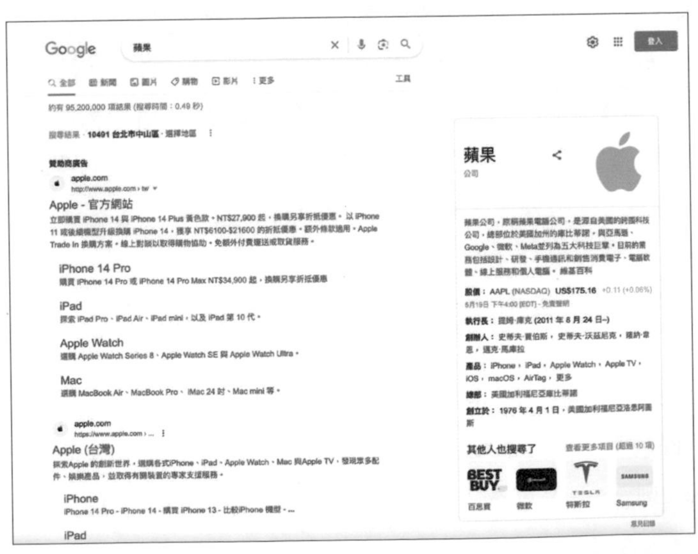

圖5-17：在Google搜尋「蘋果」所得的結果。

為什麼呢？簡單來說，因為「Apple（台灣）」是Google找到和「蘋果」相關網頁中，最具有公信力、最具官方商業價值、最多人討論、最多人拜訪、停留最久的網站等，在綜合分析下，Google最後決定把「Apple（台灣）」擺在第一位，希望這個結果能滿足大部分搜尋者的需求，這樣一來，搜尋者才會繼續透過Google來搜尋資料。

5-4-2 Google的標準為何？權重如何？

雖然Google在官方說明文件中，有提供基礎的SEO教學給新手，但實際上，為了防止有心人士惡意欺騙Google機器人，用不當手段排到搜尋結果最前，因此，他們的標準與權重細節，絕對是商業機密，不會對外公佈的。

Google搜尋引擎就像個沒有考試範圍的作文比賽，學生只能看老師的基礎教學、了解老師的喜好、參考模範生寫的經驗分享，努力多寫好幾篇作文。可是，老師要改的作文很多，你今天寫了作文，不會馬上被改到，也不可能馬上排到第一個。可能要等好幾天，才會被老師看到，批改後給你分數與排名，當你發現自己成績不好，可以回頭修改原先的作文，或寫新的作文，但一樣又要等好幾天，才能被老師改到。直到有一天老師發現你的作文分數都蠻高的，也蠻受大家歡迎的，他才把你列為模範生，把你的每篇作文及整本作文簿（網站）都往前排一點，並且開始頻繁的關心你，期待你的新作文。

所以，SEO是一個沒有評分標準、沒有標準答案、必須花時間學習、測試與摸索的一場比賽，除了老師自己，沒有人能100%的告訴你標準是什麼，網路上的SEO教學、市售的SEO書籍，都是專家們搜集老師公佈過的資訊、經過自己實測與累積經驗、從各種角度去分析，然後「揣測上意」而來。

5-4-3 若沒有標準答案，該如何進行？

雖然沒有標準答案，但也不完全是無跡可尋，其實在Google官網還是有提供SEO的基礎說明，而且偶爾還會公佈新的「演算法」，也就是用來篩選網站和排名的規則。十幾年來，推出過的演算法像是Panda、Penguin、

Hummingbird、Pigeon、Possum、Fred和BERT等，都是根據不同的標準和權重來對網站進行排序，例如：內容品質、使用者體驗、品牌權威、關鍵字相關性等，Google透過這些持續進化的演算方式，來提高搜尋結果的質量與精確度。只要持續關注Google官方的最新消息，以及國外一些SEO權威網站的專業分析，就能了解第一手的Google搜尋引擎的動態。

5-4-4 SEO資訊這麼多，要怎麼消化？

以我的親身經歷來說，一直以來都是一人站長，必須同時撰寫文章、設計素材、拍攝影片、維護網站、下廣告、做行銷計畫、維護Facebook社團、協助學員等，時間非常不夠用，因此，能花在SEO的時間並不多，但是，只要全心全意地持續發佈內容，我的排名就自然而然地往上爬升，反倒是，當我分心去關注搜尋排名，研究SEO的策略，減少了發佈內容的頻率，排名就會降低。如果你也是一人站長，建議是抓住SEO的最精要的重點，偶爾關注一兩個重要新聞中心，像是Google搜尋中心的最新消息、以及Moz Blog等，其他就順其自然吧！

美國SEO的權威網站Moz.com，其中一位專欄作家Dr. Peter J.Meyers，針對Google九年來的演算法做了分析，發現Google搜尋引擎近年來改變得越來越快，光是在2021年，Google就發佈了4367次的更新，平均每天改變了12次，在這樣快速的變動下，連專家們都很難完全掌握Google搜尋引擎的動向，因此，他預估未來將更難預測搜尋引擎的發展趨勢，但是Google的核心理念仍然是非常清楚且明確的，就是它希望回歸到搜尋結果是能夠「提供優質的內容與良好的使用體驗」。

5-4-5 SEO沒有特效藥

經過這幾年的教學，偶爾會遇到一些學員，他們表示自己非常忙碌無法產出內容，所以花了很多時間學習SEO的技巧與SEO的外掛，在網路上到處求神拜佛，只為了想找到SEO的特效藥。很不幸的，SEO沒有特效藥。

沒有產出內容，Google要搜尋什麼？沒寫作文，老師怎麼會來批改作文？怎麼會把你排進前幾名？如果你沒有時間寫文章，就只能花錢請人代寫，並且花錢請人幫你下廣告，雙管齊下才會讓網站流量上升，有機會提升排名。

假設有個農場網站（文章都是偷來的），他非常了解SEO，使用了各種SEO技巧，這個網站就會排在第一頁嗎？當然不是，事實上，Google也非常努力地防止這件事發生。相反的，有位知名作家，他完全不了解SEO，但他寫了一篇絕世好文「強化親子關係的五個習慣」，看過的人都説讚，而且還不停的轉傳與分享，讓這篇文章在短短幾天內爆紅，幾十萬人瀏覽過，難道Google不會把它排到前面嗎？如果有人搜尋這位作家的名字，或搜尋「親子關係」這個關鍵字，搜尋結果裡竟然沒有出現這篇爆紅文章，搜尋者是不是會對Google感到質疑又失望？請一定要記得，Google不是為有認真學習SEO的人而存在的搜尋引擎。

想要提升網站在搜尋引擎的排名，沒有這麼複雜，Google也不希望你把這件事看得複雜，他的初衷一直都很單純，就只是「讓搜尋者滿意」；而他的要求也很明確，就是「Content is the King（內容為王）」。

5-4-6 SEO的核心重點

希望你不再覺得SEO是個大魔王，好像非得花幾萬元學費、非得花幾星期上課，才能讓排名往上，除非你立志要做個SEO專家、接案處理SEO。接下來的SEO核心重點，對於經營個人品牌的你來説，應該非常足夠。

根據Google的最新指引，Google最重視的是「內容」，它必須符合「E-E-A-T標準」。Experience（經驗）：內容必須是出自於作者的真實經歷，內容是原創的，對搜尋者產生

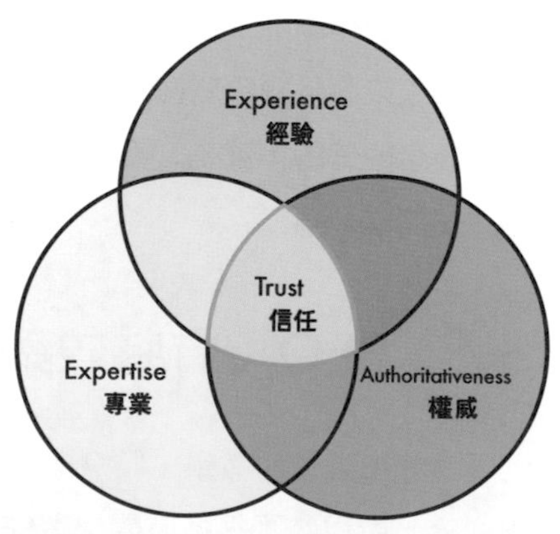

圖5-18：Google希望內容能符合E-E-A-T標準。

參考的價值。Expertise（專業）：內容會反映專業知識與技能。Authoritativeness（權威）：內容是具有權威性的、可信賴的、正確的。Trust（信任）：內容是誠實的、安全可靠的。

還有就是之前提過的，搜尋引擎希望提供給搜尋者最快速的、安全的、舒適的搜尋體驗。也不希望你是為了SEO來寫文章，文章應該是寫給真人讀者看的，而非寫給搜尋引擎的機器人看的。

接下來，要介紹一些SEO相關的基本實作技巧，這些都對SEO有幫助，但和搜尋排名不一定是正相關，全部做到也不一定會排第一，全部沒做也不一定就排最後。

5-4-7 Google的搜尋三階段

Google的搜尋分成三個階段運作：

☞**檢索（Crawling）**：Google會派千萬大軍的機器人（爬蟲），在網際網路上到處抓取，找到網頁後，下載其中的文字、圖片和影片。

☞**建立索引（Indexing）**：Google會分析網頁上的文字、圖片和影片，並且把相關資訊儲存在Google的索引（資料庫）中。

☞**提供搜尋結果（Serving search results）**：當使用者到Google搜尋時，Google會傳給使用者相關的資訊。

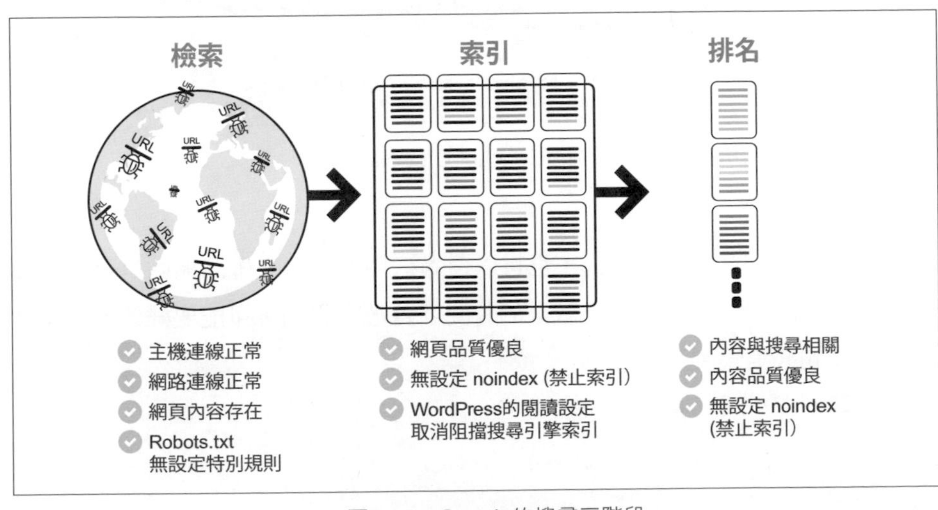

圖5-19：Google的搜尋三階段。

這三個階段算是SEO基礎中的重要知識，因為每個階段都有一些SEO相關的技巧，Google也會透過Google Search Console（免費的Google搜尋控制台）來針對每個階段給予一些建議，後續會再做進一步的說明。

5-4-8 你的網站被Google索引了嗎？

利用「site:」指令，就可以查詢自己的網站是否在Google的索引中，例如，只要在搜尋欄裡輸入「site:wpointer.com」，就可以看到網站帶路姬的官網有多少頁面已經在索引中。

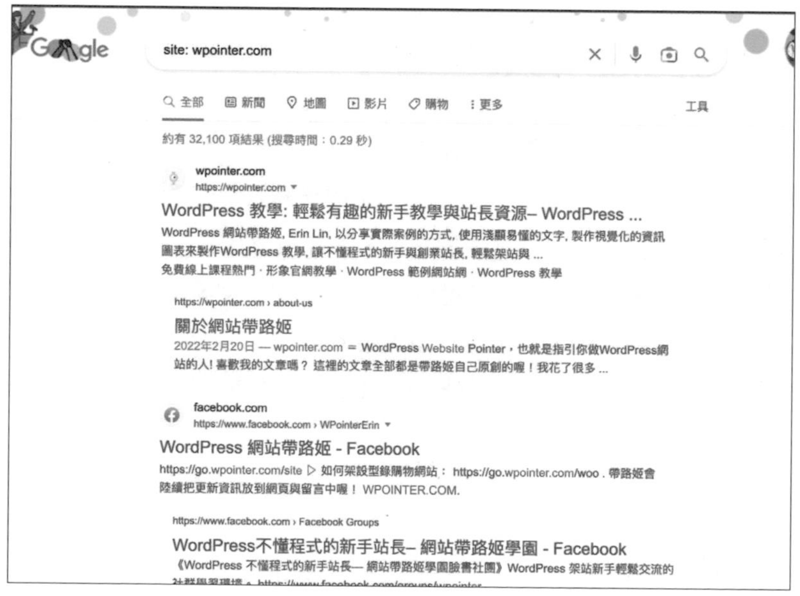

圖5-20：利用Site:指令來查詢被Google索引的網頁。

假設你的網站剛架沒多久，也可以透過這個方式，來確認網站是否已經被Google索引，新的網站需要比較久的時間才會被索引到，可能要好幾天、甚至數週，請耐心等候。

◀讓自己的網站被索引到的小技巧▶

● 提交Sitemap（網站地圖）：Sitemap是用於描述網站結構的.XML的檔案，可以告訴搜索引擎網站的結構和內容，包括網站的所有頁面、媒體等資訊，並呈現這些內容彼此間的關係。Google等搜尋引擎都會讀取網站的Sitemap檔案，藉此以更有效率的方式檢索網站。

● 在朋友的網站加入你的網站連結：當Google爬蟲在爬到他的網頁時，就會進一步爬到你的網頁囉！

5-4-9 網站內部的SEO

網站的SEO可分成網站內部的SEO與網站外部的SEO。在網站內部的SEO中，關鍵字的佈局與規劃是很重要的一環，因為寫作的時間有限，如果能在下筆前，先做好關鍵字研究，可決定寫作的優先順序，讓時間發揮最大的效益，帶來更大的流量。

不是每篇文章塞滿一樣的關鍵字

這是許多新手朋友的迷思，以為SEO就是要植入關鍵字到文章裡，於是每篇文章都想辦法佈滿一樣的關鍵字，這真的是天大的誤會。

你是否曾注意過？在搜尋引擎中搜尋某個關鍵字，一個網站最多可以出現在搜尋結果裡幾次？目前最普遍看到的是1至2次。

搜尋結果的第一頁版面是很寶貴的，Google當然要盡量提供給搜尋者各種不同的選擇，當那個關鍵字的競爭對手越多，同一個網站出現的次數就會越少。

以「台北美食」關鍵字為例，總共得到超過一億兩千萬筆搜尋結果，是個高競爭度的關鍵字，如果你同時有三篇文章是和「台北美食」相關，不論這三篇文章寫得再棒，最後只有一篇能上榜。

從這個角度來說，避免經營重複的關鍵字也是 SEO的策略之一，不要每篇文章都和某個關鍵字高度相關。

◍ 網站初期流量少，關鍵字規劃更重要

延續上個例子，要怎麼處理這三篇「台北美食」的文章呢？建議把其中一篇維持和「台北美食」關鍵字高度相關，另外兩篇則根據內容的相關性，也許換成「大安區美食」或「台北 義大利麵」等，這時，這三篇文章就都有機會在其關鍵字搜尋時，出現在較前面的排名。

網站剛開始經營時，流量很少怎麼辦？做好關鍵字規劃就是其中一個答案！可以先經營「低競爭度的關鍵字」或「長尾關鍵字」。

☞**低競爭度的關鍵字：**搜尋結果比較少的，也就是比較少人跟你競爭排名的關鍵字。

☞**長尾關鍵字：**指那些較長、較特定、較不常用、較少競爭且較不熱門的關鍵字或詞語。通常是由兩個以上的詞組成，且具有較明確的搜尋意圖，例如：「宜蘭 包棟民宿」或「台中 親子 民宿」等。

圖5-21的左邊是網站內部的SEO，黑色的圈圈代表一篇篇低競爭度或長尾關鍵字的文章，像是：台北肉羹麵、大安區美食、台北 義大利麵等，他們會為網站帶來平穩基礎的流量；等到網站的公信力越來越高時，就會逐漸帶動像台北美食這樣高競爭度的文章一起往上提升；而當台北美食、台中美食、台南美食

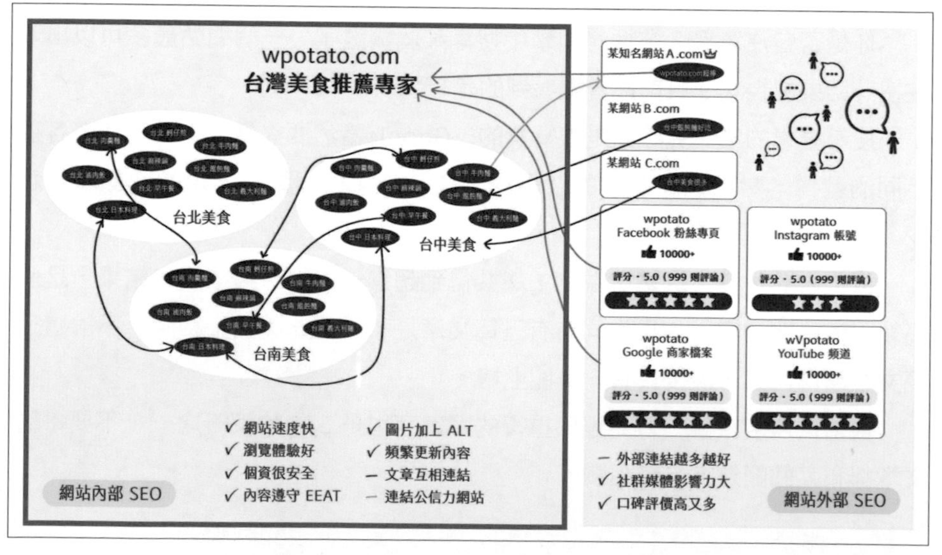

圖5-21：圖解網站內部的SEO策略。

這類的高競爭度的文章排名都很高時，就可以讓wpotato.com成為真正的台灣美食推薦專家（wpotato.com是虛構的網站），當人們搜尋「台灣美食」這樣的超級大關鍵字時，wpotato.com才有可能從超過一億七千萬個搜尋結果中，漸漸脫穎而出。

除了直接上Google搜尋引擎搜尋，得到關鍵字的搜尋量外，也可以透過國內外SEO工具，像是：Google Keyword Planner（關鍵字企劃書）、Ahrefs、Semrush、Ranking SEO（中文）等，來得到更準確的關鍵字分析資訊，包括關鍵字的月搜尋量、可能帶來的流量、廣告每次點擊成本等，幫助自己做更精準的關鍵字佈局。

關鍵字規劃與佈局雖然對SEO有幫助，但也不要花太多時間，重點還是在寫文章，想到什麼就寫什麼，沒有什麼不對，只要選定一個SEO工具，下筆前先稍微查詢一下該關鍵字的現況，快速的調整寫作方向，把這個技巧當作一個輔助的觀念即可。別忘了，你是時間有限的一人站長，請盡量花最多的時間在產出優質的內容。

◍ 產出對真人有價值、對機器人有善的優質內容

站內SEO中，最重要的還是產出優質的內容，除了在5-4-6曾提到過的「E-E-A-T標準」，內容方面還有以下幾個重點：

☞**選定1至5個焦點關鍵字**：在關鍵字規劃的階段，請佈局好關鍵字的優先順序。開始寫文章時，就可以選定焦點關鍵字，並且填入到SEO外掛的介面中（參考5-4-11的示範教學），外掛就會分析所寫的內容，回饋給我們SEO的相關建議，再根據建議稍作調整，就能提升文章的搜尋排名競爭力。

☞**適當的使用焦點關鍵字**：請不要到處塞滿焦點關鍵字，過多的數量會造成反效果，關鍵字必須自然且合理的分佈在文章中，包含文章的主標題、次標題、文章描述、超連結、以及粗體字等，讓真人和搜尋引擎都清楚的知道這篇文章和什麼相關。

☞**文章主標題請包含焦點關鍵字。**

☞**文章Meta描述中請包含焦點關鍵字（參考5-4-11的示範教學）。**

☞**文章標題架構要明確**：一篇文章最好有一個最大標題（H1），數個次標題

（H2），依照內文的必要性妥善安排標題架構層級，讓真人及搜尋引擎都能輕鬆閱讀及理解。

☞**文章長度的限制**：字數至少300字或500字以上。

☞**圖片加上 ALT Text**：ALT Text是指圖像的替代文字，用於描述圖像的內容和意義，當圖片因為任何因素而無法正常顯示時，該圖片會被替代文字取代，幫助訪客理解圖片的內容，以提高使用者體驗；也可以幫助搜尋引擎了解該圖片的意義，有助於出現在圖片類型的搜尋結果裡。

☞**避免重複性內容**：同一篇文章，不要重複出現在其他的網站上，因為這樣就不獨特了！如果搜尋引擎無法判斷誰才是原創，自然會降低文章的可信度與公信力。

☞**增加內部連結**：寫文章時，會不時提到過去曾寫過的文章，請盡量建立超連結，讓訪客在自己的網站內連來連去，延長訪客停留在網站的時間，藉此來讓搜尋引擎相信，這個網站是個好網站！

☞**頻繁的更新內容**：頻繁的發佈高質量的文章，比較容易讓新的網站有機會往上衝，每週至少三篇以上，才算是比較頻繁。

◍ 良好的瀏覽體驗

除了關鍵字的規劃與佈局外，網站必須要提供良好的瀏覽體驗，其中包括：

☞**網站速度快**：請參考5-6的資訊，盡量讓網頁載入的速度越快越好。

☞**瀏覽體驗好**：沒有蓋版廣告干擾瀏覽等。

☞**個資很安全**：沒有中毒、沒有被植入惡意程式嘗試盜取訪客的個資等。

☞**提供良好的使用者介面**：字體大小與顏色適當，並且放置在對比足夠的背景上，讓讀者可以輕鬆閱讀內容，按鈕大小適當，讓訪客可以輕易點選等。

☞**提供良好的導覽選單**：導覽選單位置明確，並且架構清楚，讓訪客可以輕鬆找到資訊。

☞**行動裝置友善**：字體大小、按鈕大小、圖片大小等，都要針對手機、平板等行動裝置來優化與調整。

☞**網址是否呈現為「https://」開頭**：透過安裝SSL/TLS安全憑證，可以讓網址變成https開頭，傳輸的數據就會被加密，不會被竊聽和窺視，對SEO有加分作用。每個主機安裝SSL/TLS安全憑證的方式不同，大部分對新手友善的初階主機，都有提供免費的SSL安全憑證，皆可透過一鍵快速安裝，可到各主機商的說明中心搜尋相關教學。

5-4-10 網站外部的SEO

要透過各種方式，讓Google相信，你的網站是非常具有公信力的，你就是這個行業的權威，你的網站是個非常值得信賴與推薦的網站，但要怎麼做呢？

請看圖5-22的右邊，這是指網站外部的SEO，整理出下列幾個重點：

1.增加外部連結，尤其是有權威的網站更好：外部連接是指其他網站連回我們網站的連結。越多人提及我們的網站、或推薦我們網站的內容，表示我們的網站值得信任且受歡迎。如果連公信力很高的網站都在推薦的話，那麼，我們網站被加的分數就更高了。

2.進行社群媒體行銷：在社群平台上建立品牌帳號與社團，用心經營與粉絲之間的關係，當追蹤者、粉絲、社員和正面評價的數量越多，都代表著品牌越值得信任。

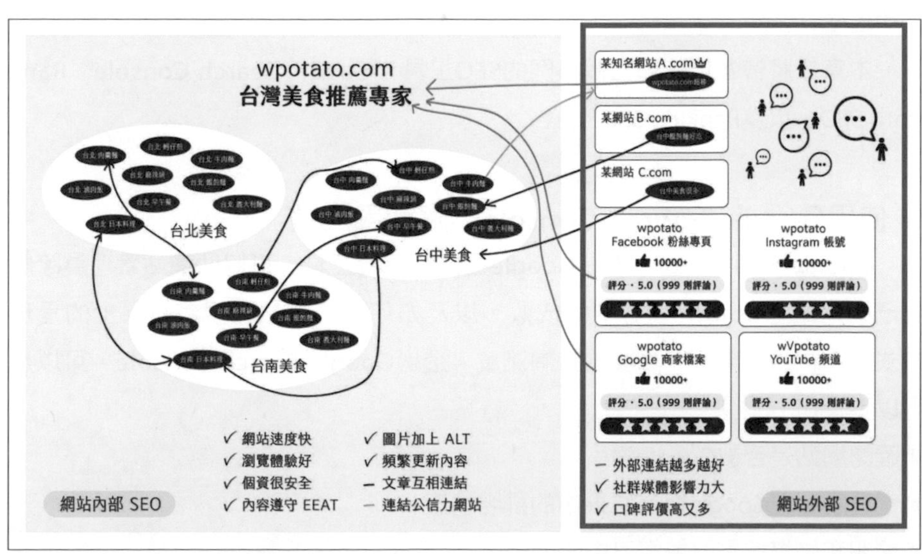

圖5-22：圖解網站外部的SEO策略。

3.參與網路社群討論：以品牌帳號的身分到各種社群討論版參與討論，像是Facebook社團與LINE社群等，提供有用的文章連結，增加品牌的曝光。

4.競爭對手分析：通過對競爭對手的網站進行分析，包括對網站的內容、外部鏈接、關鍵詞、網站架構等，以了解它們的SEO策略和執行情況，從而制定更有效的SEO策略。

5.進行線上廣告投放：除了透過SEO的技巧來獲得自然流量以外，在搜尋引擎和社群媒體上進行廣告投放，可以獲得精準的付費流量，對經營SEO來說具有相輔相成的效果。

凡走過必留下痕跡，Google派了千萬大軍，無所不在的蒐集資訊，幫助老大判斷，你的網站是否值得推薦。包含確認你在社群裡的表現，以及社群是否正在討論你等。所以，不要只躲在自己的網站裡拼命寫，偶爾也要出去顧及一下網站在外面的名聲喔！

5-4-11 SEO的輔助工具

SEO的輔助工具不僅可以幫助我們了解搜尋成效，還可以幫我們寫程式與搜尋引擎溝通，給予我們關鍵字佈局與文章內容的建議，讓我們經營SEO更事半功倍。

本章節將帶各位使用三個熱門的SEO工具：Google Search Console、Rank Math SEO、以及Ranking SEO。

◍ 使用Google Search Console了解搜尋成效

Google Search Console是Google提供的免費工具，可協助網站管理員瞭解自己的網站在Google搜尋中的成效，以及如何改善網站在搜尋結果上的呈現方式，為網站帶來更多相關的查詢流量。透過Google Search Console，可以進行以下操作：

☞確認網站是否被Google索引。

☞查看網站在Google搜尋結果中的排名情況。

☞檢測和修復搜尋引擎索引中的問題。

☞分析網站的流量和搜尋表現。

☞獲取關於您的網站和搜尋排名的有用建議。

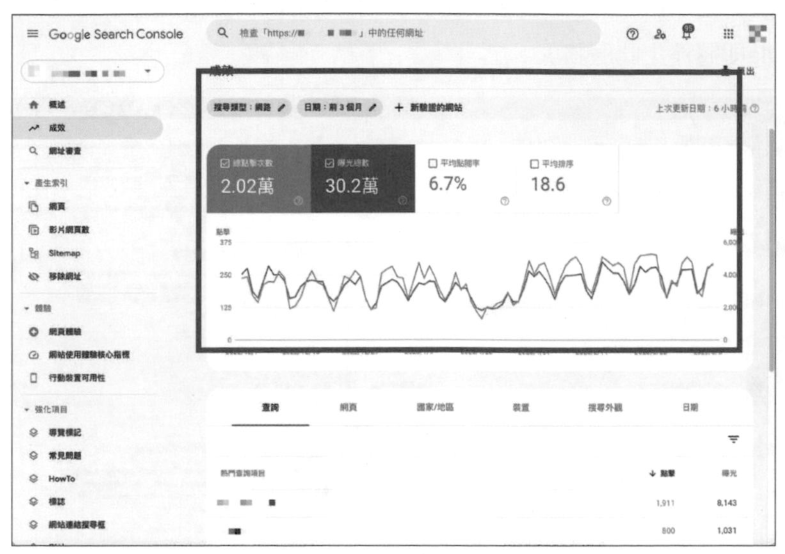

圖5-23：Google Search Console的使用介面。

◍ 使用Google提供的免費外掛，一次串接六項服務

使用WordPress架站，串接Google的免費工具變得輕鬆容易，只要安裝Google提供的免費外掛「Site Kit by Google - Analytics, Search Console, AdSense, Speed」，跟著外掛的導引連結自己的Google帳號，就可以一次串接Google Search Console等六項的免費服務。

Google Site Kit by Google外掛，可幫助串接：

1.Google Analytics（分析）：用來追蹤網站的流量和分析網站的使用情況。

2.Google Search Console（搜尋控制台）：用來監視網站在Google搜尋引擎中的表現。

3.Google AdSense（廣告收益）：用來追蹤從Google Adsense所置入的Google廣告帶來多少收益。

4.Google PageSpeed Insights（網頁速度分析）：用來測試網站的性能和速度。

5.Google Tag Manager（標籤管理員）：用來管理和追蹤網站的行為和互動（較為進階）。

6.Google Optimize（網站最佳化）：用來測試和最佳化網站的內容和設計（Google即將停止此服務）。

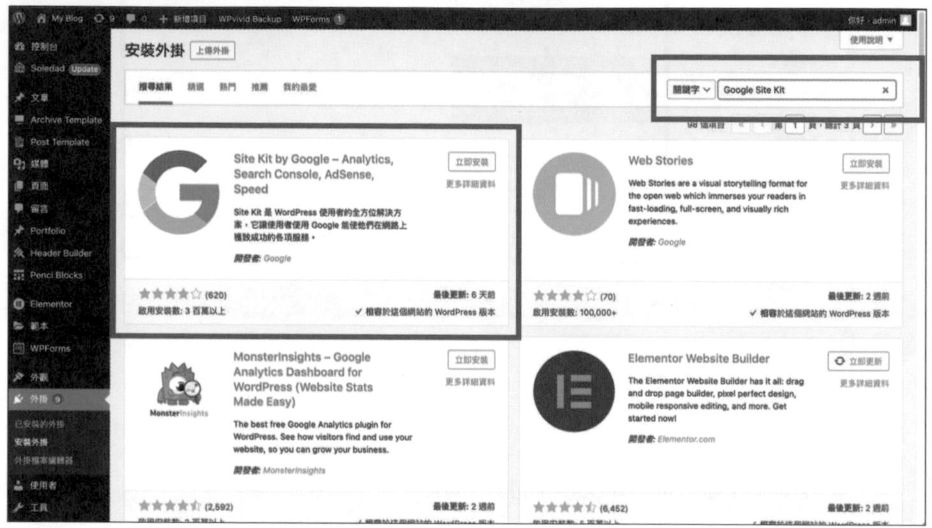

圖5-24：安裝並且啟用Site Kit by Google外掛。

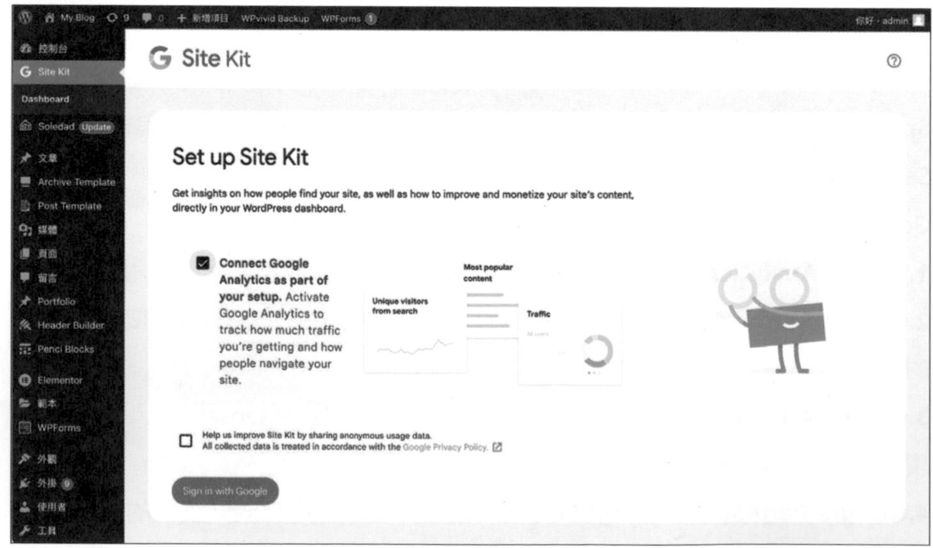

圖5-25：點選「Sign in with Google」，就能連結你的Google帳號。

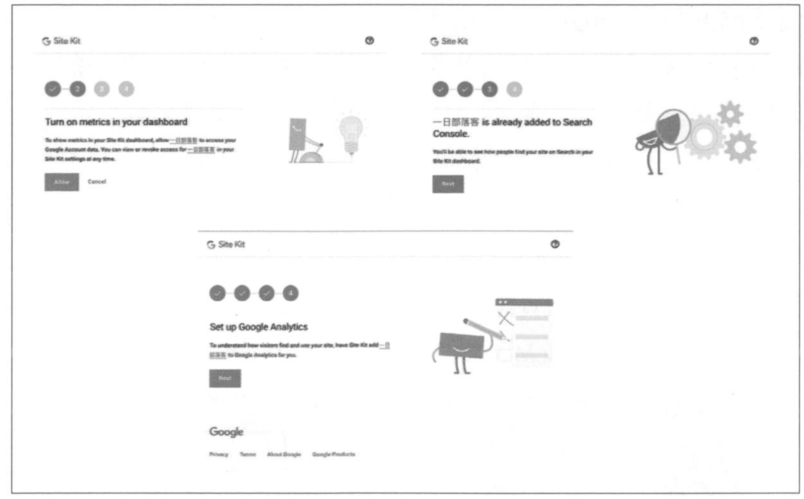

圖5-26：跟著指引，即可順利串接Search Console（搜尋管理員）及Google Analytics（分析）的服務。

串接成功後，就可以直接在WordPress網站後台，看到各項服務的基本數據與摘要。若想要進一步了解更多數據，也可以分別到各個服務的網頁（直接到Google搜尋「Google Search Console」或「Google Analytics」即可），只要登入你的Google帳號，就可以看到更深入的分析。

◀Google免費工具官方說明▶

若想學習如何善用這些Google的免費工具，非常推薦閱讀官方提供中文說明網頁：

1 Google Search Console的官方說明
https://developers.google.com/search/docs/monitor-debug/search-console-start?hl=zh-tw

2 Google Analytics的官方說明
https://support.google.com/analytics/topic/12156336?hl=zh-Hant&ref_topic=12153943,2986333,

3 Google AdSense的官方說明
https://support.google.com/adsense/topic/1319753?hl=zh-Hant&ref_topic=3373519

4 Google PageSpeed Insights的官方說明
https://developers.google.com/speed/docs/insights/v5/about?hl=zh-tw

5 Google Tag Manager的官方說明
https://support.google.com/tagmanager/answer/6102821?hl=zh-Hant

1

2

3

4

5

◍ 介紹SEO外掛：Rank Math SEO

使用WordPress架站，最棒的就是可以安裝SEO外掛，透過外掛的設定，就能自動產生程式，讓Google機器人更了解我們的網站與文章內容。

熱門的SEO外掛很多，像是Yoast SEO、Rank Math SEO、All in One SEO 等，都有免費試用版與進階付費版。以下是使用Rank Math SEO， 帶領大家如何做好基本設定、以及學習寫文章時的外掛操作技巧。

☞安裝Rank Math SEO外掛＆設定精靈

STEP01：安裝並且啟用Rank Math SEO外掛。

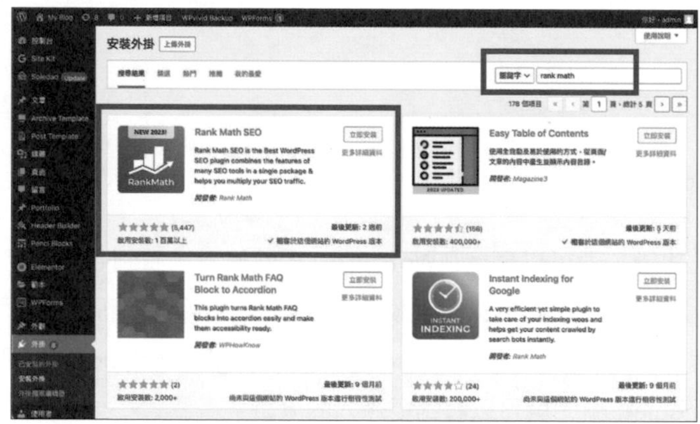

STEP02：開始使用Rank Math提供的Setup Wizard（設定精靈），SEO初學者建議選擇「Easy（簡易模式）」即可。

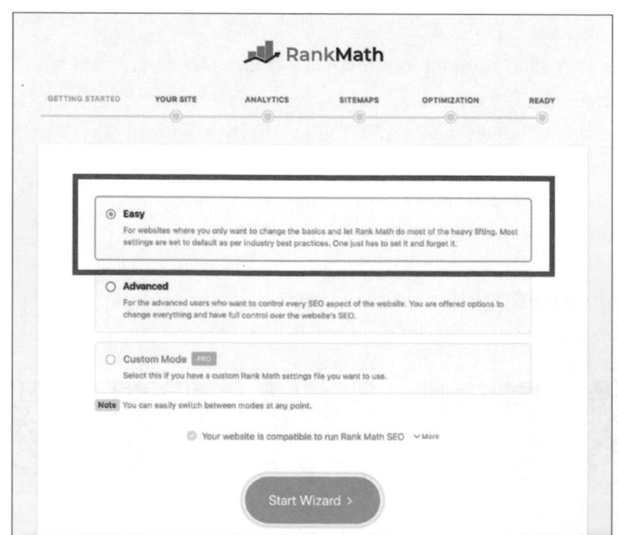

STEP03：依序填入網站的基本資料：選擇網站類型、網站正式名稱、網站其他名稱、擁有者或機構的名稱、上傳LOGO圖片、上傳分享到社群媒體時的預設圖片。

RankMath

GETTING STARTED YOUR SITE ANALYTICS READY

Your Website: My Blog

Let us know a few things about your site...

If you are new to Rank Math, click here to learn more.

My Blog is a... Personal Blog

Website Name

Enter the name of your site to appear in search results.

Website Alternate Name

An alternate version of your site name (for example, an acronym or shorter name).

Person/Organization Name

Your name or company name intended to feature in Google's Knowledge Panel.

Logo for Google

Add or Upload File

Min Size: 112X112px.

A squared image is preferred by the search engines.

Default Social Share Image

Add or Upload File

When a featured image or an OpenGraph Image is not set for individual posts/pages/CPTs, this image will be used as a fallback thumbnail when your post is shared on Facebook. The recommended image size is 1200 x 630 pixels.

Skip Step Save and Continue

STEP04：按下「Connect Your Rank Math Account」建立Rank Math帳號，才能享受Rank Math多項免費服務。

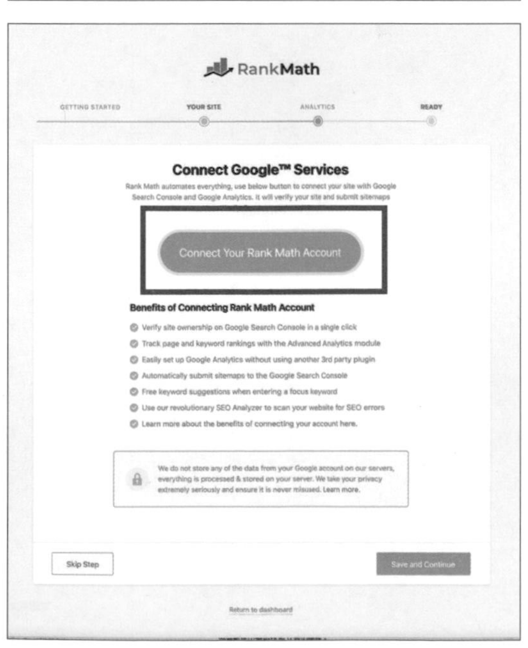

STEP05：按下「OK, ACTIVATE NOW」啟用Rank Math的免費方案。

RankMath

Plugin Activation

Not erinlin1? Login here

You are about to activate:

Rank Math Free Plan

URL: https://wpotato.com

OK, ACTIVATE NOW

CANCEL

STEP06：選擇要串接的Google帳號，並且允許Rank Math取得相關資料。

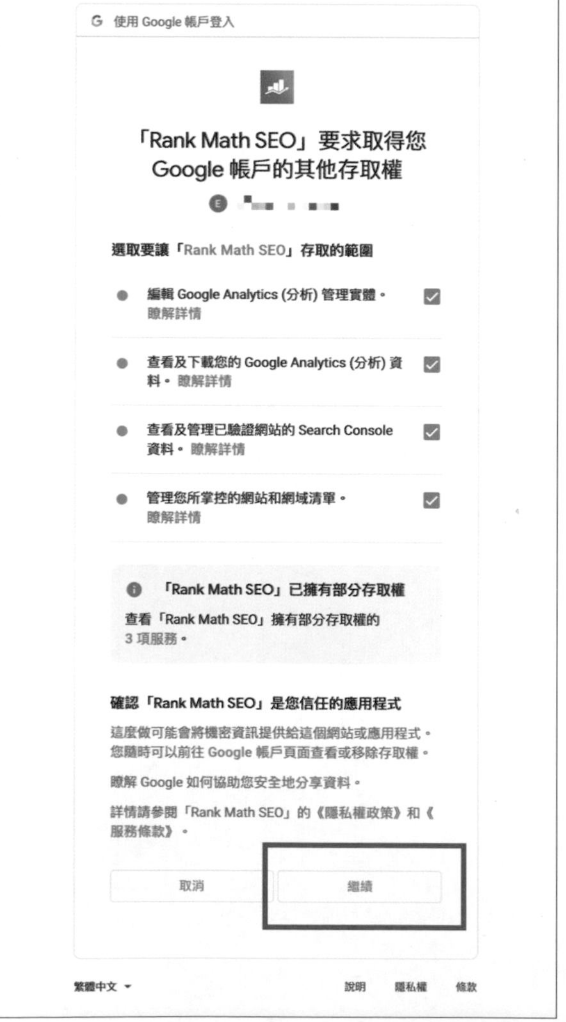

STEP07：選擇要串接的Google Search Console與Google Analytics資源，讓Rank Math獲得相關數據。

RankMath

GETTING STARTED YOUR SITE ANALYTICS READY

Connect Google™ Services

Rank Math automates everything, use below button to connect your site with Google Search Console and Google Analytics. It will verify your site and submit sitemaps automatically. Read more about it here.

Reconnect | Disconnect

Search Console

Site

https://wpotato.com/

Enable the Index Status tab

Enable this option to show the Index Status tab in the Analytics module. Learn more.

Analytics

Note Ready to switch to Google Analytics 4? Click here to know how.

Account Property Data Stream

My Blog wpotato.com wpotato.com

Install analytics code

Enable this option only if you are not using any other plugin/theme to install Google Analytics code.

AdSense

Account

PRO Google AdSense support is only available in Rank Math Pro's Advanced Analytics module.

We do not store any of the data from your Google account on our servers, everything is processed & stored on your server. We take your privacy extremely seriously and ensure it is never misused. Learn more.

Email Reports

Receive Analytics reports periodically in email. Learn more about Email Reports.

Email Reports

Skip Step Save and Continue

STEP08：設定完畢，Rank Math就會自動幫我們完成基本的SEO設置以及進行基本的分析。

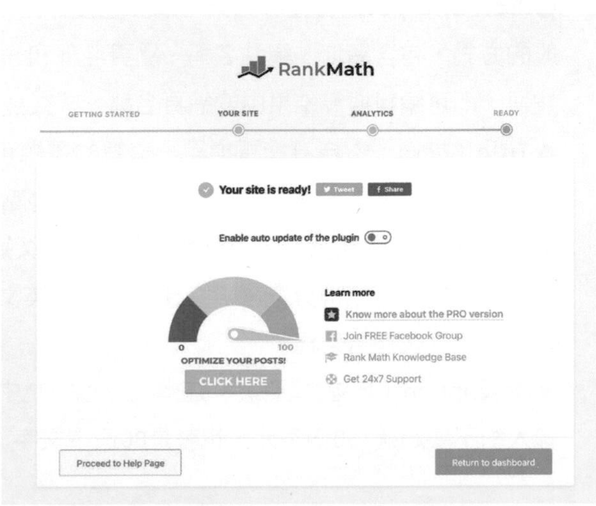

☞利用Rank Math SEO外掛輔助分析文章

接著，我們可以在編輯文章時，使用Rank Math SEO的文章分析功能：

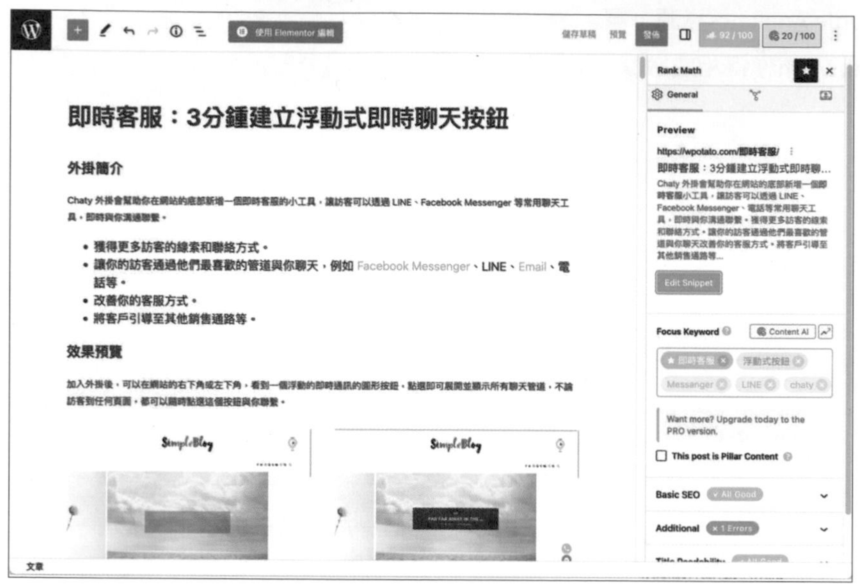

圖5-27：Rank Math SEO的文章分析功能。

❶.**Rank Math SEO按鈕（位在畫面右上角）**：點此即可打開Rank Math SEO外掛設定。按鈕上的「92/100」是外掛給予的SEO分數，是根據外掛自訂的標準，分數的高低僅供參考。

❷.**Edit Snippet編輯搜尋結果**：網頁在搜尋結果中有很多種呈現的方式，最一般的方式，包含網址、網站名稱、網頁名稱和一段摘要。點擊「Edit Snippet」按鈕，即可編輯搜尋結果中的網頁名稱、永久連結及摘要。

● Title（標題）：自訂網頁標題，這裡的標題可以與文章的標題不同，可以針對搜尋引擎的長度限制，來自訂出吸引搜尋者點選的標題。

● Permalink（永久連結）：雖然外掛建議永久連結中要包含焦點關鍵字，但由於中文網址不利社群分享，還是建議設定成英文的永久連結（建議參考4-2-6設定網頁的永久連結架構）。

● Description（描述/摘要）：這個欄位也稱為中繼說明、Meta Description，建議大約不要超過160個字元，也就是80個中文字（包含全形符號）。

圖5-28：點選Edit Snippet即可編輯此網頁於搜尋結果中所呈現的內容。

❸.Focus Keywords（焦點關鍵字）：建議放置一個最主要的焦點關鍵字（會標注星號），以及四個次要的關鍵字。

❹.Basic SEO（基礎 SEO）：Rank Math SEO會針對你設置的焦點關鍵字，在你儲存網頁時，於此提供基本的SEO建議，例如（參考圖5-29）：

- Hurray! You're using Focus Keyword in the SEO Title.（太棒了！你的SEO標題中有使用焦點關鍵字）
- Focus Keyword used inside SEO Meta Description.（中繼說明中含有焦點關鍵字）
- Focus Keyword appears in the first 10% of the content.（焦點關鍵字出現在前10%的內容裡）
- Focus Keyword found in the content.（內容中有找到焦點關鍵字）
- Content is 160 words long. Good job!（文章的長度沒有明確的標準，不過，網路上常見的建議是至少多於600個中文字，Rank Math SEO是以英語為主的外掛，在字數計算上可能會有落差，如果沒有綠燈也無妨。）

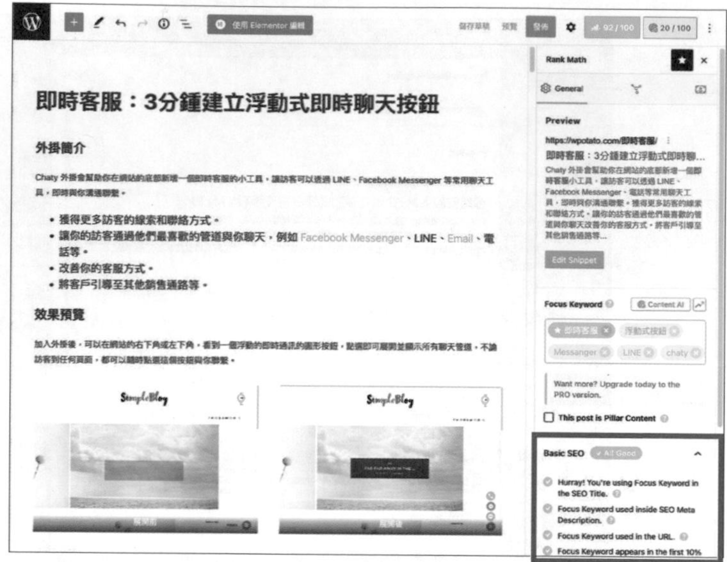

圖5-29：Rank Math SEO會針對你設置的焦點關鍵字，在你儲存網頁時，於此提供基本的SEO建議。

更下方還有Additional（額外的）、Title Readability（標題可閱讀性）、Content Readability（內容可閱讀性），如果你不習慣閱讀英文，建議使用Google的翻譯擴充工具來輔助，以了解所有的建議（可參考4-1）。

☞善用Rank Math SEO提供的內容區塊

編輯文章時，在可插入的區塊列表中，會看到四個Rank Math SEO外掛所新增的區塊：Table of Contents by Rank Math、FAQ by Rank Math、HowTo by Rank Math、Schema by Rank Math。

圖5-30：Rank Math SEO外掛提供四種加強SEO的內容區塊。

1.Table of contents by Rank Math（文章目錄區塊）：文章目錄可以加強使用者的閱讀體驗，幫助讀者快速預覽這篇文章所包含的內容，也是Google推薦使用的元素之一。有些佈景主題與外掛可以為所有文章自動產生文章目錄，如果你不想每篇文章都自動加上目錄，那麼，可以使用這個目錄區塊手動加入到文章裡。

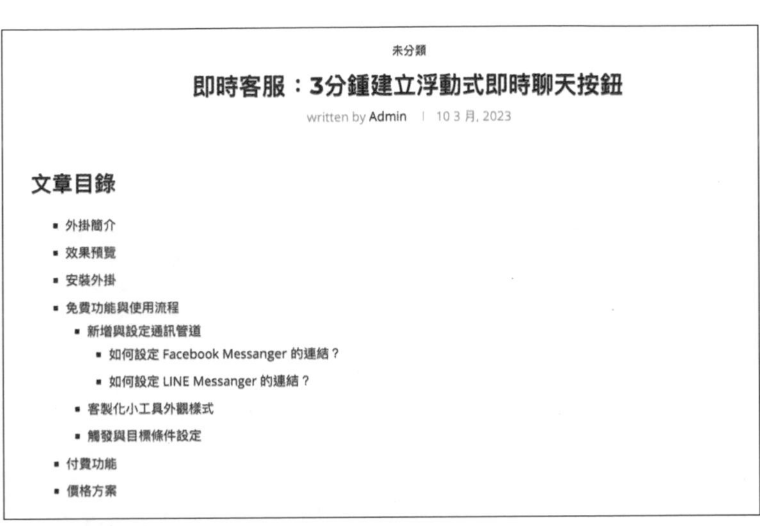

圖5-31：Table of contents by Rank Math（文章目錄區塊）的使用成果。

2.FAQ by Rank Math（常見問題區塊）：想在文章中放入常見問題給讀者參考時，就可以使用這個區塊來產生常見問題列表。除了方便讀者閱讀外，Rank Math SEO也會同時產生一些程式碼（Schema Markup）提交給Google，當你的搜尋排名在比較前面時，就有機會呈現出如圖5-32的複合式搜尋結果，可以獲得較高的點擊與互動率。

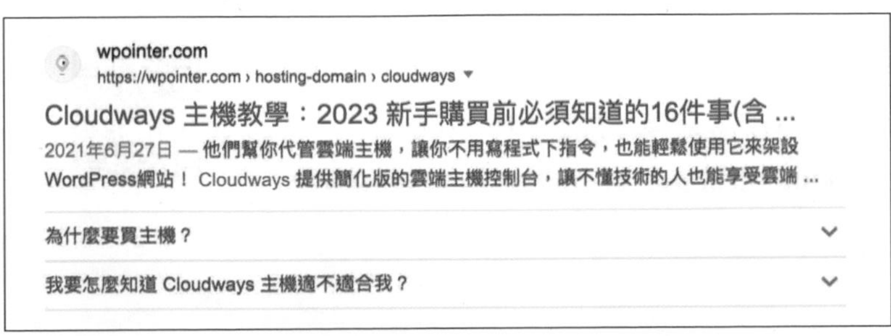

圖5-32：FAQ類型的複合式搜尋結果。

3.HowTo by Rank Math（如何... 區塊）：當你在寫一篇教學文，指導讀者做某一件事，例如：如何做一道菜、如何建立Facebook粉絲專頁等，就很適合使用這個區塊來產生教學內容，包括建立步驟、填入步驟說明、插入步驟圖片。Rank Math SEO一樣會幫你產生Schema Markup 程式碼提交給Google，當你的搜尋排名在比較前面時，就有機會產生像圖5-33的複合式搜尋結果，讓你的搜尋結果有別於其他的網頁，更容易獲得關注與點擊。

wpointer.com
https://wpointer.com › WordPress 教學 › 新手必讀基礎 ▾
5分鐘搞懂第一次做WordPress網站的流程(2022更新)
6 個步驟 · 20 分鐘
1. 購買主機空間和網址這個步驟其實很簡單，只不過是十分鐘的事，難的是要跟誰買？買錯了...
2. WordPress 網站剛誕生時，有點光溜溜的，有點醜。可以透過安裝「佈景主題」的方式，來...
3. WordPress 的網站，有分對外公開的網站 (前台)，還有管理員才看得到的控制台 (後台)，後...

圖5-33：HowTo類型的複合式搜尋結果。

☞何時該付費升級呢？

外掛內的功能會一直改變，建議掃描下方的QR Code，即可參考 Rank Math SEO外掛的方案比較表，必要時可以利用Google翻譯擴充工具來翻譯成中文。

付費版多了非常多的功能，其中最大的幾個像是：追蹤關鍵字排名的數量、獲得Google資料的頻率、持續追蹤五個領先的關鍵字、持續追蹤五個持續落後的關鍵字、進階的SEO內容健檢、檢查文章中哪些排名關鍵字、追蹤每篇文章的SEO表現、進階版的HowTo區塊、自動插入圖片替代文字等。而Ranking Math SEO不定期會提供升級版的優惠折扣，就可以看自身的需求，確認是否要選擇升級。

NOTE

Rank Math SEO免費版與付費版的功能比較表

https://wpointer.com/recommends/rank-math-pro/

◍ 使用其他全面性的SEO工具輔助

除了使用外掛以外，網路上還有大量的SEO輔助工具可以選擇，不過，多半是以英語為主的工具，像是Similar Web、Ahrefs和Smerush等，其擁有豐富的SEO功能，像是網站SEO健檢、競爭者網站研究、關鍵字研究、關鍵字追蹤、內容探索等，有些工具會提供短暫的試用期，超過時間就必須付費才能繼續使用；有些工具則是提供功能限定的試用版，總之，若要持續使用完整的功能，每個月的花費約美金99元起。

在此使用的Ranking SEO則是台灣公司所開發的中文SEO工具，功能和國外的工具類似，包含網站SEO健檢、競業網站研究、關鍵字研究與追蹤、以及內容的SEO建議等，數據來源是特別以中文市場為主，中文操作介面非常簡單易懂，付費升級方案的話，還可以獲得專人一對一的免費教學，協助克服執行盲點。

Ranking SEO也有提供免費試用版，試用版可以用來追蹤一個網站，還能使用幾乎所有的功能，只是使用次數較少，需要付費才能多次進行完整的SEO分析研究，如果初期預算不高又想提升自己的SEO競爭力，不妨從這個平價工具開始嘗試起。

● 網站健檢

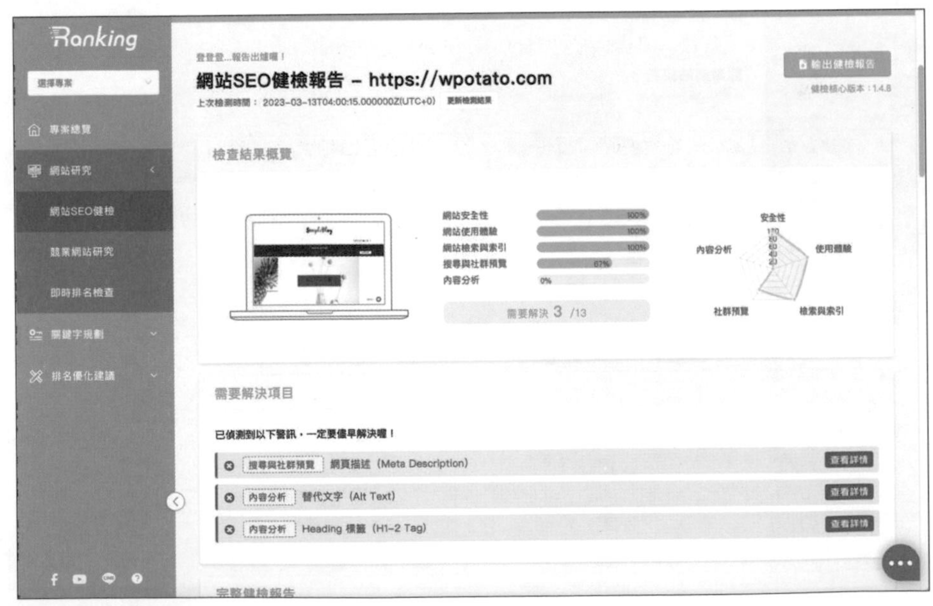

圖5-34：可以抓出關鍵問題，取得建議分析改善網站體質，排名成效看得見。

● 關鍵字規劃

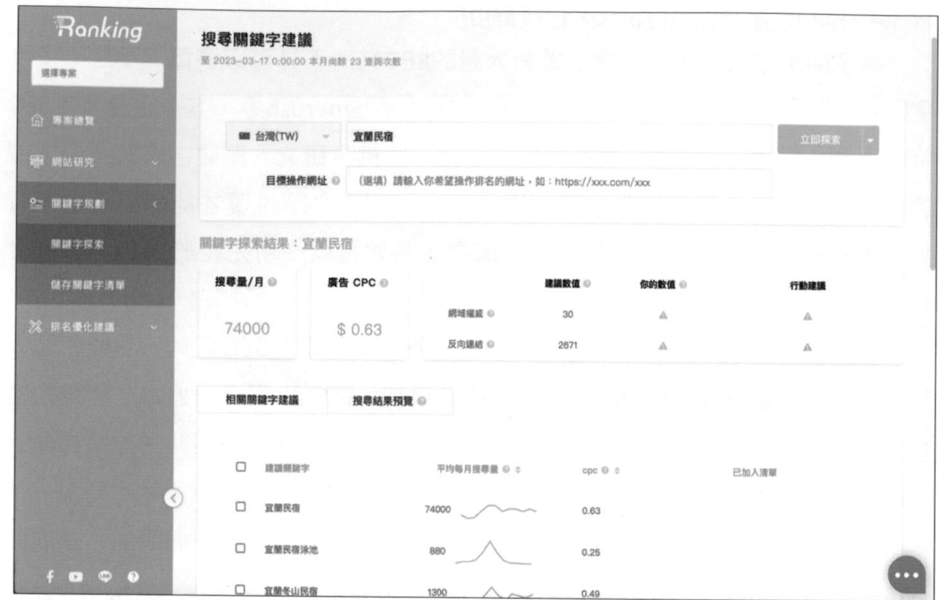

圖5-35：能一目瞭然相關關鍵字的聲量與CPC（Cost Per Click每次點擊成本），擁有在地市場數據不再選錯關鍵字。

● 競業網站研究

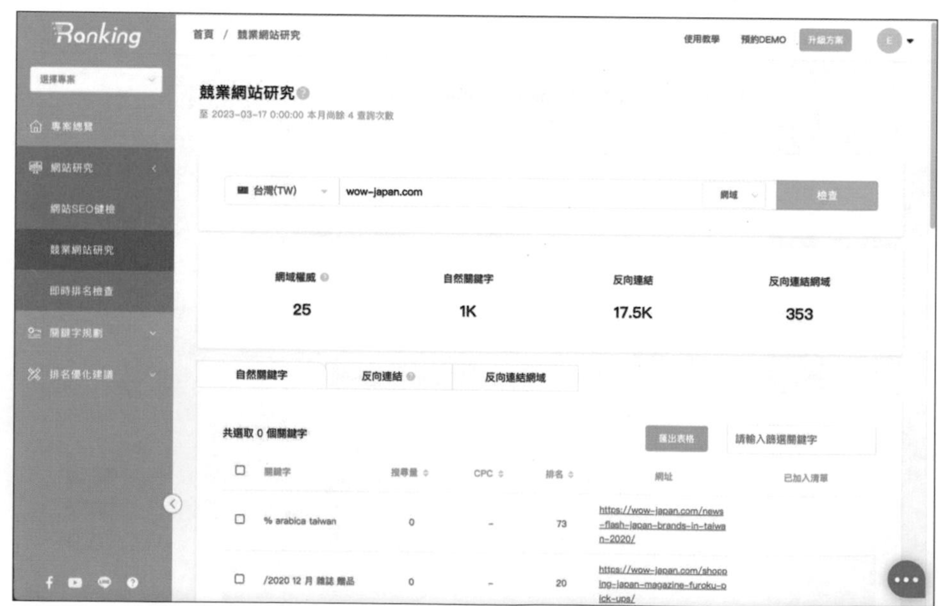

圖5-36：了解競爭網站的關鍵字策略及反向連結，藉此思考自己網站的關鍵字佈局。

● SEO文案規劃

圖5-37：透過AI解析Google語意數據庫及搜尋意圖，根據智慧優化建議寫出高曝光量的議題內容。

● 排名追蹤

圖5-38：將關鍵字用標籤功能分群管理，觀察排名成效，同步監控競爭對手動態，掌握品牌競爭力。

5-4-12 SEO的總結

隨著人工智慧越來越普遍與成熟，有太多人開始透過與AI聊天來獲取資訊，我也不禁懷疑，搜尋引擎是否會越來越少人使用？網站搜尋排名是否不再重要？未來還需要繼續經營SEO嗎？於是，我開始研究AI對SEO的影響，發現了以下幾點，與大家分享：

◉AI可以輔助網站管理員更有效率的執行SEO，包括研究關鍵字、分析數據、提供SEO策略及建議等。

◉搜尋引擎和AI聊天是兩種不同的搜尋方式，是可以同時存在，並不會互相衝突，因為資訊是分類型的，有的適合用聊天的方式取得，有的則適合用傳統的搜尋方式，並不會因為AI的出現，導致傳統搜尋消失。

◉AI聊天機器人需要透過持續學習網站的內容，才能提升自己的智慧，因此，網站的公信力依然很重要，AI會依據它來判斷內容的可信度，以及是否值得吸收學習。

◉AI聊天機器人會在回覆內容中提及資料來源，因此，如果你的網站公信力較高，就更容易出現在它的回覆內容中，即可觸及更多的搜尋用戶，與出現在搜尋排名中前幾名有相同的效果。

我相信不論未來搜尋大戰如何轉變，SEO仍然是網站經營中重要的一環，而內容的品質依然是重要關鍵，用心寫出對真人和機器人都有幫助的文章，比學會任何SEO工具都還更重要。最後總結，如果你是一個人經營網站，在時間有限的情況下，如何有效率的做好SEO：

◉學會SEO觀念比使用SEO工具更重要。

◉頻繁發表優質的內容比鑽研SEO技巧更重要。

◉選一個SEO輔助外掛來安裝，做好基本設定，並且在寫文章時，於外掛處設定好焦點關鍵字，再參考外掛提供的建議來優化內容即可。

◉如果還有餘力或預算，可再選一個額外的付費工具，來輔助自己做網站SEO健檢、關鍵字規劃、競業網站分析、關鍵字排名追蹤等。

◉AI是未來的趨勢，但是應用方式仍不明確，可以當作長期持續學習的議題，關注其對網站搜尋及 SEO的影響及發展。

◀SEO學習資源▶

1 Google 搜尋基礎入門

https://developers.google.com/search/docs/essentials?hl=zh-tw

2 開始使用Search Console

https://support.google.com/webmasters/answer/9128669?hl=zh-Hant

3 使用Google關鍵字規劃工具

https://support.google.com/google-ads/answer/7337243

4 Moz學習中心與部落格

https://moz.com/

5 Ranking SEO知識庫

https://wpointer.com/recommends/rankning-seo-tuts/

6 Ahrefs部落格

https://ahrefs.com/blog/zh/

1

2

3

4

5

6

◀推薦商品▶

1 Rank Math SEO外掛

https://wpointer.com/recommends/rank-math/

2 Ranking SEO工具

https://wpointer.com/recommends/ranking-seo-app/

3 Google Site Kit

https://tw.wordpress.org/plugins/google-site-kit/

4 Google Search Console

https://search.google.com/search-console/about

1

2

3

4

5-5 追蹤網站流量表現

很多人問我，網站架好後，從開始寫文章起，大約要等多久的時間，流量才會有起色？

這個問題很難回答，因為網站流量的增長速度取決的因素有很多，像是發佈文章的頻率、網站內容的品質、SEO最佳化、社群媒體行銷、目標客群的大小、甚至作者的個人魅力等。不過，從我的經驗來看，數個月、甚至半年，都是合理的時間。

因此，建議新手朋友們，剛開始的前半年，不用花心思天天追蹤網站流量（因為真的沒什麼變化），只要天天耕耘，把寶貴的時間與精力全部放在創作內容上，等到三個月或半年後，再來追蹤流量表現，看到的數據會比較完整，才更有意義。

在經營網站的這條路上，追蹤網站流量、搜尋排名、以及社群媒體的追縱人數等，都是常見的成效指標，尤其利用Google Analytics（分析）工具來追蹤，可以帶來下列好處：

☞**了解訪客行為：**像是在你的網站停留了多少時間、瀏覽了哪些頁面、是否是回訪客，來源是哪個媒介等。

☞**了解訪客背景：**可以知道年齡層、性別、興趣、從哪個國家來訪、使用什麼裝置與瀏覽器等。

☞**幫助優化內容：**了解每篇文章的瀏覽量、哪些內容受歡迎，幫助自己了解訪客的興趣和需求，進而調整寫作的方向，提高網站的價值和吸引力。

☞**提高轉換率：**如果你發現某個頁面的跳出率很高，那麼你可以考慮優化該頁面的設計和內容，吸引訪客繼續瀏覽網站或進行相應的操作，進而改善轉換率。

使用WordPress架站，串接Google Analytics（分析）的方式有很多，包括使用5-4-11介紹的Google Site Kit外掛，就可以幫助新手們輕鬆建立並且串接Google Analytics帳號，或是，進一步搭配JetPack外掛、MonsterInsights或WP Statistics外掛，即可從WordPress控制台看到更多進階的數據。但需要注意的是，較為進階的流量追蹤外掛，尤其是會顯示即時流量資訊的，可能會耗費較多的主機資源，如果你是使用非常初階的主機方案，就不太建議使用。

接下來，教大家如何使用Google Site Kit外掛來串接Google Analytics（分析），如果你曾跟著5-4-11的教學安裝過Google Site Kit的外掛，請跟著以下步驟操作：

STEP01：請到「控制台 > Site Kit > Settings（設定）」，檢查Analytics（分析）的串接狀態，若顯示 Connected，代表已經串接成功，若顯示 Complete setup for Analytics，表示仍需點選該按鈕來完成串接。

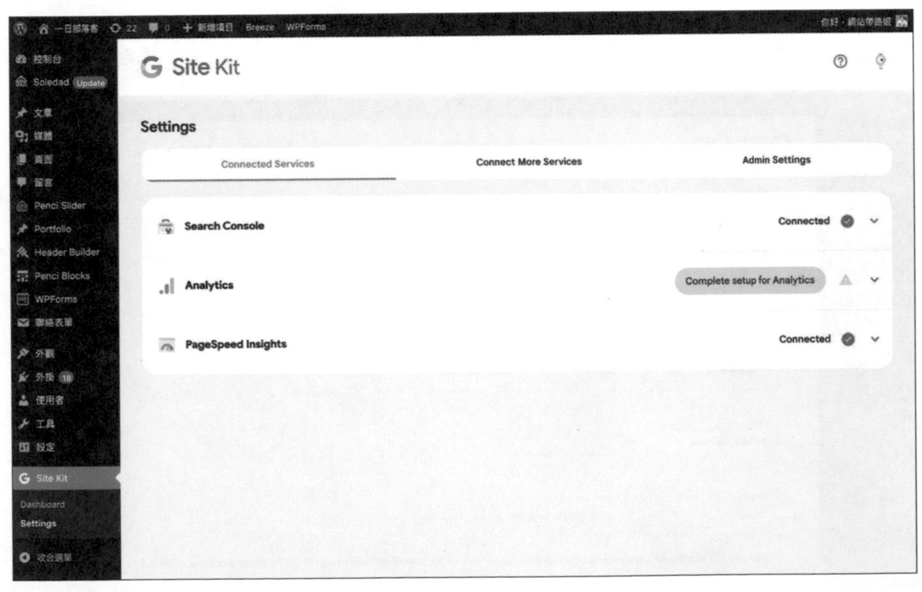

STEP02：點選Account（帳號）欄位，並且點選Set up a new account（設定一個新的帳號）。

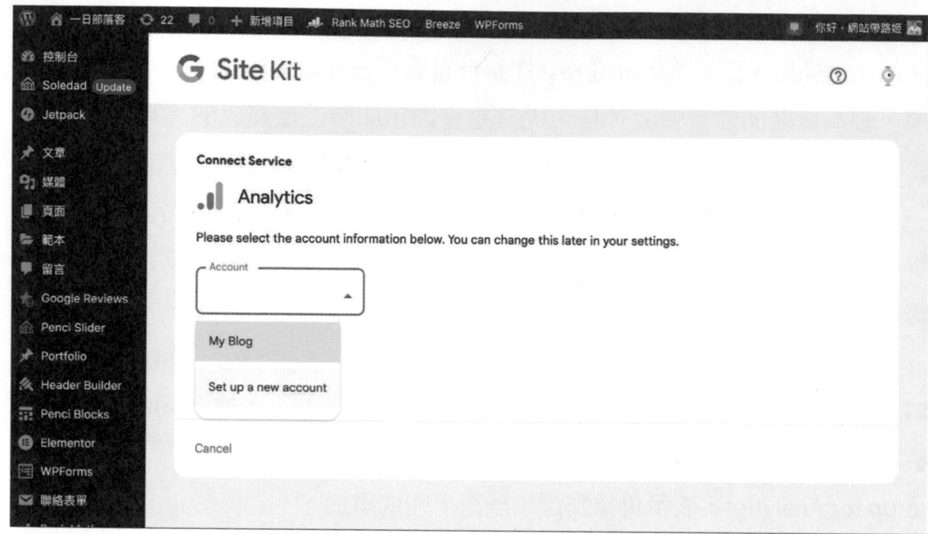

STEP03：使用預設的設定值即可，並且點選Create Account（建立帳號）。

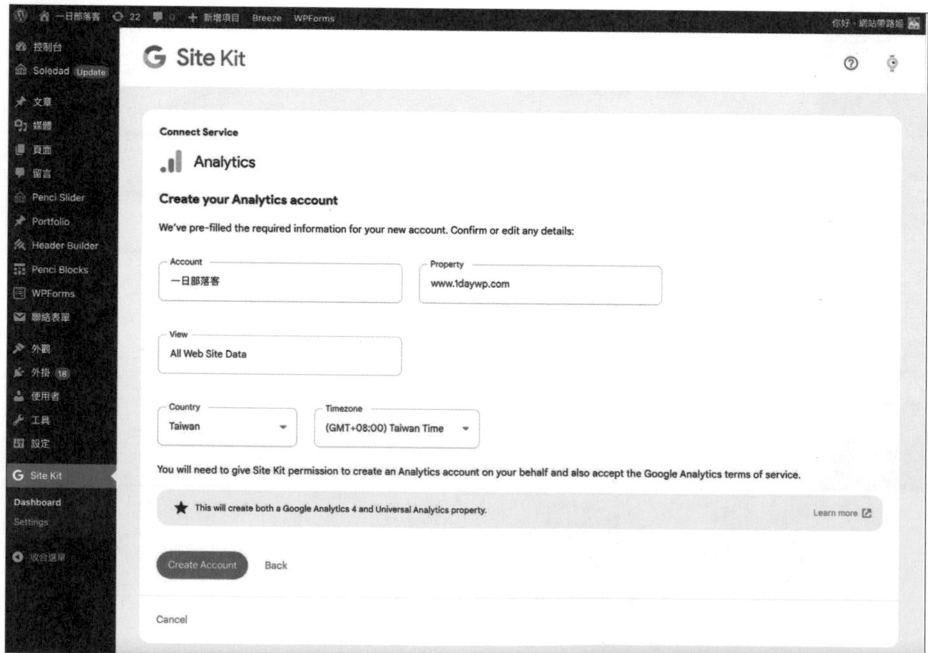

STEP04：串接成功後，即可在Site Kit的Dashboard看到基本的流量表現。

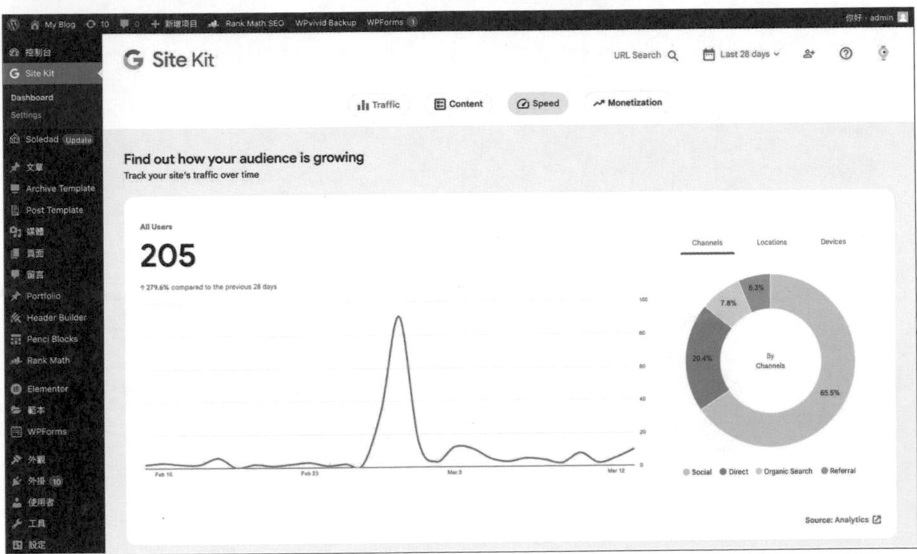

STEP05：也可以直接到Google Analytics網站，即可登入查看完整的網站分析資訊。

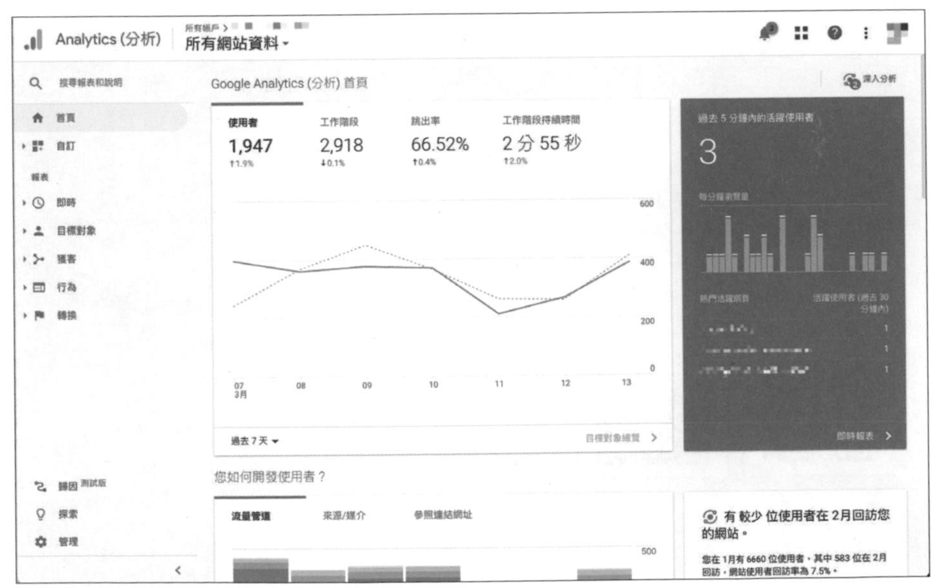

CH. 1 CH. 2 CH. 3 CH. 4 CH. 5 CH. 6

流量總整理

最後針對網站流量總結我的觀察，如果你是一個人經營網站，時間有限的情況下，以下有幾點建議提供參考：

● 前半年不要擔心網站流量，不必每天關注細微的差別。

● 請安裝Google Site Kit，建立並串接Google Analytics帳號。

● 半年後，便可從網站控制台觀測流量的變化。

● 每隔一段長時間，就必須做一次完整分析。請到Google Analytics官方網站，登入Google帳號，就可以看到最完整的數據，學習分析客群、內容瀏覽狀況、及訪客使用行為等。

● 若有餘力及預算的話，主機的規格也比較高的情況下，可以考慮加裝JetPack、MonsterInsights或WP Statistics等進階外掛，進一步學習更多與追蹤流量有關的技能。

如果你還有正職，或者還要忙於照顧家庭等，可能光是寫文章就已經用光大部分的空閒時間，即使完全沒有追蹤也無妨，單純用社群媒體的追蹤人數及搜尋結果的排名，來作為網站表現的追蹤指標即可。

推薦商品

1 Google Analytics（分析）
https://analytics.google.com/

2 MonsterInsights
https://wpointer.com/recommends/monsterinsights/

1

2

5-6 提升網站速度

提升網站速度是一件技術性的任務，涉及很多專業知識與專有名詞，對於不懂技術的網站管理員來說，並不是容易的事。接下來，會盡量分享一些很初階的知識及解決方案，必要時，建議到各大社群尋求專業的協助。

談到網站速度，就一定要先知道Google曾於2020年5月宣布的一項計畫：網站體驗核心指標（Core Web Vitals），可用來評估網頁的使用者體驗。如果你的網站在這些速度指標上表現很好，表示它帶給使用者的體驗良好，對SEO及搜尋排名都有幫助，因此，許多網站測速工具，除了檢測網頁總需的載入時間外，部分工具也會檢測Google所要求的這些指標，提供檢測報告及相關建議。

5-6-1 常見的網站速度指標

Google的網站體驗核心指標包含以下三大指標：

☞**LCP（Largest Contentful Paint）**：此為最大內容繪製時間，也就是內容中最大的元素所需的載入時間。LCP的目標是在2.5秒內完成載入。

☞FID（First Input Delay）：首次輸入延遲。當使用者第一次與頁面進行互動，行為完成到瀏覽器成功回應給使用者的時間，就稱作 FID。舉例來說，如果頁面裡有一個表單，當你填好表單、點擊「送出」按鈕後，到頁面出現「傳送中」之間所等待的短暫時間，即是FID。FID的目標是低於100毫秒。

☞**CLS（Cumulative Layout Shift）**：累計排版位移。此為測量頁面穩定性的指標，表示頁面中元素在載入過程中發生意外移動的程度，也就是頁面內容最好是很快速的整頁打開，即便是網頁很大，內容必須逐步出現時，也該減少內容跳著出現、元素位移太多的情況，讓訪客有更舒服的瀏覽體驗。CLS的目標值是低於0.1，也就是版面位移的變化不應超過網頁高度的10%。

除了以上三個Google提及的指標外，GTmetrix測速工具還另外提供一個測速指標：

☞TBT（Total Blocking Time）：以最簡單的方式來說，是指網頁完全載入前，總共卡住的時間。在這段時間，使用者無法與瀏覽器互動，感覺起來像卡住，因此，TBT時間越短，網站的使用者瀏覽體驗就越好。TBT的目標是在 160毫秒（ms）以下。

5-6-2 檢測網站速度的工具

有了上述概念後，就可以開始檢測網站的速度。網路上的免費工具很多，常見的有GTmetrix、Pingdom Website Speed Test、Google PageSpeed Insights等。

◍ 以GTmetrix檢測網站速度

於瀏覽器直接輸入「GTmetrix.com」，並填入你的網址，點選「Analyze（分析）」即可開始檢測速度。如果你的主要客群在台灣，建議註冊一個免費帳號，就可以把檢測地點改為「Hong Kong, China（香港）」，因為地點比較接近台灣，得出的報告會更接近台灣的速度狀況（如圖5-39）。

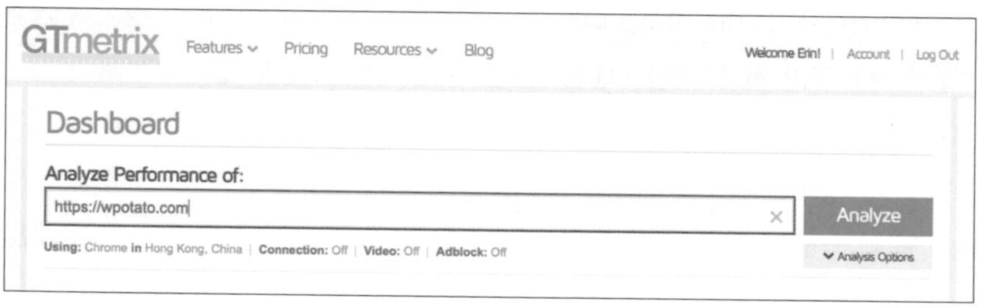

圖5-39：使用GTmetrix來檢測網站速度。

接著，就會得到如圖5-40的檢測報告。在「GTmetrix Grade（成績）」區，是GTmetrix針對你的網頁整體速度上的評估，最大的英文字「C」是總評分（A最好、B次之，以此類推），Performance是整體表現，Structure則是網頁架構；右邊的「Web Vitals（網站體驗核心指標）」區，則包含了之前提到的LCP、TBT，及CLS指標，其代表的意義及目標值可以對照上方的指標說明，也可以用顏色來簡單區別表現的好壞，綠色較好、橘色普通、紅色不佳。

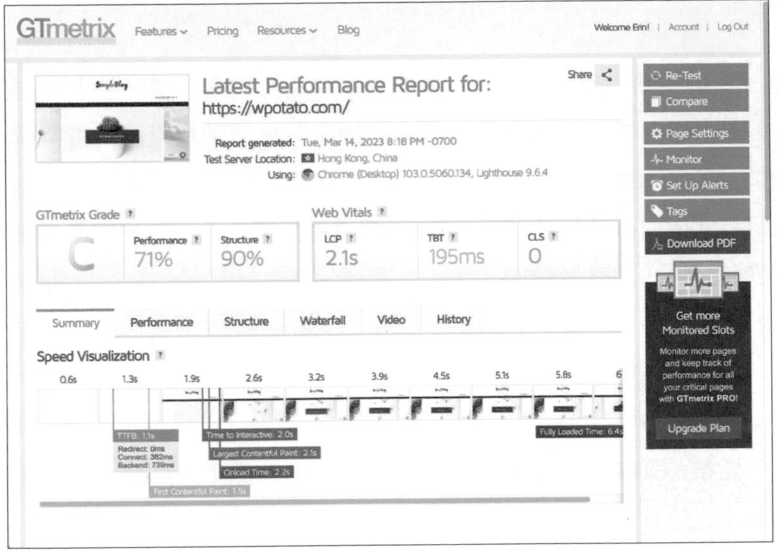

圖5-40：GTmetrix所提供的網站速度檢測報告上半部。

在該報告中的下方也包含這些資訊，如圖5-41：

☞**Top Issues（重要問題）**：列出GTmetrix提供的優化速度建議。

☞**Page Details - Fully Loaded Time**：頁面完整載入所需時間（越短越好）。

☞**Page Details - Total Page Size**：頁面總檔案大小（越小越好）。可從圖表

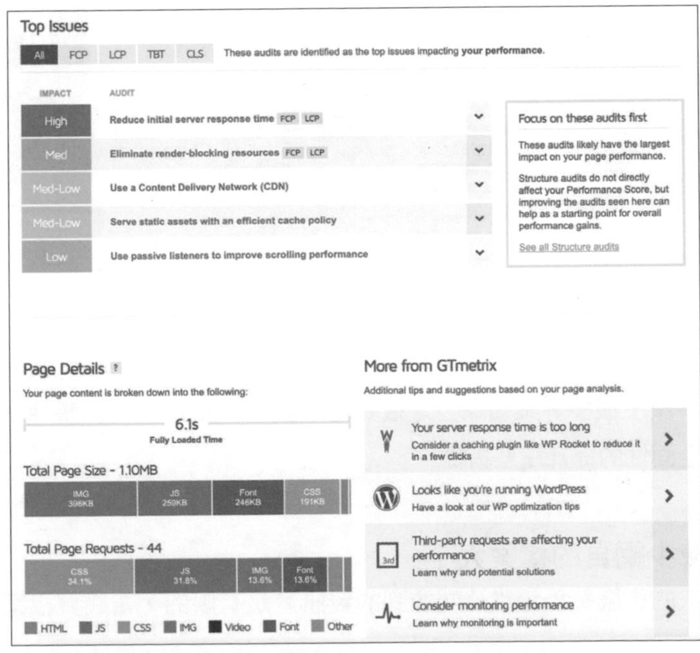

圖5-41：GTmetrix所提供的網站速度檢測報告下半部。

中查看每種檔案類型所佔的大小，尤其是IMG圖片檔案，是新手朋友在架站初期容易忽略掉的地方，直接上傳未壓縮過的照片，導致網頁圖片檔案過大，影響整個網頁的載入速度。

☞**Page Details - Total Page Requests**：網頁總請求次數，跟主機請求資料的次數（越少越好），請參考5-6-3。

5-6-3 改善網站速度

你一定很想知道，該如何來改善測出來的數據呢？把成績從 C 變成 B、甚至變成 A ？

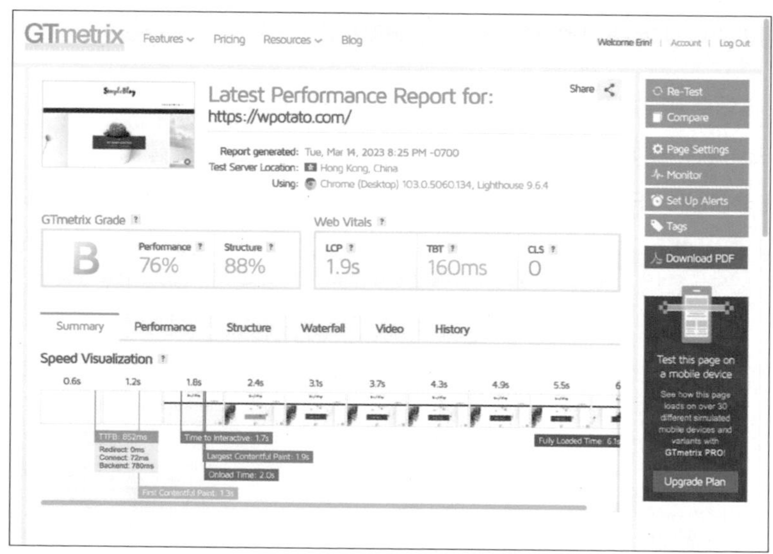

圖5-42：經過一些調整後，成績從C提升到B。

身為不懂技術的新手，若要特別針對每個指標一一改善，其實有點困難，因為裡面涉及了很多專業知識，是很難簡單說明，不過，我仍整理一些建議，通常可以全面性的提升這些指標：

◍ 一、減少網頁的檔案大小

每個人的電腦每秒鐘從遠端收到的資訊量是有限的，當網頁檔案越大，就得花越多的時間載入，因此，優化網站速度的第一步，就是幫網站「減肥」一下：

☞**圖片要先壓縮再上傳**：這部分已多次提醒，千萬不要手機拍照完就直接上傳！放到網站上的照片圖片，都建議壓縮到300KB以下。如果之前上傳的照片都是2到3MB，建議可以安裝ShortPixel外掛，先購買好點數（月繳或購買點數來扣抵），一次把媒體庫的照片全部用「Bulk ShortPixel大量壓縮」處理，就能有效率的壓縮所有照片（建議參考5-6-4）。

☞**避免使用動態GIF圖片**：動態圖片的檔案大小都非常驚人，除非萬不得已，盡量避免較好。

☞**謹慎使用PNG圖片**：PNG是可以帶透明背景的，圖片清晰度很高，可是檔案就會比較大；GIF也可以帶透明背景，相較下檔案會小很多。

☞**圖片盡量使用WebP檔案格式**：與傳統圖像格式如JPEG和PNG相比，WebP可在不影響圖片品質的情況下減少檔案大小達34%，因此，建議使用Photoshop或ShortPixel等外掛，將圖片轉換成WebP格式，會對減少網頁檔案大小非常有幫助（建議參考5-6-4）。

☞**不要直接上傳影片**：建議把影片上傳到YouTube或Vimeo等影音串流平台，再嵌入到網頁裡。

☞**壓縮HTML、CSS和JavaScript程式檔案**：可以安裝像WP Fastest Cache或WP Rocket外掛來達成（參考5-6-5）。

◍ 二、減少Requests（向主機請求資料的次數）

試著可以想像成，小明多次向你借錢，事後你是要依一張一張借據分別打電話跟他追討？還是將借據整合起來，一次要全額比較快？

當你在輸入網址，按下Enter的那一剎那，這動作就是在跟遠端的主機要資料。與其發送一堆要求，一個一個要資料，不如減少請求的次數，就能減少來回溝通的時間。

通常網站測速工具都會提供「Requests（請求）」數據，下列技巧可以把Requests降到80以下，越低越好：

☞停用沒有在使用的外掛，並且盡快刪除（避免被駭客偷藏東西）。

☞減少外掛使用數量，外掛越多，通常Requests越多，網站速度會越慢。

☞避免使用功能有重複的外掛。

☞盡量使用來源可靠的外掛，通常程式品質較好。

☞盡量使用速度快的佈景主題（可以參考主題的介紹與評價）。

☞利用外掛來合併JS、CSS檔案，例如：WP Fastest Cache或WP Rocket。（執行合併前建議先備份，並在執行後，到前台檢查網站是否因此破版，參考5-6-5）

◍ 三、使用Lazy Load（延遲載入）

Lazy Load是一種優化網站速度的技術，也就是當視窗捲軸捲到哪裡，頁面中的內容就載入到哪裡，不用讓訪客等整個頁面都全頁載入完畢才開始顯示內容。

透過這個技術，可決定載入的優先順序。像是，先顯示文字、再開始顯示圖片或影片等。多數外掛都有提供Lazy Load的功能。像是升級版的WP Fastest Cache外掛，以及付費版的WP Rocket外掛等（參考5-6-5）。

建議啟用Lazy Load後，檢查每個網頁，確認網頁排版是否會亂掉，若有的話，可以利用外掛的設置，排除排版變亂的網頁。

◍ 四、使用GZIP壓縮檔案

與ZIP檔案的概念相仿，有壓縮檔案的意思。網站主機傳送資料給你的訪客時，先將資料以GZIP技術壓縮，再傳到訪客的瀏覽器上，網頁載入的速度自然可以提高很多。

GZIP因為要和主機端有所搭配，其啟用方式就要依據你所選擇的主機商而有所不同。若是使用Cloudways主機，官方是建議搭配Breeze的外掛，就可簡單的啟用。而WP Rocket外掛，則是啟用外掛時，就會自動啟用Gzip，更是方便！

◍ 五、建立網站快取

5-3已介紹過「快取」，快取技術可以建立靜態版（快照版）的網頁，並且暫存起來供訪客快速瀏覽，以減少重複運算與重組網頁的時間，提高網站的載入速度。建立快取的方式很多，請參考以下：

☞**確認主機端是否有提供快取**：有些主機商會提供自家的快取外掛，讓使用者可以更輕鬆地使用快取功能。例如：A2 Hosting主機搭配A2 Optimized外掛、Cloudways主機則是搭配Breeze外掛。

☞**安裝快取外掛**：例如WP Fastest Cache（免費）及WP Rocket（付費）（參考5-6-5）。

◍ 六、升級到較新的PHP版本

PHP是一種程式語言，主機上需要安裝PHP，才能解析並且執行PHP程式，也才能讓WordPress網站正常運作。

主機上安裝的PHP有版本之分，對網頁的速度也有點影響。就像是iOS，升級到越新版本，通常會運算的很快，不過，有時升級太快，也會造成某些APP打不開或閃退的情況。

因此，升級PHP的版本之前，建議先備份網站，或者在測試環境中先執行，千萬不要沒有備份就直接升級，有時佈景主題或外掛不相容的話，網站會壞掉！

升級PHP版本的方式很簡單，通常在主機控制台就能找到修改PHP版本的設定，建議到主機的支援中心搜尋相關教學文章（參考圖5-43）。

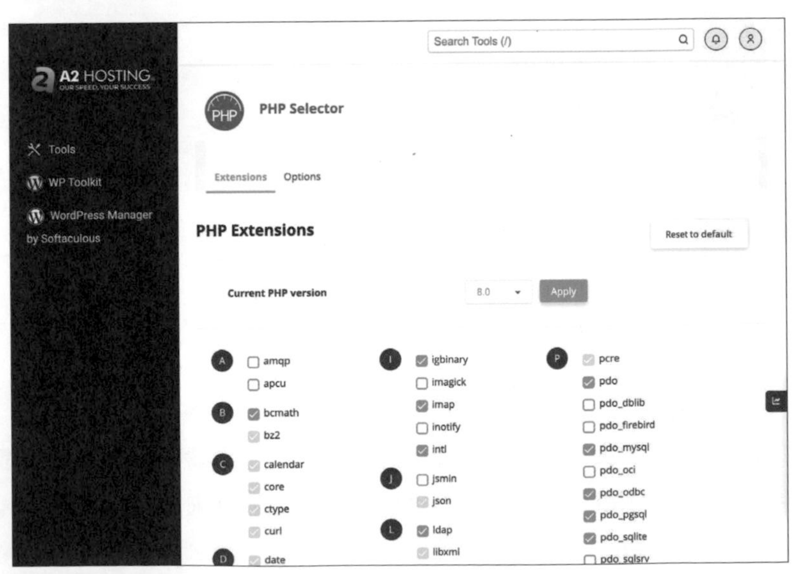

圖5-43：以A2 Hosting主機來說，只要到「cPanel > PHP Selector」，即可改變PHP版本。

◍ 七、定期清理資料庫

當你在WordPress網站上新增或刪除文章、頁面、評論等內容時，這些資訊都會被儲存在資料庫中。隨著時間的推移，這些資料庫會變得肥大，裡面盡是過時且不必要的資訊。

這些無用的資料會使得資料庫變得很複雜，甚至影響到網站的速度。因此，定期清理WordPress資料庫就像定期幫家裡打掃一樣。我是直接透過WP Rocket外掛來設定每週自動清理。如果你想要使用免費的外掛，也可以試試看WP-Optimize 外掛，但建議都一定要先備份喔。

如圖5-44，使用WP-Optimize，只要到Database（資料庫），勾選想要清理的項目，再點選「Run all selected optimizations（執行所有選取的優化項目）」即可。

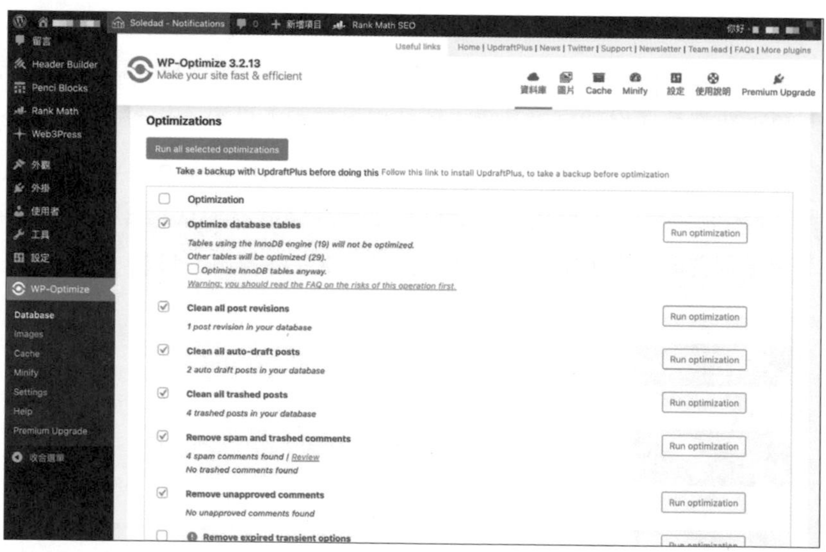

圖5-44：使用WP-Optimize外掛來定期清理資料庫。

◍ 八、進階技術：使用CDN

CDN是一種優化網站速度的技術，它可以將網站的檔案或快取頁面複製到世界各地的伺服器，讓訪客可以從離他們最近的伺服器來取得網站內容，以提高載入速度和使用體驗。

在台灣，大部分的CDN服務費用都很高，若要省錢的話，可使用Cloudways主機，並且加購「Cloudflare Enterprise（企業版服務）」，一個網站一個月只要新台幣幾百元即可享受原本在Cloudflare網站就要美金200元的服務！

Cloudflare在全世界超過250個城市都有伺服器（包含台灣），因此，使用他們的CDN，就可以讓世界各地的訪客用最短的時間看到你的網站內容。

如圖5-45，使用Cloudways主機的CDN很簡單，只要進入「Applications（應用程式）」，點選左邊的「Cloudflare」，並且於右邊填入網域，以啟用這個加值服務即可。

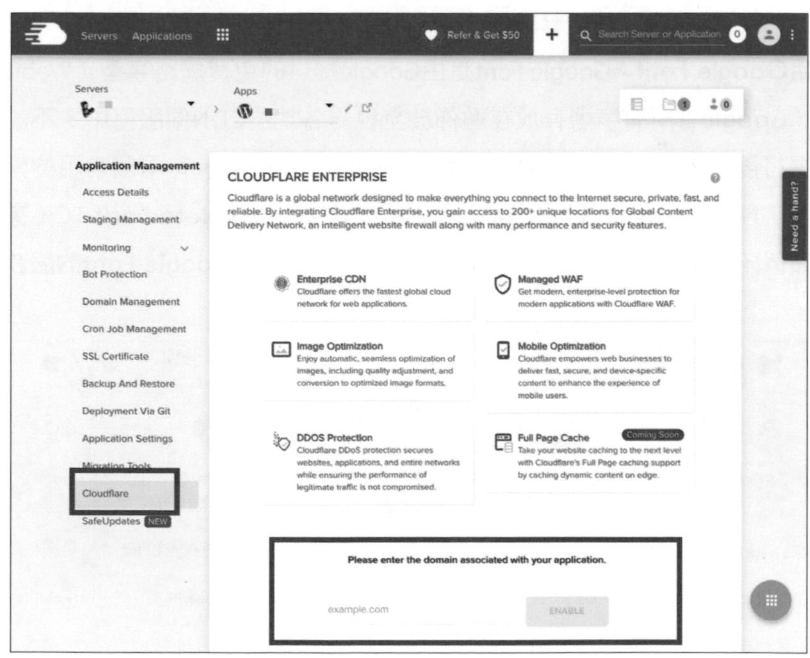

圖5-45：Cloudways主機提供的Cloudflare加值服務及包含企業等級的CDN。

◍ 九、減少第三方的程式載入

第三方的程式包括社群媒體的外掛（嵌入Facebook粉絲專頁與Facebook社團等）、帶有程式碼的廣告、追蹤像素、浮動式聊天按鈕等，都可能導致網頁速度變慢，因此，請謹慎使用第三方的程式載入，如果非得使用不可，可以學習使用WP Rocket外掛，將相關的JS檔案延遲載入，此技巧較為進階，建議可參閱WP Rocket外掛提供的相關說明。

◍ 十、減少使用特殊字型

由於中文的特性，一個中文字型通常要包含很多文字及標點符號，檔案可能是好幾MB，比起幾KB的英文字型來說，中文字型實在肥大，因此，相當不建議上傳中文字型到主機上做使用，會影響網站載入的速度。那麼，在不影響網站速度的情況下，中文字型還有什麼選擇呢？

☞**使用系統字型**：通常在佈景主題的字型設定處，可以選擇使用「System Font」，就可以最不影響網頁載入速度。

☞**使用Google Font**：Google Font是由Google提供的免費網路字型（Webfont）服務，Google將所有字型存放在遍佈於全世界各地的CDN伺服器中，不論訪客從哪裡打開網站，都能快速載入字型。在Goole Font中，有兩個常用的繁體中文字型：Noto Sans TC（無襯線字體，類似黑體）以及Noto Serif TC（襯線字體，類似宋體）。大部分的付費佈景主題都有直接串接Google Font的服務，就

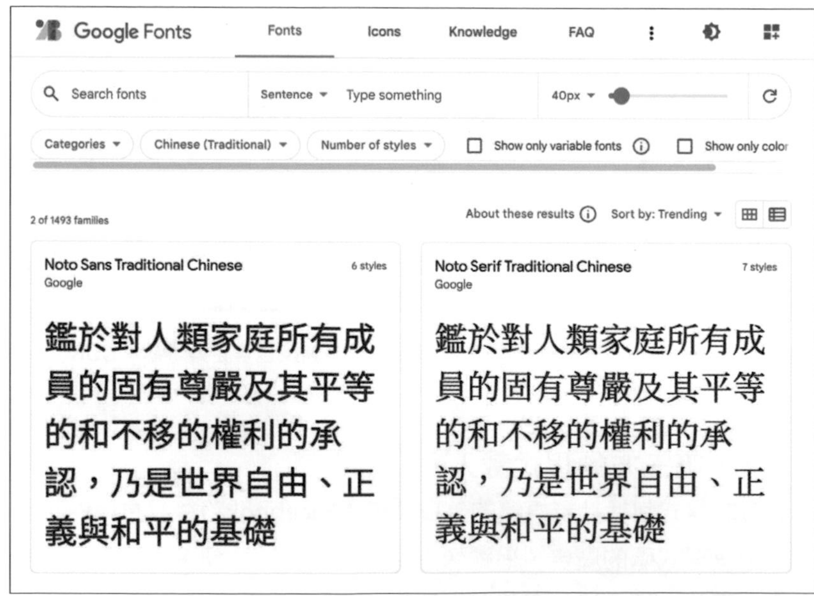

圖5-46：使用Google Font是省錢又方便的選項之一。

可以直接在字型設定中選擇上述的兩個繁體中文字型。如果你的佈景主題沒有串接Google Font，也可以另外安裝「Fonts Plugin | Google Fonts 排版樣式」外掛，就可以使用Google Font。

☞**使用justfont：**justfont是一家提供中文網路字型（Webfont）的台灣廠商，使用類似Google Font的雲端技術，讓網頁可以快速載入特殊的中文字型。其免費方案的可用字型較少，若是升級成會員方案，即可使用全部近100套的中文字型。在使用上會需要略懂一些程式，比Google Font難度再高一些，建議到justfont官網參考價格方案與使用說明。

◍ 十一、輕量化網頁最一開始的可視範圍

維持網頁最一開始的可視範圍輕量化，可以對多項網頁速度的指標有幫助。首先，它可以降低首次內容繪製時間（FCP），降低使用者首次看到任何內容（像是文字、圖片、影片等）時所花費的時間。網站的FCP時間越短，表示網站的首次載入速度越快，使用者體驗也越好。

圖5-47：一開始的可視範圍中只有文字，可以降低FCP與LCP，對提升測速網站的分數有幫助。

其次，它可以降低最大內容繪製時間（LCP），也就是網頁裡最大且最重要的內容物件載入的速度。將網頁最一開始的可視範圍輕量化時，可以降低首次載入的網頁大小及請求數，讓重要的內容物件更快速地載入完成，進而改善LCP指標。

圖5-48：當一開始的可視範圍中加入了滑塊元素，就得載入額外的JS與CSS檔案，會稍微降低FCP與LCP。

◍ 十二、升級主機方案

主機是一分錢一分貨的東西，像是買了一台不到一萬元的文書處理電腦，不論再怎麼校調，也無法變成一台五萬元的電競專用電腦。一年才支付新台幣1000元左右的主機，規格上就有先天的限制，效能也會差強人意。假設上述的所有辦法都試過了，但網頁載入速度仍然龜速，請參考以下建議：

☞升級主機方案。

☞檢查是否有外掛衝突的問題（參考第五章的新手自救七大守則）

☞升級WordPress、佈景主題與外掛。（升級前請參考5-2的內容執行備份）

☞尋求專業協助。

5-6-4 圖片優化與壓縮工具：ShortPixel外掛

壓縮圖片的外掛非常多，像是ShortPixel、Imagify、Ewww Image Optimizer等。以下就ShortPixel外掛來介紹幾個重要的功能。

❶.安裝並且啟用「ShortPixel Image Optimizer – Optimize Images, Convert WebP & AVIF」外掛後，至「設定 > ShortPixel」。

❷.在「General」頁籤中，選擇你喜歡的壓縮模式：Lossy（有損）、Glossy（微損）、Lossless（無損）。

❸.Resize large image：自動調整大圖尺寸。上傳圖片時，ShortPixel會自動縮小圖片到你設定的目標尺寸。

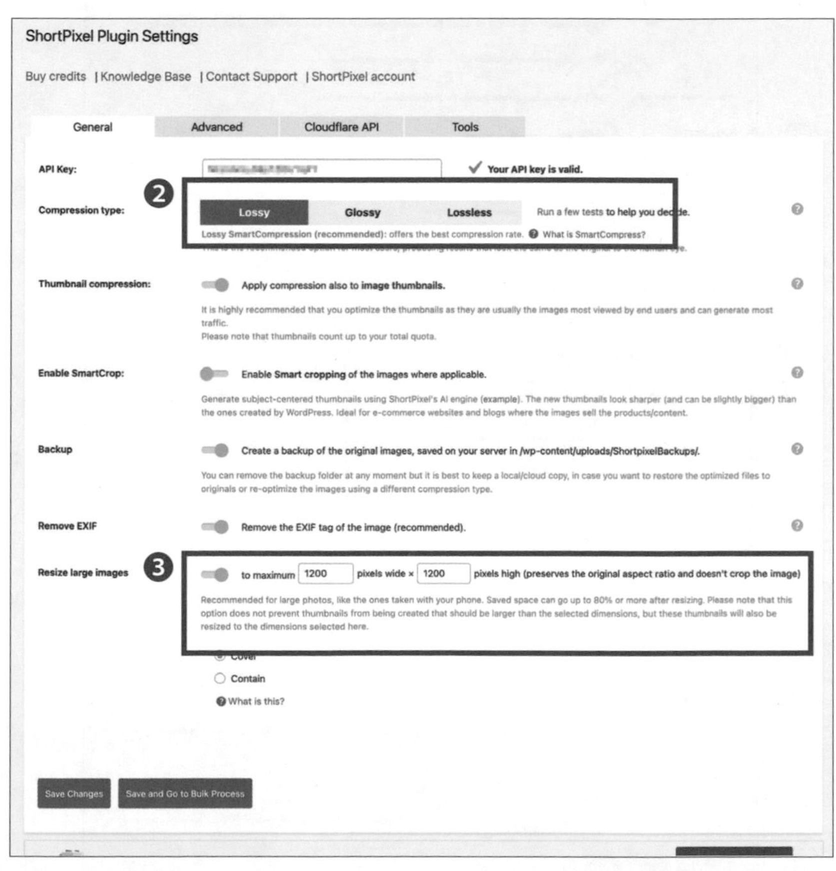

圖5-49：ShortPixel外掛設定中的General（一般）頁籤。

❹.在「Advanced」頁籤裡，可以啟用「Create WebP versions of the images. Each image/thumbnail will use an additional credit unless you use the Unlimited plan.」，ShortPixel就會產生WebP格式的圖片，這個功能需要扣除一點額外的點數。

❺.Exclude thumbnail sizes：排除的縮圖尺寸。WordPress在你上傳圖片時，預設的狀況下就會自動產生各種尺寸的縮圖，但並不是所有縮圖都會用在網頁裡，如果想節省ShortPixel的點數，可在此勾選你不需要執行優化的縮圖尺寸。

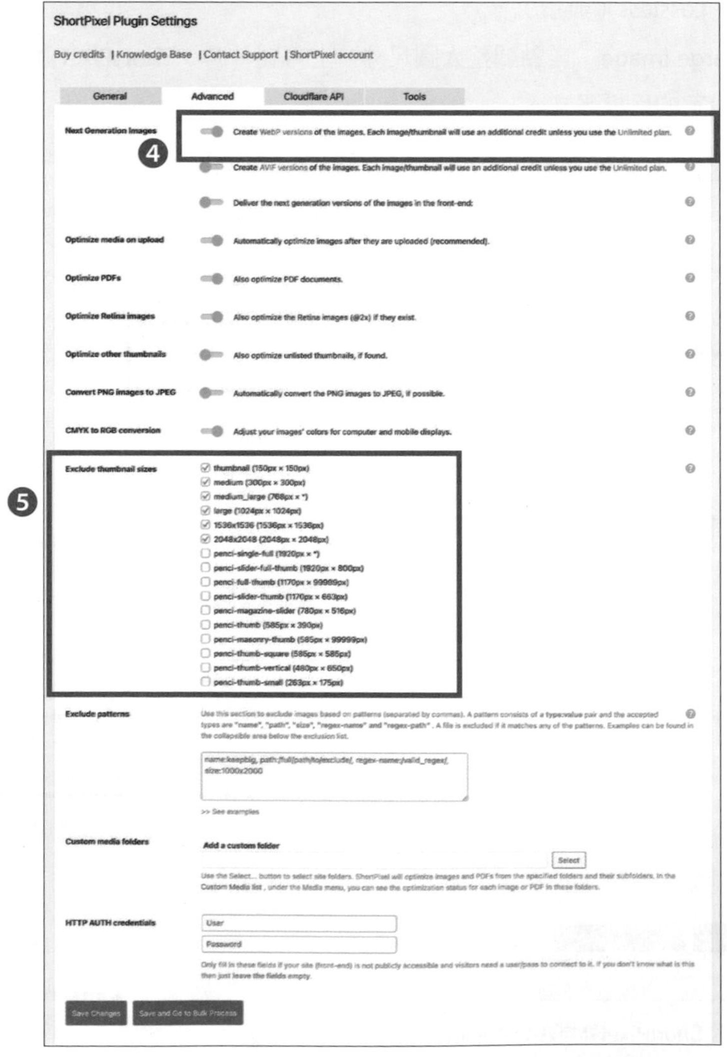

圖5-50：ShortPixel外掛設定中的Advanced（進階）頁籤。

❻.如果需要一次壓縮媒體庫裡的所有圖片的話，只要到「媒體>Bulk ShortPixel」，即可執行大量壓縮圖片。可以選擇性的勾選是否要建立WebP格式的圖片，每張需要多扣一些點數。

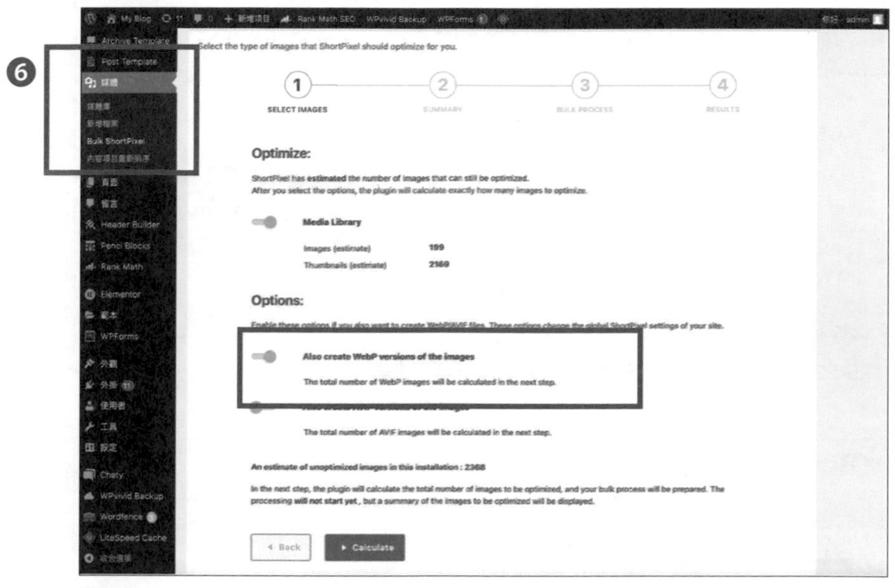

圖5-51：到『媒體> Bulk ShortPixel』，即可執行大量壓縮圖片。

5-6-5 網站速度優化工具：WP Rocket

在5-6-3針對改善網站的速度，列出十二項技巧，其中像是減少Requests請求次數、使用Lazy Load（延遲載入）、使用Gzip壓縮檔案、建立網站快取、定期清理資料庫、使用CDN等，都算是技術性工作。

我也曾看過學員為了省錢去找免費外掛來執行，結果因為一知半解，時常設定錯誤、安裝到重複功能的外掛，或安裝過多的外掛，導致網站速度沒有變快，反而還增加了外掛之間衝突的風險。

假如你很重視網站的速度，那麼，強烈建議你準備一筆預算購買WP Rocket外掛，因為這個新手友善的外掛能搞定上述所有功能。即使只是安裝啟用，沒有任何設定，就能改善網站速度；經過設定後，網站測速的分數更是明顯提高。

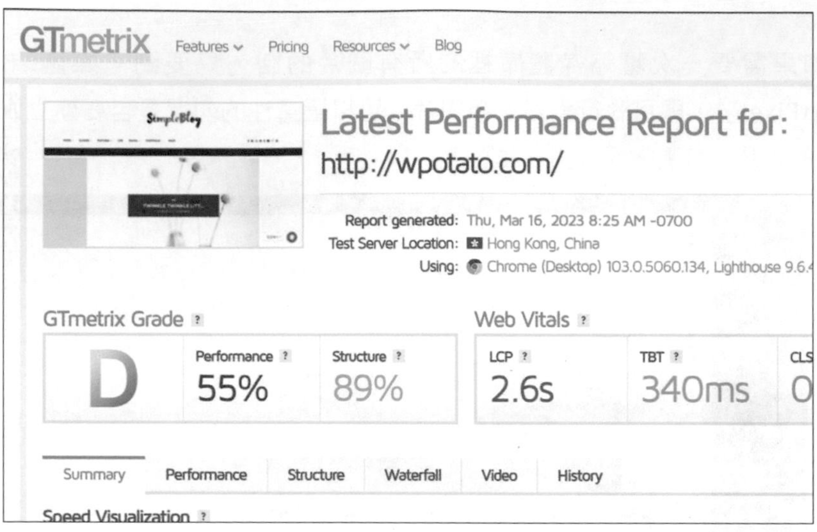

圖5-52：使用WP Rocket外掛前，GTmetrix所測得的報告。

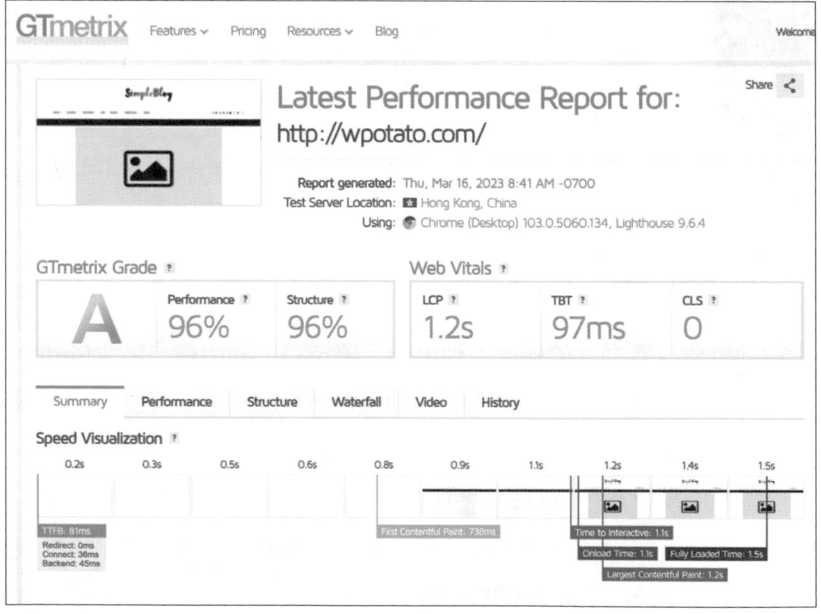

圖5-53：安裝啟用WP Rocket外掛後，做好基本設定，成績就獲得明顯改善。

WP Rocket有中文介面，非常簡單易懂，而且每個選項下方都有簡單説明，如果操作上有疑問，可以詢問客服，或者到Facebook社團中與大家交流討論。

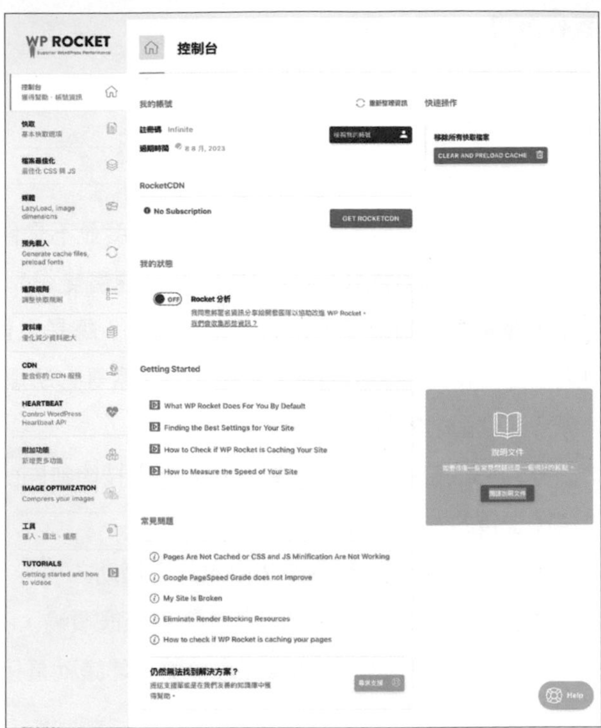

圖5-54：WP Rocket的外掛控制台是中文介面。

WP Rocket外掛並沒有提供免費試用版，需要付費購買才能使用，而且沒有賣終身制的授權，必須要每年續約才能持續更新外掛。若不續約，仍可以繼續使用外掛，只是無法更新版本，最終，有可能會與更新版的WordPress或其他外掛產生相容性問題。

圖5-55：在使用的過程中，甚至會在需要注意時給予提醒，對新手朋友十分貼心。

5-6-6 提升網站速度的總結

對不懂技術的新手來說，優化網站速度並不是件容易的事，即便是使用WP Rocket外掛，也無法100%保證能把網站速度變得超快，成績直接變成100分，畢竟，還是牽涉到很多人為的因素，像是：總是上傳未壓縮的圖片、使用太多中文字型、使用過多需要載入JS程式的元素等。所以，再次提醒新手們：

☞謹守管理網站的好習慣（參考5-1）。

☞參考5-6-3改善網站速度的觀念，尤其與技術無關的項目。

☞選擇優質的主機方案。

☞預算允許的話，可購買WP Rocket外掛輔助。

我們的首要目標就是讓訪客瀏覽起來很順暢，不用太執著於網站測速工具所給的分數。如果你真的非常在意分數，建議就直接找專家幫忙吧！

◀推薦商品▶

1 GTmetrix測速工具

https://gtmetrix.com/

2 Google Font字型

https://fonts.google.com/

3 justfont網路中文字型

https://webfont.justfont.com/fonts

4 WP Rocket 多合一提升網站速度外掛

https://wpointer.com/recommends/wp-rocket/

5 ShortPixel壓縮圖片外掛

https://wpointer.com/recommends/shortpixel/

1 2 3 4 5

5-7 加強網站安全

加強網站安全是很多新手在初期架站時很容易忽略的一環，但，它卻十分重要。一個不安全的網站，會導致下列問題，而且每一個都相當棘手：

☞網站被強制轉向其他網頁。

☞網站被強制蓋上廣告。

☞網站被強制加入垃圾資訊，為了提升他站的SEO。

☞網站內容被篡改。

☞網站資料外洩。

☞網站遭受攻擊而中斷。

☞喪失網站的控制權。

☞損害網站的公信力。

5-7-1 預防勝於治療

根據Wordfence安全外掛於2020年報告指出，單就這一年的統計數據，在他們保護400萬客戶的過程中，就發現超過900億次的惡意登入嘗試、超過43億次利用WordPress的漏洞來進行攻擊。

根據Security Magazine的數據，網路上每39秒就發生一次駭客攻擊事件。

根據Breach Level Index的數據，網路上每秒鐘就有75筆資料被駭客竊取。

根據McAfee的數據，駭客平均每天產出30萬新的惡意程式（Malware）。

上述數據就是在提醒，網路世界危機四伏，只要是會連線到網路的設備，不論是電腦、手機、網站、甚至是智慧型手錶等，駭客發現有好處的地方，就會想辦法找到弱點來攻擊。使用WordPress架站，在初期沒有做任何安全措施還好，但隨著WordPress版本、佈景主題、外掛越來越舊，就很容易出現安全漏洞，被駭客入侵就只是早晚的事。

難道，我們只能直接舉雙手投降了嗎？網站管理員與駭客的對決，就像三隻小豬的故事一樣，什麼都不做的小豬太多了，真正願意花心思築堡壘的小豬比較少。只要願意為你的家做一點安全上的防護，自然就有機會把大野狼擋在門外，千萬不要等到大野狼都已經進門了，就得花更多的力氣，還得花錢搬救兵，得不償失啊。

接下來，就來熟悉網路安全的觀念與技巧吧！

5-7-2 謹守良好的安全習慣

以下是簡單的安全觀念，無需外掛輔助就可以做到的，請務必確實執行：

☞避免使用「admin」當帳號名稱。

☞使用複雜安全性高的登入密碼。

☞更新WordPress、佈景主題與外掛，尤其是與修復安全漏洞有關的更新（參考5-1）。

☞避免使用來路不明的佈景主題與外掛（參考5-1）。

☞刪除沒有啟用的佈景主題與外掛（參考5-1）。

☞定期備份網站（當網站被駭時，可還原網站到被駭之前，是最便宜也最有效率的修復方式）（參考5-2）。

5-7-3 使用安全外掛：All-In-One Security (AIOS)

熱門的安全外掛很多，像是Sucuri、Wordfence、iThemes Security以及All-In-One security等。如果你的網站收益很高，禁不起一點閃失，也有足夠的預算，我強烈建議你直接選擇Sucuri外掛，就可以享有最VIP等級的服務與待遇，連中毒了都有客服幫你解決，讓人實在好放心。

若你只是個新手，口袋還沒這麼深，想要先安裝一個免費外掛、又有基礎功能，就可以考慮Wordfence或All-In-One Security外掛。

Wordfence外掛的免費版就提供了不錯的防火牆，會自動攔截惡意程式，但是，它所根據的防火牆規則及病毒碼比較舊，比付費版晚了三十天更新，除此之外，免費版每三天才能執行一次惡意軟體掃描，不像付費版完全沒有限制。即便如此，免費版的Wordfence還是有一定的效果。但，我認為有三個對新手比較不友善的地方：

◉全英文介面，對習慣中文的使用者來説比較不方便。

◉如果發現中毒，其掃毒服務非常昂貴，大約是新台幣15000元左右。

◉內建功能多且專業，但並沒有難易度之分，加上選項都是英文，使用起來難度比較高。

All-In-One Security是另一個安裝數超過百萬的安全外掛，也有提供免費試用版，雖然其防火牆沒有Wordfence這麼有名，無法築高牆，但它有許多能設在家門口、窗口等處的自我防護，有中文的操作介面、清楚的難易度分級，以及安全分數儀表板。整體來説，是個對新手相當友善的外掛，可惜的是，免費版沒有包含惡意軟體掃描的功能，需要付費升級才有，幸好費用還算親民。

由於篇幅有限，接下來就以All-In-One Security外掛為例，一邊認識基本功能，一邊學習WordPress的安全知識。

◍ 如何使用All-In-One Security外掛

若你比較習慣中文介面的話，建議可以暫時到「設定 >一般」，把語言改成「簡體中文」（目前尚無繁體中文版），部分介面就會改成中文。

STEP01：到控制台的「外掛 > 安裝外掛」，搜尋「All in one security」，就可以找到「All-In-One Security (AIOS) – Security and Firewall」外掛，將其安裝並且啟用即可。

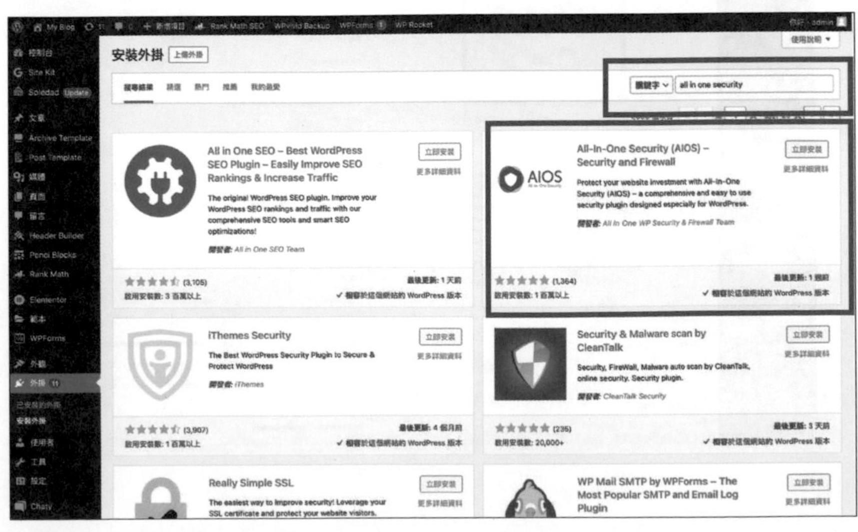

STEP02：初次使用時，點選控制台左邊的「WP 安全」，就會看到安全儀表板，顯示目前的安全分數。

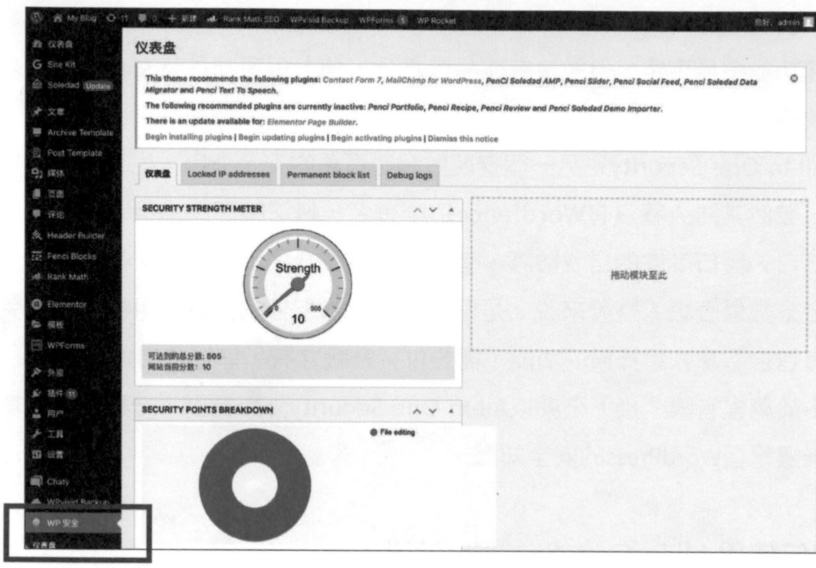

STEP03：只要跟著下面的教學來設定外掛，可以把分數提高到綠色等級。

由於功能多樣，無法在此書一一說明，若是沒有介紹到的地方，而你不確定該怎麼設定時，保險起見，建議勾選「基本」等級的功能，比較不會讓網站壞掉。

接下來，為了對照簡體中文版的介面，盡量以該用語以便大家學習：

■ **設置**

☞**.htaccess file**：請點選備份.htaccess文件按鈕，檔案會被備份於主機空間裡。安全外掛時常會需要改動.htaccess檔案，以實現各種保護作用。必須注意的是，該檔案毀損的話，會導致網站無法正常運作，在做任何設定之前，建議先備份這個檔案。

☞**wp-config.php file**：wp-config.php檔案中，包含許多與WordPress安裝相關的重要資訊，也是建議點選備份按鈕，將檔案下載並存放在自己的電腦上。

■ **用戶帳戶**

☞**WP用戶名**：如果你還在使用admin作為管理員帳號名稱，請立即改掉。admin是許多WordPress自動安裝程式所預設的帳號名稱，所有駭客都知道，會讓網站暴露在風險之下。

☞**密碼工具**：這個工具會檢測你的密碼強度，建議使用高強度的密碼，才不會輕易被駭客破解。

■ **用戶登入**

☞**Login Lockout（登入封鎖）**：啟用這個功能可用來防止駭客不停的猜測密碼。一旦登入失敗超過指定的次數，系統就會自動把他鎖在門外。（相關設定可以直接看選項的中文說明）

☞**Force logout（強制登出）**：啟用這個功能可用來強制登出閒置過久的帳號，避免被他人使用。

■ **用戶註冊**

☞**Manual Approval**：如果你的網站並沒有銷售商品，不需要讓訪客註冊帳號，建議可以勾選啟用人工審核新的註冊的功能，以防止駭客偷偷註冊管理員帳號，你卻沒有發現。

☞Registration CAPTCHA：如果你的網站有開放註冊功能，建議可以啟用這個功能，讓訪客在申請過程中，多一個驗證步驟，防止惡意程式註冊。

■數據庫安全

☞Database prefix（**資料表前綴**）：更改預設的資料表前綴，比較不會被駭客輕鬆找到資料表而竄改資料。雖然對新手難以理解，但只要記得勾選讓外掛為你產生隨機的資料表前綴，並且點選「Change database prefix」即可。（執行前，建議先參考5-2備份網站）

■文件系統安全

☞File Permissions（**檔案權限**）：透過調整檔案或資料夾的權限設定，可以控制擁有者以外的使用者對檔案或資料夾的權限限制，例如：把權限設定為0755，代表擁有者可以讀、寫、與執行檔案，其他人則只能讀取與執行，無法對檔案寫入，也就無放竄改內容。權限設定的數字組合很多，但是不用擔心，只要直接點選「Set Recommend Permissions」，就可以直接把權限改成外掛建議的數值。

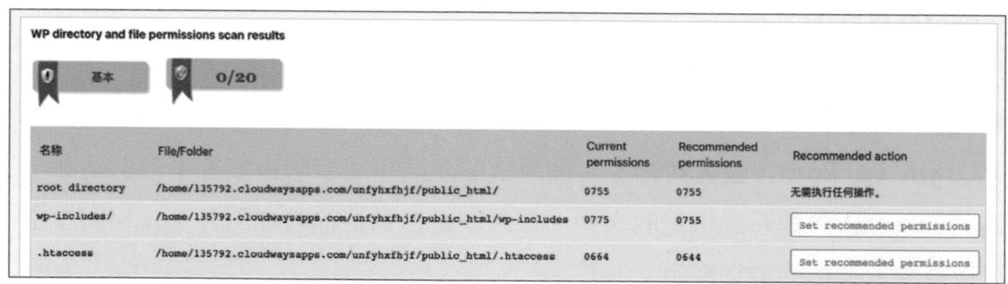

WP directory and file permissions scan results

基本　0/20

名称	File/Folder	Current permissions	Recommended permissions	Recommended action
root directory	/home/135792.cloudwaysapps.com/unfyhxfhjf/public_html/	0755	0755	无需执行任何操作。
wp-includes/	/home/135792.cloudwaysapps.com/unfyhxfhjf/public_html/wp-includes	0775	0755	Set recommended permissions
.htaccess	/home/135792.cloudwaysapps.com/unfyhxfhjf/public_html/.htaccess	0664	0644	Set recommended permissions

☞PHP file editing（**PHP檔案編輯**）：WordPress在預設的情況下，控制台裡有佈景主題檔案編輯器及外掛檔案編輯器兩項功能，讓管理員可以直接在控制台編輯PHP檔案，然而，一旦有駭客破解密碼進入網站控制台，就能用這個功能來竄改網站設計。因此，建議勾選移除這個功能。

☞WP file access（**WordPress檔案存取**）：WordPress的組成檔案中，有些檔

案會透露WordPress版本等敏感資訊，駭客們就能藉此找到舊版的WordPress使用者，再針對其漏洞發動攻擊。因此，建議勾選阻止訪問這些檔案。

■防火牆

☞**Basic firewall rules（基本防火牆規則）**：建議勾選採用基本的防火牆保護，並且勾選完全阻止對XMLRPC的外部訪問。XML-RPC是WordPress中一個允許其他應用程式與WordPress系統進行互動的功能，由於很容易造成安全漏洞，甚至被用來發動（DDoS）殭屍帳號大量攻擊。因此，建議盡量停用這個功能。

☞**Prevent hotlinks（防止圖片盜連）**：建議勾選防止圖片盜連的功能，可以避免其他網站或使用者直接引用你網站上的圖片，造成主機資源被耗用與成本增加。

■暴力破解

☞**Rename login page（重新命名登入頁面）**：WordPress在預設的情況下，在網域後面輸入/login/、/admin/、及/wp-admin/，都會被轉址到控制台的登入頁面，然而，駭客們也都知道，導致他們可以輕輕鬆鬆找到你家大門，開始猜測帳號密碼。因此，建議自訂登入網頁的名稱。只要勾選啟用，並且在空白欄位處填入你想自訂的名稱，點選「Save settings」儲存設定即可。請注意，一定要記住自己的設定，否則之後會找不到登入頁面喔！

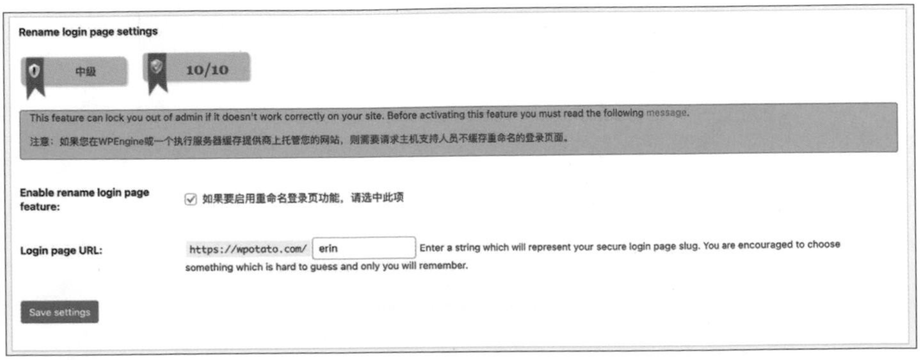

Rename login page settings

中級　10/10

This feature can lock you out of admin if it doesn't work correctly on your site. Before activating this feature you must read the following message.

注意：如果您在WPEngine或一个执行服务器缓存提供商上托管您的网站，则需要请求主机支持人员不缓存重命名的登录页面。

Enable rename login page feature: ☑ 如果要启用重命名登录页功能，请选中此项

Login page URL: https://wpotato.com/ erin Enter a string which will represent your secure login page slug. You are encouraged to choose something which is hard to guess and only you will remember.

Save settings

☞CPATCHA settings：建立一個驗證機制，來防止惡意程式亂填表單，最簡單的驗證方式是使用「Simple math CAPTCHA」，並且勾選使用於所有的表單情況。

■ Spam Prevention（防止垃圾內容）

☞Comment spam（垃圾留言）：勾選使用CAPTCHA驗證機制於留言表單，可

以防止惡意程式自動發表垃圾留言；並且勾選使用防火牆規則來阻擋機器人發表垃圾留言。

■掃瞄器

☞File change detection（**檔案變更偵測**）：可以勾選允許系統自動定期掃描是否文件有遭到更改，有助於及早發現網站是否已經被駭。

■網站維護

☞Visitor lockout（**訪客封鎖**）：啟用這個功能來將網站切換至「維護中模式」，除了管理員以外，所有人都只會看到網站維護中的字樣（可自訂）。

■其他

☞Copy protection（**內容保護**）：啟用這個功能來鎖住滑鼠的右鍵，讓訪客在網站前台無法複製網站的內容（管理員在登入狀態則不受影響）。

■Two Factor Auth（兩階段登入）

這是加強登入安全中最有效的方式之一，即使駭客在第一階段猜對密碼，也無法順利登入，必須再通過第二階段的驗證才可以。

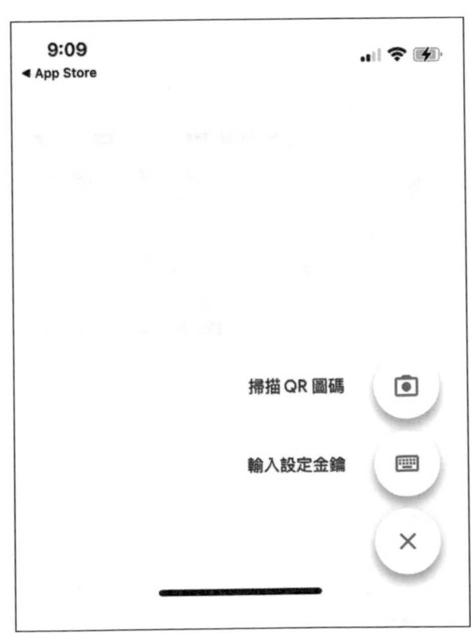

使用方式非常簡單，只需要先用手機安裝「Google Authenticator APP」，並且掃描All-In-One Security 所提供的QR Code即可。

未來，當你要登入控制台時，除了輸入帳號密碼外，還必須於第二階段打開 Google

Authenticator APP，查看APP隨機產生的、限時的驗證碼，填入到網站控制台才能順利登入。

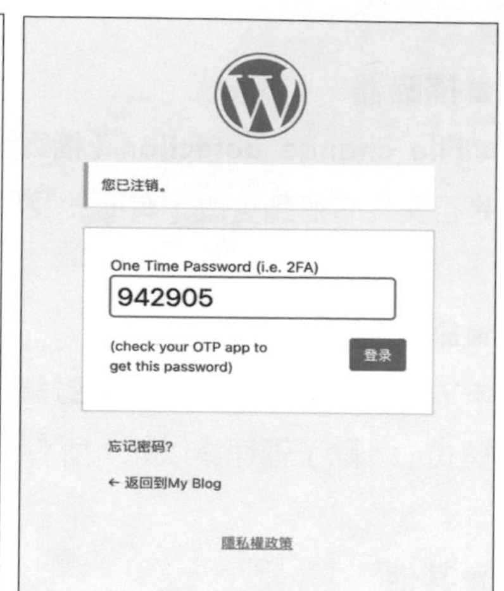

5-7-4 該如何確認網站被駭

要辨別自己的網站是否被駭，並不容易，因為駭客越來越狡猾，他們希望暗地裡破壞、長久性的破壞，不希望被管理員發現，除非是一些明顯的症狀，否則管理員時常是被埋在鼓裡的。

根據知名掃毒外掛Malcare的分析，被駭客的網站大致有下列幾種特徵：

☞在Google Search Console與Google搜尋結果中，出現「這個網站可能已遭入侵」的字樣，而且在搜尋結果中出現你未曾建立過的頁面。

☞**網站前台出現奇怪問題**：像是被自動轉址到其他頁面、部分頁面損壞、網站中繼說明被篡改、跳出垃圾廣告、網頁被改成釣魚頁面，吸引訪客註冊以盜取帳號密碼。

☞**網站控制台出現奇怪變化**：像是突然多出不認識的管理員、設定被更動、被安裝了假的外掛等。

☞**網站被主機商停用**：如果主機商掃描到你的網站疑似被入侵，很有可能會暫停你的主機服務，導致網站無法運作，直到清理乾淨為止。

☞**主機的負載過高**：有時候惡意程式和駭客會大量攻擊，造成流量暴增，使得主機資源被大量消耗，導致網站反應變慢，甚至無法正常運作。

☞**網站分析出現異常**：像是來自某些國家或地區的流量暴增。

◍ 網站中毒了，該如何掃毒

首先，不用慌張，其實花一點錢，是有辦法解決的。更重要的是，掃完毒之後，一定要提升自己的安全常識，做好更完善的防護，才能避免再次中毒。以下是網站中毒之後，你可以做的一些事：

☞盡量找出中毒前的備份備用。

☞利用掃毒外掛先掃描一遍。

☞檢查是否被安裝奇怪的外掛，如果有，把它停用及刪除，並且停用所有不必要的外掛。

☞刪除所有不必要的帳號。

☞更改所有帳號的密碼，並且使用強大的且不重複的密碼。

☞使用外掛自動掃毒/聯繫主機商或專業人士協助掃毒。

☞把WordPress、佈景主題和外掛都更新到最新版本。

◍ 平價的專業掃毒服務：Malcare

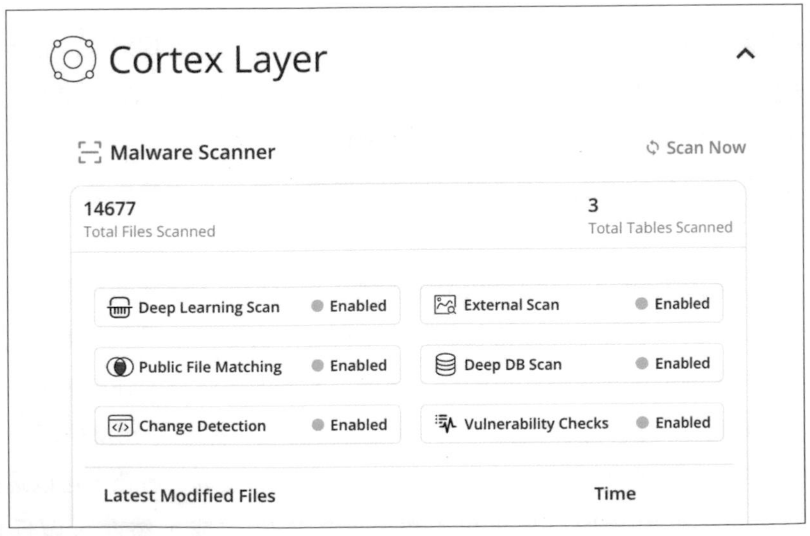

圖5-56：這是使用Malcare的惡意程式掃描功能。

目前網路上所有的掃毒服務中，Malcare的價格應該是最親民的，如果你的網站中毒了，建議可以購買Malcare的基本方案。以下是掃毒的畫面，如果自動掃毒失敗，就會建議與Malcare客服聯繫，直接請專家來協助。

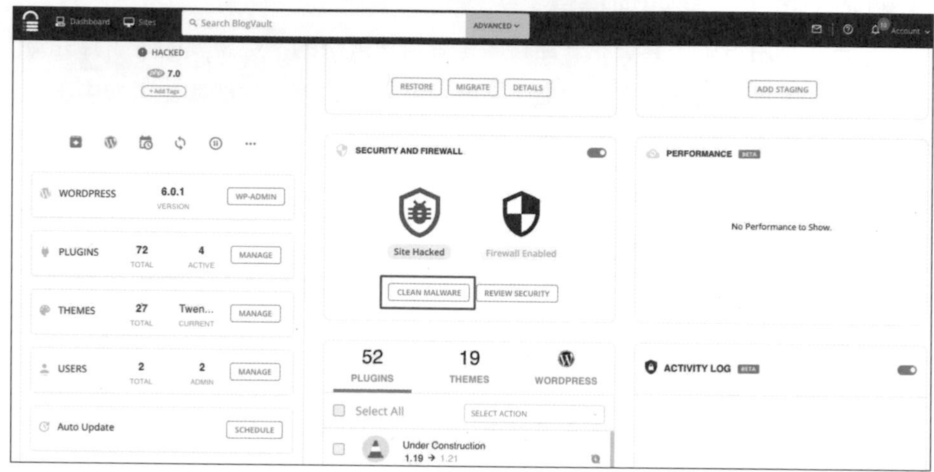

圖5-57：當發現惡意程式，可以直接點選「CLEAN MALWARE」進行掃毒。

5-7-5 加強網站安全的總結

資安是一個專業領域，你只是一個沒有技術背景又要管理網站的新手，自然無法在短時間內成為一個資安專家，但不用擔心，WordPress有相當豐富的資源來幫助你，只要保持憂患意識、不心存僥倖，平時養成各種管理網站的好習慣，再搭配安全外掛輔助，就能做好基本的防護，讓網站維持正常運作絕對不是難事。

跟著之前設定All-In-One Security的步驟，應該稍加了解網站有哪些面向是需要加強安全的，之後你可以帶著這些基本概念，去探索不同的外掛，選擇一個最適合自己的工具。需要注意的是，建議不要安裝多個安全外掛，因為，一不小心就有可能造成外掛間的衝突或網站速度變慢。如果你已挑選了一個外掛，其中有幾個想要加強的地方，該外掛並沒有相關設定，這時，可以透過搜尋引擎搜尋，針對該項目是否可用無外掛的方式達成，然而，做任何與

WordPress核心程式相關的改動前，請一定要備份網站。

最後，如果還有任何與網站安全相關的疑問，歡迎前往網站帶路姬的Facebook社團與大家交流討論。

推薦商品

1 Sucuri

https://wpointer.com/recommends/sucuri/

2 Wordfence

https://wordpress.org/plugins/wordfence/

3 All-In-One Security

https://aiosplugin.com/

1

2

3

WordPress相關學習資源與社群

WordPress.org社群與學習資源

❶ Wordpress官方學習資源網站

包含自學課程、線上研討會、課程、線上說明文件、線上討論區等。

https://learn.Wordpress.org

❷ WordPress.org官方最新消息

建議訂閱網站的電子報，即可持續關注來自WordPress官方的最新資訊。

https://tw.wordpress.org/news/

❸ WordPress.org台灣官網

由愛好WordPress的台灣志工朋友們所維護，是WordPress.org網站的台灣分支，網站上包含佈景主題目錄、外掛目錄、支援技術等。

https://tw.wordpress.org/

■ WordPress.tv

WordCamps聚會分享影片、Meetups小聚分享影片、Keynote焦點分享、How to教學影片等。

❹ Meetup.com

網站上會列出全世界各地正在舉辦的WordPress小聚活動，可以點選「Groups Near Me」，尋找離你最近的小聚活動！

https://www.meetup.com/pro/wordpress/

❺ WordCamp Central

這是WordCamp活動的官方網站，會公佈近期將在全世界舉辦的WordCamp活動，透過WordCamp，你將可以與所有喜歡WordPress的朋友們相聚，一起學習、交流與吃喝玩樂！

https://central.wordcamp.org/

❶

❷

❸

❹

❺

WordPress.com的教學資源

WordPress.com的WordPress介面和自己主機上所架設的WordPress介面會有些微不同，不過，其實非常接近，還是很值得參考。

❶ WordPress.com的新手使用指南

提供非常多WordPress基礎教學。

https://wordpress.com/zh-tw/support/getting-started-with-wordpress-com/

❷ WordPress.com的網路研討會與免費課程（全英文）

https://wordpress.com/zh-tw/webinars/

❸ WordPress.com提供的架站秘訣部落格（全英文）

包含網站製作、網站設計、內容寫作、數位行銷等。

https://wordpress.com/go/

❹ WordPress.com 提供的學習課程（全英文）

https://wordpress.com/learn/

❺ WordPress.com YouTube頻道

https://www.youtube.com/wordpressdotcom

❶

❷

❸

❹

❺

其他社群平台資源

❶ WordPress Taiwan Community台灣社群（Facebook公開社團）

華人圈最大的社團，由台灣的WordPress志工群維護管理，社員從新手到高手都有，社團內會有台灣各地小聚相關的資訊。

https://www.facebook.com/groups/wordpresstw

❷ 不懂程式的新手站長 — 網站帶路姬學園（Facebook私密社團）

華人圈第二大社團、也是最大的私密社團，由WordPress網站帶路姬維護管理，不僅提供免費架站教學課程，還相當重視新手友善的學習氛圍，讓不懂程式的WordPress使用者可以安心發問與交流，在自學的路上有伴不孤單。

https://www.facebook.com/groups/wpointer

❸ WordPress & SEO資源分享交流討論（Facebook公開社團）

包含WordPress外掛、佈景主題及SEO相關的交流討論。

https://www.facebook.com/groups/wpseotw

❹ WordPress社群生態普查與研習 - 網站迷谷（Facebook公開社團）

由促進開源軟體交流的愛好者所組成，持續推動WordPress社群健康發展。

https://www.facebook.com/groups/2067946413423238

❶

❷

❸

❹

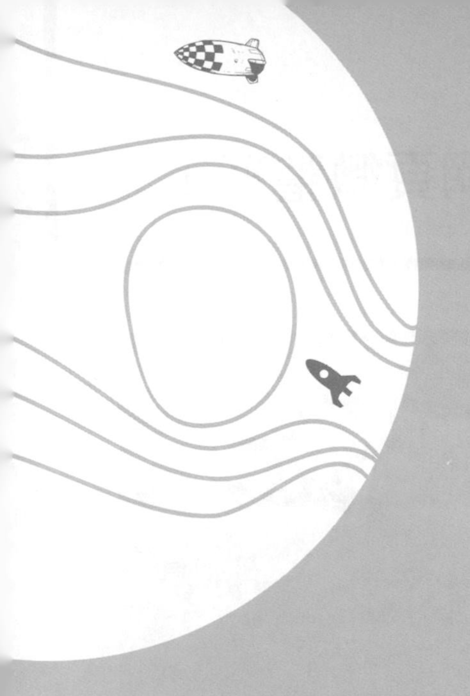

Chapter_ 6

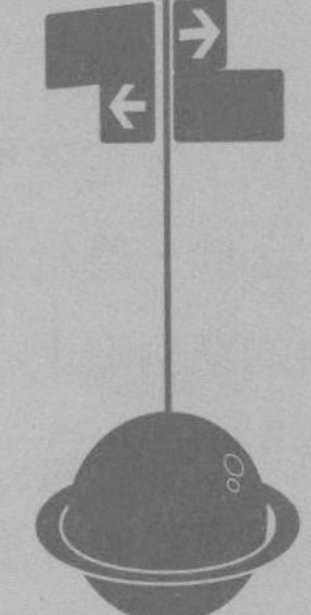

邁向自媒體之路 II：持續優化，增加收入

當網站製作完成，也懂得管理自己的網站，現在就是「經營」的時候了。如何讓自己的網站調整到令人賞心悅目，而且又能成為被動收入來源，這章將告訴你一些方法與技巧。

6-1 強化設計能力，幫網頁微整形！

使用WordPress架站，大家都會先套用自己喜愛的版型，把網站變得美美的，可是，開始客製化後，就會發現網站怎麼變得越來越醜……，尤其是需要新增一些新的頁面時，如果沒有現成的設計可以拿來修改，只好自己從零開始做，這樣的頁面經常到最後是慘不忍睹。

既然是要談「設計」，當然是看畫面勝過紙上談兵，因此，廢話不多說，直接來看個實際的案例吧！

以下是「優爾好居」的官方網站，你能看得出來這個網頁有什麼問題嗎？

為了獲得更好的學習效果，建議先嘗試列出你的想法，接著再跟著我的分析及解決辦法，看看是否跟你想的一樣。

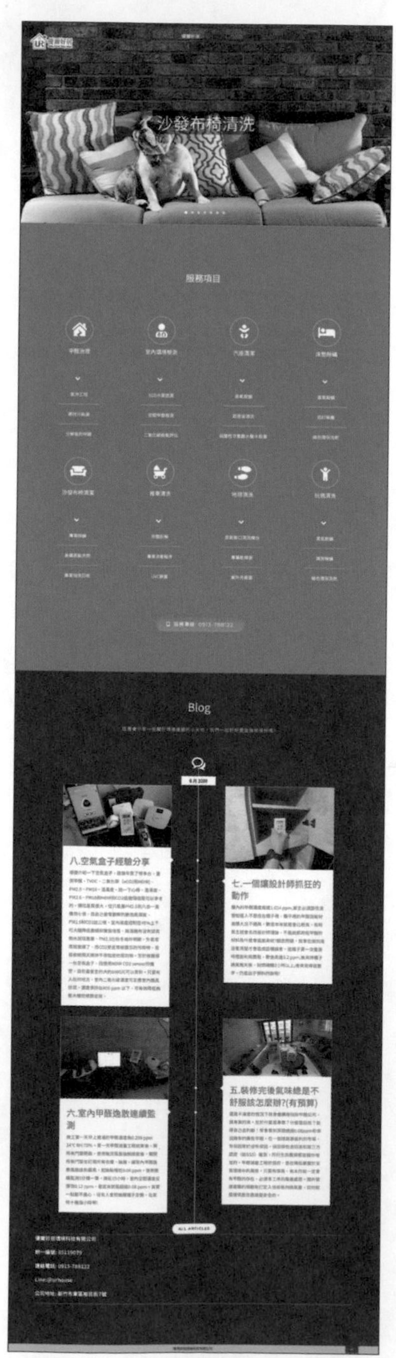

圖6-1：優爾好居的網站在微整形前的模樣。

6-1-1 讓網頁變「美」的七個關鍵

在此想要先來談「網頁微整形」。顧名思義，就是幫網頁的外觀做細微的調整，像是微調位置、改變顏色、調整大小及比例等，盡量不改動現有的文字與排版。

微整形的目的是為了要變得更好看，對於想要整形的人來說，都擁有自己主觀的的美感意識，他們會跟醫生說，希望鼻子再挺一點、眼睛要有雙眼皮、臉頰再圓潤一些，至少說得出一些目標。而這些目標是我們可以理解的，畢竟也看過了不少漂亮的人的臉孔，可以得知普羅大眾所接受的審美標準。

然而，對於網頁的美感，一般大眾缺乏這樣的訓練。多數人在瀏覽網頁時，都是目標導向、不假思索的直接閱讀內容。進入大品牌的官方網站時，是會感受到其網頁展現出的專業感、美感，因而對該品牌與內容產生信任。只是，很少人會去細究，為什麼他們的網頁讓人感到專業又賞心悅目？那正是因為我們長期缺乏意識，去欣賞與分析網頁之美，自然就無法培養出對於網頁的審美觀及設計之眼。

因此，我們要來學習如何「微整形」自己的網頁之前。先教大家一個小技巧，想要讓自己的網頁看起來漂亮，就要先多欣賞與分析別人家的網頁，累積自身的美感，認真的觀察網頁裡的每一項細節。

那麼，什麼是「細節」呢？雖然都是紅色的名牌包，但在扣環、編織工法上，就有差之千里的分別了；雖然同樣都是鋼彈，但是每架鋼彈配備著不同的裝甲、槍砲，就讓收藏者為之瘋狂，而網頁也是如此。接下來，我將帶著你認識網頁的每個小細節，只要妥善照顧好，即便是業餘架站，也可以讓網頁看起來舒服又美觀。

一、內容是否被正確分類

一個網頁不管乍看之下多好看，但，內容卻是讓人摸不著頭緒、無法快速消化吸收，那這個網頁再怎麼漂亮、好看也都是沒用的。

因此，檢查網頁外觀的第一件事，先幫內容做好正確的分類！把同類型的內容放在一個群組裡，再為它訂出清楚的標題，必要時以不同的背景來區分不同的內容類型區塊，讓訪客可以很直覺的先掃描標題，就會清楚得知整個網頁包含什麼樣的資訊。

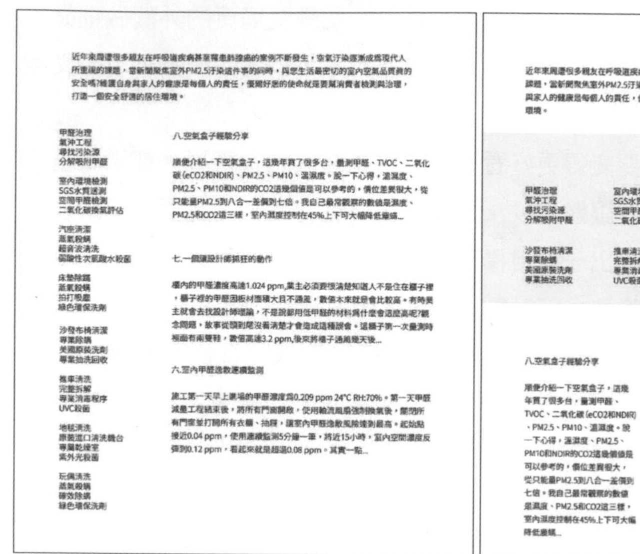

圖6-2：內容沒有明顯的分類與標題時，讓訪客很難快速瀏覽。

圖6-3：當內容被分類好與加上標題後，訪客可以快速瀏覽與消化內容。

二、內容的可讀性

檢查外觀的第二件重要的事，就是要確認文字的可讀性，包含：

☞文字是否被清楚看見？包含選單、內文、Banner裡的文字，都要易於閱讀。

☞文字的大小在不同的設備上是否好讀？

☞該字型是否易於閱讀？

☞該強調的文字是否有被凸顯出來？

☞文字的大小與層級是否正確反應內容的重要性？

☞文字的排版是否合乎閱讀邏輯，可引導讀者流暢的閱讀？

☞同等級的標題，字體樣式是否一致？例如，首頁中有四個大區塊內容，四個區塊的標題應該要樣式一致。

圖6-4：黑色文字於深色複雜的背景上顯得不易閱讀。

以優爾好居的網頁來說，微整形前的頁首區域是使用透明背景，導致選單的黑色文字在深色背景上看不清楚，改成白色背景後，選單文字就清楚多了（可比較圖6-4與圖6-5），如果仍要使用透明背景的頁首，挑選背景照片時要更加謹慎小心，以淺色的背景照片為主。

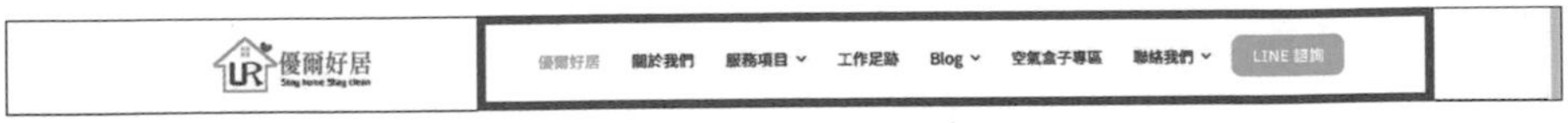

圖6-5：微整形後，文字是否變得更清楚可讀了？

接著，整理出網頁文字編排上的小技巧，千萬別輕忽這些細節，因為不只會影響到訪客的使用體驗，還會影響網站的搜尋排名：

☞**英文示範網站上的文字設計需要重新編排：**通常以英文為主的示範網站的設計，標題都過大、內容字體過小，並不適合中文的網站，因此需要調整。

☞**中文字級不建議過粗：**如果字體粗細可以選擇，請使用300、400、500來做變化，建議少用600以上。

☞**越大的文字不適合用粗體：**因為這樣看起來不細緻，比例也容易過重。

☞**建議的選單、內文、標題字級：**我的用字習慣是，選單及內文字在15px至18px之間，標題不超過50px。

☞**中文字不要用斜體：**因為不利於閱讀。

☞**文字請打字，不要放在圖片裡：**如果放在圖片中，將不利於搜尋，也容易不清晰好懂。

☞**文章的每行字數不要超過55個字：**若是超過，從左至右的閱讀距離太遠，讀到第二行時容易對不準，因此，十分建議使用較窄的文章版型，或啟用側邊欄。

◍ 三、網頁的色彩

在3-3-4中，曾介紹過簡單的色彩學，建議選擇一個中間色，再搭配1至2個色彩就好，用三種顏色做為品牌色，貫穿整個品牌視覺。檢視網頁的色彩時，最重要的是，不要讓整個頁面充滿五顏六色。

我將網頁分區，介紹各自的色彩思考，供大家參考：

☞**網頁介面的色彩：**除了內容之外的部分，像是頁首、標題、側邊資訊欄、頁尾等。

● **不要超過三種色彩**：建議與品牌色、LOGO一致，甚至只選中間色（黑灰白）加上一個主要品牌色也可以。因為這些介面色彩會重複性出現在每個網頁裡，整個網頁營造出來的整體感，會不斷加深訪客對你的品牌的印象，也會讓網頁看起來比較和諧。

● **更換色系時，選擇接近原本色彩的彩度與明度**：有些佈景主題會提供顏色的客製化選項，可一次設定整個網站的主要色系。舉例來說，如果預設的顏色有三個：一個深灰色、一個深紅色、一個淺紅色，當要更換時，最安全的做法是，維持一個深灰色、一個深藍色、一個淺藍色。最忌諱同時改掉三個顏色，變成一個黃色、一個藍色、一個綠色，那麼，這個網頁的設計感整個被摧毀殆盡。

● **將標題都設定成易於閱讀的深灰色**：可以有字級大小之分、深淺之分，但最好都是黑灰色，是最安全的選擇。

● **選單的文字色彩建議是與背景色有足夠對比的中性色**：如果頁首是深色背景色，選單文字建議設定成近白色；如果頁首是淺色背景，選單文字就設定成深灰色。

● **客製化介面的外觀時，盡量不要改動太大**：原本是深色背景的頁尾區域，若想要換色，建議還是維持深色背景。如果你發現整個網頁有好多地方都要大幅度的修改，表示這個示範網站不太適合你。對設計新手來說，當需要客製化的地方很多，越不易維持原本的質感。

● **盡量不要挑選過於鮮豔的色彩**：除非你的客群是與兒童有關，否則這樣的配色容易看起來不專業。

● **謹慎選擇按鈕顏色**：像是紅色按鈕很容易讓人聯想到警告，是否點了就會爆炸呢？

☞**文章內容的色彩**：文章中難免會需要穿插圖片，像是美食照片、景點照片等，這些照片會帶有豐富的色彩，是比較沒有關係的。

☞**新建頁面內容的色彩**：這是最困難的部分，當你必須得新增一個示範網站沒有的頁面，內容不是用文章方式呈現，而是用頁面編輯器製作複雜的排版，可以參考以下建議。

● **請參考示範網頁的色彩：**如果其他頁面是直接微調示範網頁的，請參考這些頁面的色彩，像是不同的內容區塊通常會用不同的背景色來區隔，在新的頁面使用同樣的顏色與分佈方式，才能讓整個網站看起來有一致性。

● **段落很長的文字不要使用色彩：**尤其是超過兩三行以上，盡量不要用有色彩的文字，除非是要強調這段文字。但即使很重要，請多多使用粗體、加底線、加螢光筆效果等方式較佳。

● **多利用品牌色及其相近色：**偶爾想加點色彩時，還是要多使用品牌色及其相近色，避免使用新的色彩。

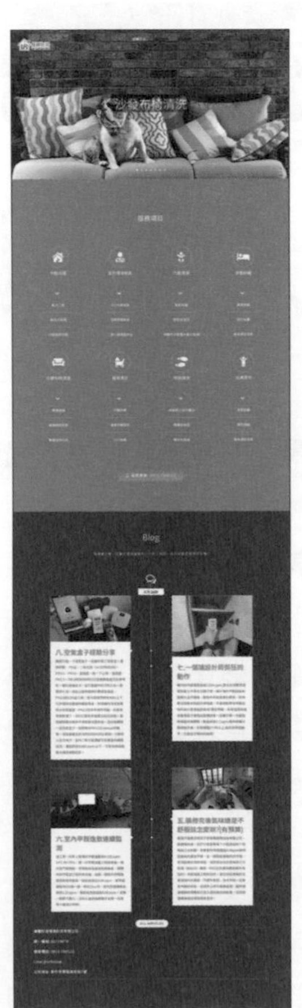

← ↑圖6-6：將網頁以螢幕截圖的方式，並縮小來看，就會發現整體的色彩與LOGO裡的品牌色非常不一致。

→圖6-7：這是經過微整形的網頁，一樣是縮小版的網頁螢幕截圖，可以明顯看出，帶有許多品牌的色彩。

◍ 四、網頁的留白與對齊

留白與對齊彼此是有點關聯性的，因此要放在一起學習。

☞檢查網頁內的各種對齊

以頁首來說，最常見的排版就是LOGO在左邊、主選單在右邊，如果LOGO往上偏、主選單往下偏，就會造成LOGO與主選單沒有對齊，無法同時垂直置中於頁首裡，就會不好看。

或者，在首頁裡會看到用卡片的方式列出最新文章，如果四張卡片高度不一，就是沒有對齊。

當該對齊的兩個元素，卻沒有對齊時，就容易產生畸零、不方正的留白，就容易看起來不平衡、不整齊。

圖6-8：左邊的LOGO和右邊的選單，並沒有垂直置中。

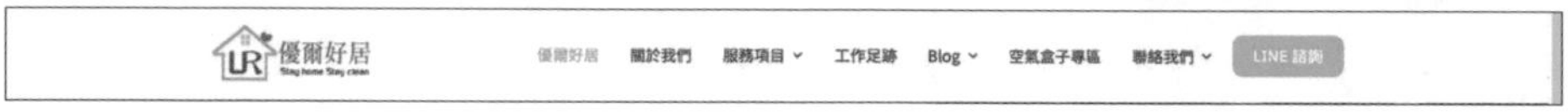

圖6-9：微整形後的LOGO與選單就有垂直置中了！

☞檢查網頁內的各種留白

留白，在設計上可說是一門大學問，建議新手們先學一點基礎，像是透過留一些空間，給讀者們有喘息的機會，製造一點斷點，然後再繼續下一段的內容。在文章中，當我們按下「Enter」分段時，系統通常會自動增加固定的距離，再開始下一段，也是相同的道理。

不論是以文章為主的網頁，或者以頁面編輯器所製作的網頁，只要是資訊量越大的網頁，就必須透過一些方式來製造斷點，給予讀者適度的停頓，留白是其中一種，也可以透過插入圖片、插入分隔線等方式。其他關於留白的小技巧，參考如下：

● **元素與元素之間的距離：**這稱作間距，散佈在文字段落與按鈕之間、區塊邊界與內容之間、Icon圖示與它旁邊的文字之間、大標題與次標題之間、標題與日期之間。網頁裡面充滿了各種間距，每個間距都應該要被思考，給予合理的距離。

●**需規劃出適當的間距**：這樣有助於讀者理解哪些資訊是應該是一起的，用留白來製造視覺區塊。

●**間距的數值需成比例**：各種大大小小的間距數值盡量成比例，例如：6px、12px、24px等。

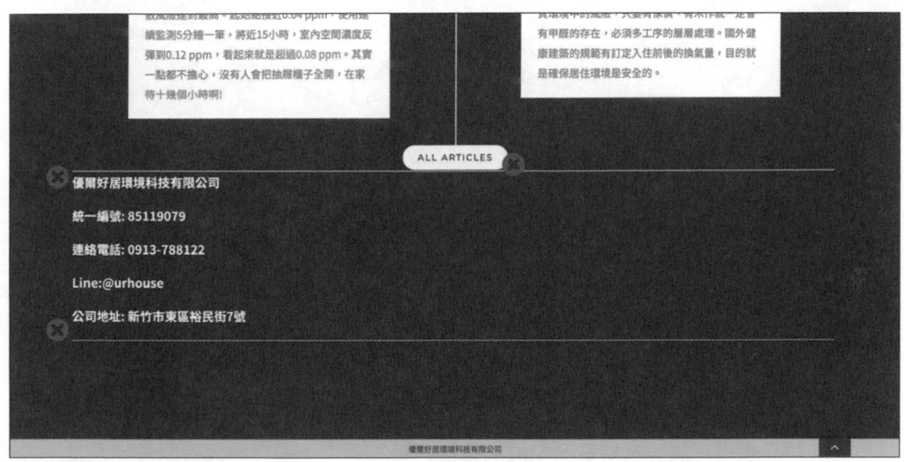

圖6-10：ALL ARTICLES按鈕與下方分隔線完全沒有留白，而下方的公司資訊與分隔線之間的留白也不一致。

◍ 五、照片的品質

雖然網頁中，文字內容是King（國王），那麼圖片內容至少也是Queen（皇后）！有時候千言萬語還不如一張圖，因此，文章中適當的穿插高品質的圖片與照片，可以為網頁帶來一些色彩，也能帶給讀者一些文字以外的刺激，對網頁的整體質感也非常有幫助，選擇照片時，建議要注意以下幾點：

☞**選擇顏色與風格適當的照片**：如果有很多張照片可以選擇時，當然是挑選與整個網站主題與風格較一致的照片優先。

☞**使用高解析度的照片**：網站中的照片雖然都得被壓縮過，但是畫質仍然要好，模糊不清的照片會讓人覺得很不專業。

☞**網頁裡的照片色調與風格要盡量維持一致**：可以使用相同的濾鏡後製、或者用同一個相機拍照片等。

☞**避免使用過曝或過暗的照片。**

☞**使用真實的照片，優於圖庫照片**：人們都喜歡看獨特的、富有溫度與具故事性的照片，如果能拍到高解析度的真實照片，再加以後製，特別能感動人心。

☞**必要時，也可以購買付費照片**：假如自己拍的照片品質實在太差，也可以考慮購買圖庫照片，請儘量找看起來不會太假的，會比較有說服力一些。

圖6-11：優爾好居有提供沙發布清洗服務，雖然選了一張有沙發的照片，但是照片的風格和清潔服務似乎沒有關聯。

圖6-12：同樣是清洗沙發的照片，特地挑選一張顏色中性，看起來很乾淨的照片，加上有人正在清洗，更能與品牌產生連結。

◍ 六、內容是否平衡？

網頁裡的內容最好要保持左右平衡，如果左右不能平衡，就把內容置中！

圖6-13：原本的公司資訊是向左對齊，有對齊儘管是好事，但是右邊空了一大塊，非常的不平衡。

圖6-14：最簡單的方法就是把內容置中，就能平衡了。

◍ 七、網頁是否能有效傳達重點？引導訪客走向目的地？

這部分不僅與美觀有關，還涉及了使用者介面設計。當網頁裡的資訊很多時，你的設計是否能讓人快速瀏覽重點，就決定了訪客是否願意多花點時間繼續看下去；以及你的設計能否引導訪客，則決定了訪客最後是否會去做你希望他做的事。

這件事如此重要，為什麼會放到最後才提？因為這對新手來說十分不容易，但這是一個值得學習的觀念，讓你未來在做網頁時，不會只看網頁的美醜，而是開始注重如

圖6-15：沒有明顯的的Call-To-Action（行動呼籲），無法引導訪客走向目的地。

何用更好的設計，來達到網頁的目標。

我做了十幾年的設計師，曾經待過設計公司，也幫過數百位業主做過網站，發現非專業設計的人最常犯的一個通病就是「每件事情都想強調、每個元素都是重點」。之前我為一個防毒軟體公司做軟體介面設計及網頁設計，老闆認為價格很重要、特色很重要、特價很重要、得獎很重要、購買按鈕也很重要，因此，他要求我把原價使用灰色、特價兩個字用紅色、特價的價格也要大字大紅色、產品的字也要大、產品的特色描述要大、獎章要加大還要放很多個、購買按鈕更是越大越好。可想而知，這個頁面會變得多麼擁擠，每件事都是重點的結果，就是整頁沒有半個重點。

在設計網頁時，一定要把這件事放在心上，下面就以優爾好居微整形為例，並分享自己的設計心路歷程，也包含設計相關基礎，希望對大家有幫助。

6-1-2 為優爾好居的首頁微整形

這次的網頁微整形，目的是想指導完全沒有設計背景的新手朋友，因此使用的都是非常簡單的技巧，希望能幫助大家輕鬆套用在自己的網頁上。

☞第一步，先認識品牌及品牌色彩。

我會先仔細看過優爾好居網站的每一頁，還觀察現有的LOGO，希望能找出品牌的顏色，才能定義網頁要用哪些顏色。後來發現在LOGO的顏色中，除了深灰色是中性色外，還包含了深淺綠色、紅色及藍色，而且顏色都蠻鮮豔的。

圖6-16：優爾好居的LOGO標幟。

☞第二步，決定網站的風格及網頁的用色計畫。

由於優爾好居的老闆給予設計上的完全授權，因此，我以對該品牌的認知，來制定我希望的風格。優爾好居所提供的服務都與居家清潔有關，LOGO裡也有個房子的標誌，還有個愛心，散發居家溫暖感。我最終決定，要做出一個讓人感覺很乾淨、很清爽、又帶點溫暖的網站。（建議回顧3-3-4，找到自己當初所定義的網站風格與色系）

顏色方面，為了要表達出乾淨清爽，因而以白色為主，並且搭配一些綠色。這是因為我觀察到多數人會在家中擺一些綠色植物，為家裡增添溫馨舒適感。之所以不選擇紅色，是紅色比較不好發揮，若紅色搭配綠色，又會太像聖誕節。至於為什麼不選藍色作為主色呢？因為藍色是冷色系，又帶點高科技感，無法營造出溫暖的形象。

☞**第三步，分區檢查問題與計畫解決方案。**

由於是幫網頁微整形，姑且先忽略網頁裡的內容編排是否合理，以及是否能有效傳遞資訊及達到網頁目的，以美觀為主要考量，逐一分區開始檢查。我將整個網頁分成五大區：頁首＋大圖區、服務項目區、Blog（部落格區）、公司聯絡資訊區，及頁尾著作權聲明區，請見後續的說明。

◍ 頁首＋大圖區

在新版網頁裡，特別使用綠色來強調訪客所在頁面，以及加了一個綠色LINE諮詢按鈕在右上角。這兩個綠色都和品牌色非常接近，而且LINE按鈕的顏色也和大眾對LINE的認知相同，讓訪客可以迅速理解按鈕的用處，這樣同時達到多個目的。

圖6-17：頁首＋大圖區微整形前。

圖6-18：頁首＋大圖區微整形後。

◍ 服務項目區

舊版網頁的服務項目區塊，主標題不夠明顯，背景色與品牌色距離太遠，而且配色毫無「清爽乾淨」的感覺，二話不說，決定換掉背景色，改成中性色的極淺灰，這樣一來，可以讓白色背景的卡片被凸顯出來。

這個區塊裡的文字資訊很多，舊版雖然是以留白的方式來區分八個項目，但並不明確、也不整齊，於是將這些區塊改成卡片式的陳列；也把每個服務項目的代表圖示及服務名稱換成綠色，目的是希望與其下方的細項文字有所區隔，讓訪客可以快速瀏知道有哪八個項目，進一步引導他們去了解該項目下方的細節。

此外，舊版的服務名稱下方與箭頭之間的距離太遠，在新版調整了間距，讓箭頭上下方的間距一致。

網頁最下方的按鈕，為了維持網頁整體的設計感，最終選擇了綠色，讓人明確知道可以點選聯絡。

圖6-19：服務項目區塊微整形前。

圖6-20：服務項目區塊微整形後。

◍ Blog（部落格區）

舊版網頁的部落格區背景色太深，和服務項目區有一樣的問題，於是改成淺色，但為了與服務項目區有所區隔，部落格區的背景色就選了乾淨的代表色「正白色」。

原作者使用時間軸的元素來呈現部落格文章，但每則貼文高度不一，看起來很不整齊。老實說，時間序在這網頁並不是重點，因此決定換掉該元素，改成與服務項目一樣，使用卡片的方式來呈現文章，一來比較整齊，二來也因為使用了「重複的形狀」的技巧，讓網頁看起來很協調。

我認為在每格文章中，標題是最重要的。因此，只有文章的標題是綠色，目的是為了讓訪客可以快速瀏覽，決定是否有自己想要進一步閱讀的文章。

最下面的更多文章按鈕，也是選擇綠色，並且增加了與區塊底部邊線之間的間距。你應該會發現，所有物件之間的間距都是刻意設定的，才能讓大標題與最下方的按鈕能凸顯出來。

圖6-21：Blog（部落格）區塊微整形前。

圖6-22：Blog（部落格）區塊微整形後。

⑩ 公司聯絡資訊與著作權聲明區

這兩個區塊相對簡單，只是交錯使用了之前用過的淺灰色與白色的背景，並且把內容都置中，文字大小與顏色要合理，才能讓訪客輕鬆閱讀。

微整形前後的比較

以下是整個首頁在微整形前與微整形後的截圖，是不是差異很大呢？你們喜歡微整形後的改變嗎？

看完上述的設計過程，再回去對比你一開始想的，是否有接近的地方呢？

透過這個微整形案例，與你分享了自己是如何思考、如何安排，並且刻意挑出適合設計新手使用的技巧，希望能對你有所幫助。

設計本來就不是一蹴可幾的能力，更何況還涉及了專業技術成分，很多新手想要移動某個東西，或是增加某個間距，就是找不到地方來修改，沒關係，接下來與你分享一個十分方便的工具，幫助你把網頁改得更完善。

圖6-23：微整形前後比對，整形前（左）、整形後（右）。

6-1-3 網頁微整形的好幫手：YellowPencil外掛

前面是如何做好網頁微整形的觀念，接下來是教你如何將腦中的想像做出來。每個人都有創造力，只不過，一旦開始實際操作，卻怎麼都無法實現想像中的畫面，網頁裡的東西宛如牛一般，怎樣拖也拖不動。

想要隨心所欲地控制所有細節，尤其是「間距」，並不是一件容易的事。就像在4-4-2，介紹了四種設計首頁的方式，不論你使用哪一種組合，最後會發現，有些客製化選項藏的很深，讓你很難找到；或是，根本沒有這個客製化選項可以用，導致網頁客製化與微整形難以完美實現。

針對不懂CSS語法，卻又很希望可以盡情發揮創造力的新手們，可以隨心所欲地修改網頁裡的每個細節，YellowPencil外掛（黃色鉛筆外掛 — 視覺化的CSS編輯器）就是一個最適合新手的解決方案！

YellowPencil外掛提供視覺化的操作介面，可直接在網頁裡隨點隨改，輕鬆客製化每個細節，不論是字體樣式、背景樣式、顏色、邊線、圓角、位置、間距、動畫、隱藏元素等，完全無需寫程式，而且任由你決定，絕對能做出極度客製化、絕無僅有的網站！

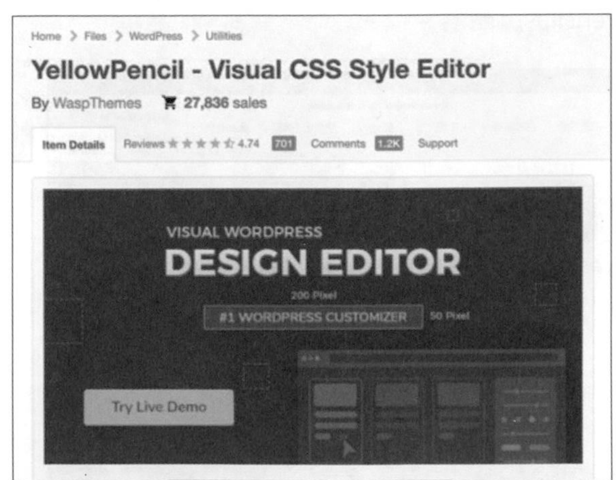

圖6-24：YellowPencil外掛。

◀ YellowPencil外掛 ▶

https://wpointer.com/recommends/yellow-pencil/

請掃描QR Code查看外掛官方說明及最新費用與優惠。此外，
購買一次外掛，只能給一個網站使用，但可以終生使用與持續更新。

◍ YellowPencil 外掛的使用方式

STEP01：從Envato Market購買並且下載YellowPencil外掛。

STEP02：請到「網站控制台 > 外掛 > 安裝外掛」，安裝後並且啟用下載來的YellowPencil外掛。

STEP03：到「網站控制台 > YellowPencil > Product License」，點選「Activate YellowPecil Pro」來啟用YellowPencil外掛。

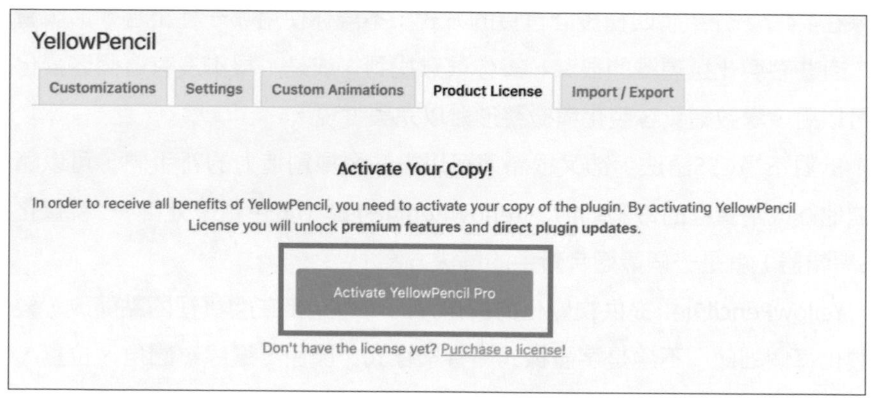

STEP04：從網站前台，打開任何你想編輯的頁面，點選上方的「Edit with YellowPencil」即可進入YellowPencil的編輯器。

STEP05：點選畫面中的任何元素，就可以從右邊浮動的面板中，選擇你想客製化的項目來設定，必要時可以啟用Google翻譯擴充工具來翻譯YellowPencil的操作介面。

STEP06：如果想設定物件的間距，只要點選面板中的「Spacings（間距）」，設定裡面的「Padding（邊框間距）」與「Margin（邊界）」即可。

Padding和Margin是什麼呢？

請見圖6-25，如果想要增加藍色框線與裡面的圖片之間的距離，可以點選藍色框線，增加「Padding（邊框間距）」即可；如果是想增加藍色框線與其他藍色框線之間的距離，則是設定「Margin（邊界）」。

間距設定是比較進階的設計技巧，但是非常實用，尤其在外觀微整形中扮演重要角色。除了YellowPencil外掛外，Elementor Page Builder、Spectra外掛、Stackable外掛等進階編輯工具，都會提供Padding與Margin的設定欄位喔！

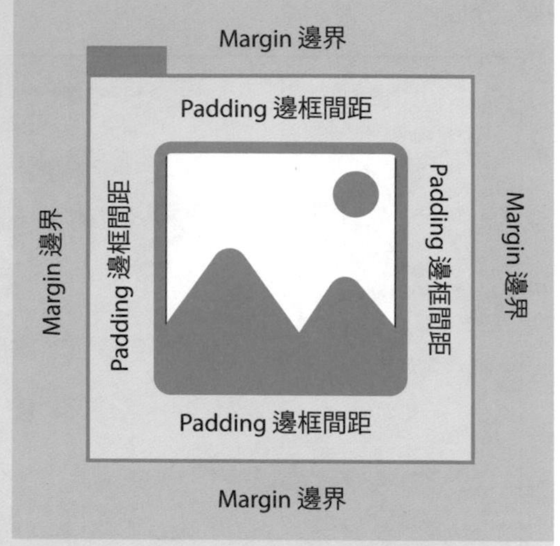

圖6-25：圖解Padding（邊框間距）與Margin（邊界）。

STEP07：如果想隱藏網頁中的任何一個元素，只要點選元素，在面板中選擇「Extra」，將「Visibility（可視性）」設定為「隱藏（遮住眼睛圖示）」即可，是不是超方便的呢？

STEP08：儲存時，記得選擇你要將這些CSS修改應用於僅此單一頁面，或者「Global（整個網站）」。點選「X」圖示即可離開YellowPencil的編輯器。

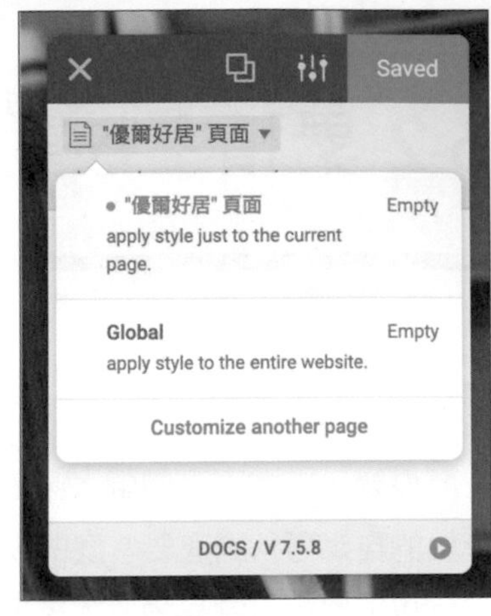

6-1-4 強化設計能力的結論

很多各行各業的佼佼者，網站內容寫得很棒，但是網頁卻看起來缺乏了美感，雖然仍有很多粉絲追隨，我總是在想，如果能將網頁外觀再加強一些，應該可以讓粉絲累積速度加倍成長。

畢竟，網站就像是你的行銷夥伴，24小時代表著你，在網路的世界裡認識新朋友，你怎麼能讓它穿得不修邊幅去接待你的貴賓們呢？不論你的內容多好，也會讓人忍不住對你的可信度起疑。

千萬不要小看「設計」能帶來的效應，漂亮的網站不僅帶給訪客很專業的第一印象，增加他們對網站的信任度與好感度，體貼的使用者介面設計更可以提升訪客的使用體驗，這些都有助於建立專業的品牌形象，不論你的網站目的是什麼，都更有機會順利達成。

如果預算許可的話，交給專業的網頁設計師來協助網站微整形，是非常值得的投資。如果架站初期，預算不足，那就跟著書中技巧，幫網站美化一番，千萬別再憑直覺設計網頁囉！

網站的質感，都來自於對網頁裡所有小細節的重視與優化，只要你開始重視它們，它們一定會越來越好。

還是要再次提醒，網站的內容還是首要。假設你真的沒有時間學習這些技巧，也沒有預算請專業協助，最簡單的解決方式，就是選一個專業的佈景主題示範網站，直接套用就好，除了放上自己的LOGO外，其餘都盡量不要客製化。只要不要過度客製化，網站就不會越改越醜，就能保持原本專業的形象，然後在寫文章時，注意文章本身的排版就好。

6-2 累積主被動收入

最後，跟大家來聊聊大家最期待的「賺錢」！經營自媒體，尤其是以網站為始的自媒體，到底要怎麼做，才能賺到錢？

以下將列出常見的收入來源，並且分享我的個人經驗與看法，因為每個人的背景不同、專業不同、人脈資源不同，下列收入來源，有些並沒有絕對的先後順序：

6-2-1 設定Google AdSense

在部落格上放置Google提供的廣告，以賺取廣告收入。

Google身為搜尋引擎界的龍頭老大，坐擁高流量，也建立起一個完整的廣告生態系統。Google讓需要為商品打廣告的業主到Google Ads創建廣告，再讓擁有流量的內容發佈商們到Google AdSense申請帳號，申請成功即可放置這些業主所提供的廣告，Google就成為了廣告主與內容發佈商之間的媒合角色。

使用Google AdSense非常簡單，只要到Google AdSense的官網，跟著網頁裡的教學引導創建帳號，通過審核後，就可以透過5-4-11所教的Google Site Kit來與網站串接。完成後，再到Google AdSense網站中，選擇廣告插入方式：讓Google幫你自動插入廣告在他們認為效益會最高的位置，或者你自己手動插入廣告。

如果選擇手動插入廣告，可以跟著下列步驟來插入廣告到WordPress中：

STEP01：登入Google AdSense帳號後，點選左邊的「廣告」。

STEP02：點選「按廣告單元」。

STEP03：建立你喜歡的廣告單元。

STEP04：建立好後，廣告單元會出現在下方，點選「取得程式碼」圖示。

STEP05：點選「複製程式碼片段」連結。

STEP06：點選「我完成了」。

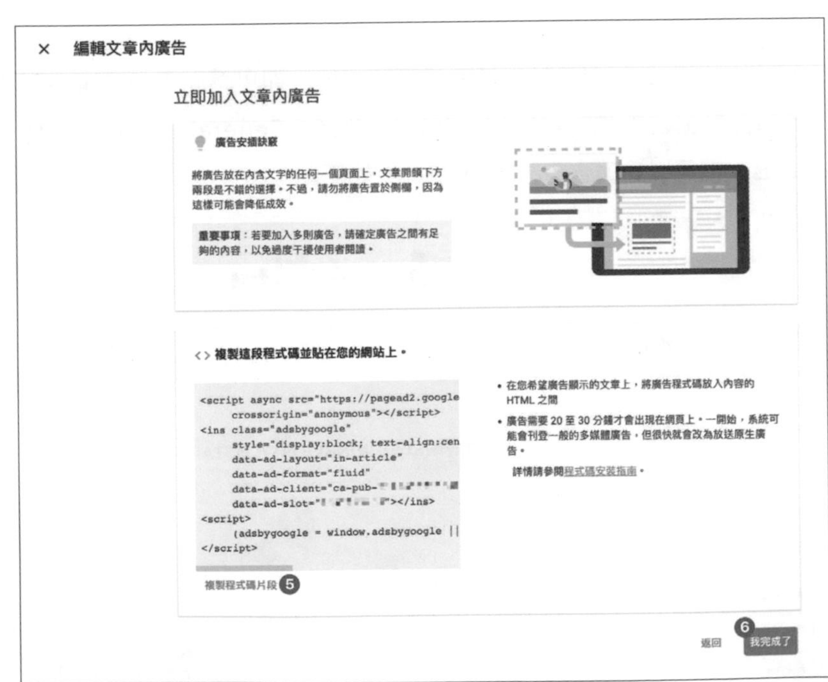

STEP07：回到WordPress，編輯你想插入廣告的文章，在適當的位置插入「自訂HTML」區塊，並且貼入剛剛複製的程式碼就完成了。

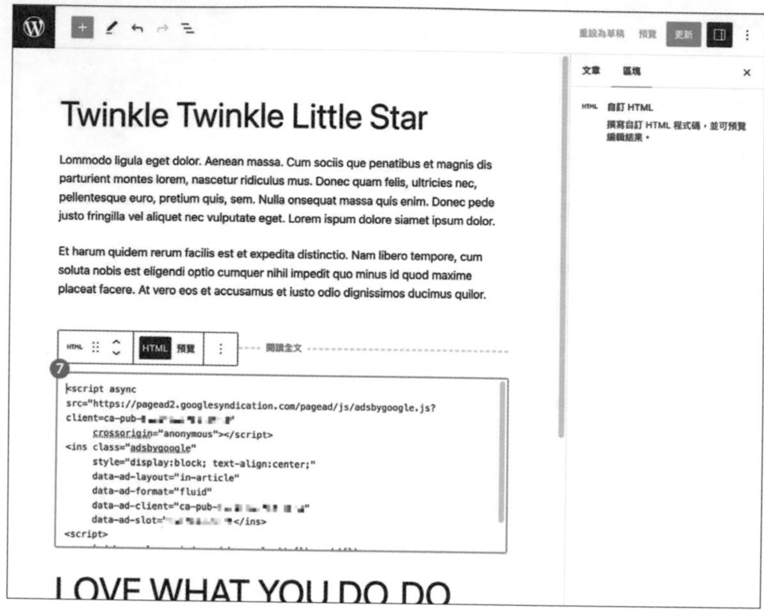

STEP08：也可以貼到外觀自訂工具中的相關欄位，即可讓廣告自動重複出現，以Soledad佈景主題來說，可以到「Single Posts>General」，貼入到Ads on Single Posts，就可以讓廣告重複出現在每篇文章裡。

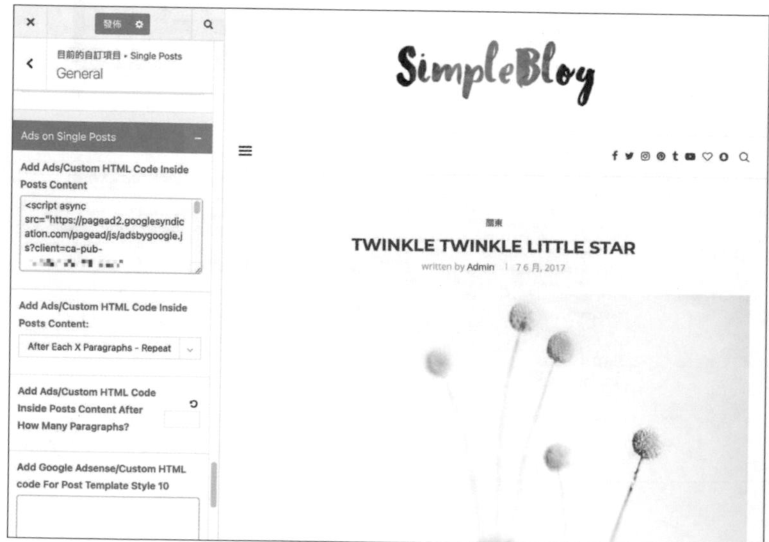

除此之外，也可以貼到側邊欄的小工具區域、頁尾的小工具區域等。請特別注意一點，程式碼貼入後，需要等待數小時，廣告才開始出現在網站前台。最後，建議等到網站製作完，有完整的選單架構，而且有數篇獨特的文章，再去申請帳號，才比較容易通過審核喔！

TIP

Google AdSense的申請與說明（中文網頁）

6-2-2 撰寫付費文章或產品評論

這是所謂的「業配文」，其收入門檻也不高，只不過當你的網站流量不高，業者願意支付的費用也會比較低。若是你同時有經營其他社群平台，追蹤數、流量都很高的話，可以同時提出來一起報價，會有所幫助。

關於業配文的價碼，依據業主的類型不同、每一季的經濟景氣，也會跟著變動。建議用Google搜尋，或是定期參與部落客社群的線下活動、線上社群平台，多與其他部落客交流討論，會獲得比較正確與即時的資訊。

6-2-3 接受粉絲贊助

可以在網站的頁尾或文末，提供給訪客的贊助按鈕。在此分享我的經驗是，偶爾才有幾個不錯的贊助，但不要期待將其作為主要收入來源，因為收入真的很不穩定。

如果想接受贊助，我會比較推薦使用綠界科技的實況主收款功能，因為綠界科技是台灣的公司，申請流程可全程使用中文，還有提供中文的線上說明與客服，讓申請流程簡化許多，而且，它提供給贊助者的付款方式很多，像是信用卡、網路ATM、ATM櫃員機及超商代碼，便利性十足！收到贊助後，扣除掉小額的手續費後（可搜尋「綠界服務費率表」），最後，將錢提款到自己的銀行帳號的流程也非常方便。

因為曾經在美國留學工作，有當地的銀行帳號，也嘗試過使用其他熱門的贊助管道，像是建立PayPal贊助按鈕，Buy Me A Coffee等，但是，我發現他們的提款方式對僅擁有台灣銀行帳號的人不太友善，因而不太推薦大家使用。

如果你想申請綠界科技的實況主收款功能，建議可以這麼做：

STEP01：先到官網申請個人帳號。

STEP02：必須通過「商店的收款審核」。

STEP03：接著，就可以到實況主收款設定頁面，設定形象橫幅、收款方式、最低贊助金額，並且取得贊助收款網址，就能加入到網站中。

STEP04：想要提領款項的話，只要到「帳務管理>帳戶提領」即可。

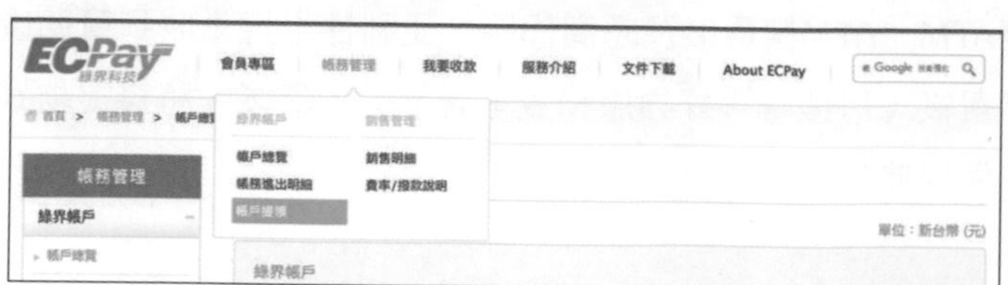

6-2-4 銷售聯盟行銷商品

此為推薦產品或服務，通過成功銷售來賺取佣金。網路上有很多聯盟行銷平台，裡面搜集了需要部落客幫忙銷售的商品，如果你能協助成功銷售，該平台就會提供分潤。

聯盟行銷的運作方式相當簡單，只需要到聯盟行銷的平台上：一、建立新的帳號。二、尋找自己比較有把握可以銷售成功的品牌及商品。三、申請推廣品牌及商品。四、獲得專屬推廣連結（連結中會帶有你的聯盟行銷商ID號碼）。五、撰寫商品相關文章，在文章中附上商品連結。六、商品成功售出後，系統會自動記錄。七、獲得分潤收入。

你可以觀察，其實有很多人都在利用聯盟行銷賺錢，例如，當你在Google搜尋：「好用的耳機推薦」、「好用的除濕機推薦」，搜尋結果中的前幾名，都會用很長的文章來分析十個推薦商品，比較商品之間的差別，最後還會附上商品購買連結，當你透過該連結購買了商品，他們就會獲得分潤了。

各行各業都有聯盟行銷的機會，而聯盟行銷的平台也非常多。在台灣，像是Affiliates.One聯盟網、iChannels 通路王、博客來AP策略聯盟、蝦皮分潤計畫、momo點點賺、KKDay、Agoda聯合行銷方案、讀冊TAAZE行銷分紅夥伴計劃、讀墨Readmoo AP、Yahoo奇摩購物中心大聯盟計劃、Hotels.com等，真的是應有盡有啊！

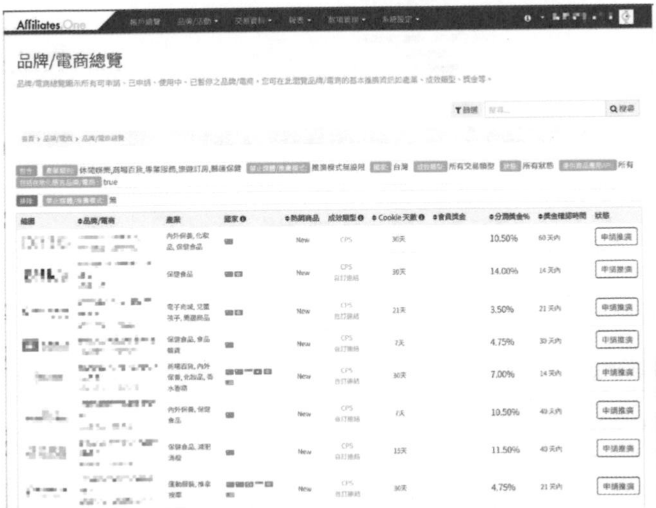

圖6-26：Affiliates.One的品牌與活動列表。

想要做一個成功的聯盟行銷商，最重要的技巧只有一個：選擇銷售和自己的專業與熱忱相關的商品。

建議你持續累積一個自己的專業領域文章，作為網站的主軸，讓人們一想到ＸＸ就想到你！上網搜尋和ＸＸ相關的文章，都是你的專業且排名最前面。當你開始有了品牌公信力，大家就會很自然的追隨你去買ＸＸ，這樣成交的機會就比較高。

6-2-5 其他社群平台收入

像是影音平台收入，如在YouTube上分享內容，賺取廣告、贊助、聯盟行銷收入。又或是Instagram平台上分享業配內容、發限時動態、銷售聯盟行銷商品等。

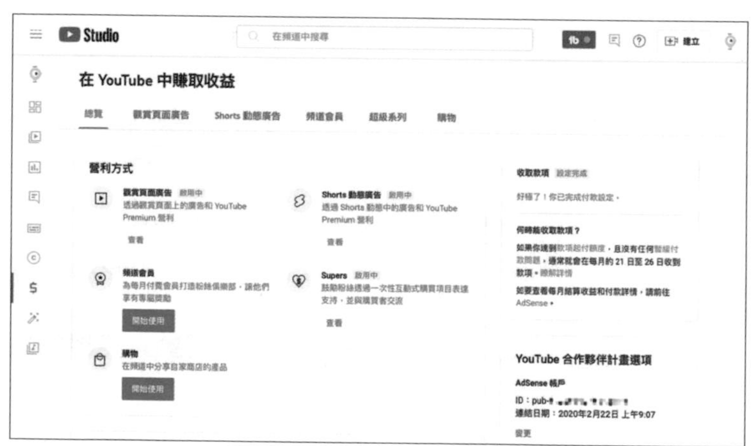

圖6-27：YouTube提供各式營利方式。

6-2-6 銷售自己的專業

網路銷售對架站新手來說難度比較高，可以放在已經經營網站一段時間，等到個人品牌也有了知名度，自己也對WordPresse更加熟悉後，再考慮增加銷售功能，或是請專家協助。

☞**提供諮詢服務**：如果你有專業的能力，只要把資歷寫在網站上，就可以開始提供諮詢服務，待累積到一定的知名度與品牌公信力時，這方面的收入會更好。

☞**提供家教或教練服務**：以專家身分提供一對一指導教學，幫助他人實現目標。

☞**銷售與網站主題相關的商品**：如果你的網站主題是與親子相關，也可以舉辦孩童的商品團購等；又或是，你的網站是與手工藝相關，理所當然就可以販售手工皂、手工布偶等相關商品。

☞**銷售數位商品**：像是電子書、電子報告、設計好的版型及外掛等。

☞**銷售線上課程**：很多老師等級的部落客，在累積了一定的粉絲人數後，就會錄製線上課程，讓知識直接變現，愛莉莎莎就是一個知名範例。

然而，我並不建議新手們建立「線上課程平台」，這是一件吃力不討好的苦差事，涉及很多專業知識，而且所費不貲。建議把課程放在有流量的線上學習平台上，或購買現成的線上課程平台服務，如Teachable，會輕鬆非常多。Teachable也是線上課程平台，但是他不自帶流量，單純提供線上課程的軟體供大家使用，輕

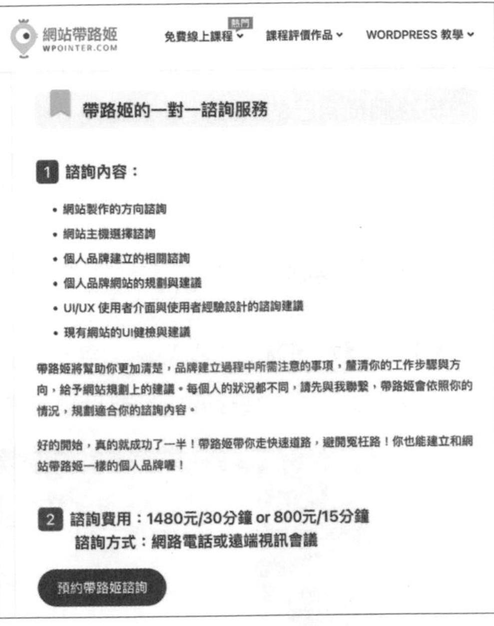

圖6-28：「網站帶路姬」也有提供諮詢服務。

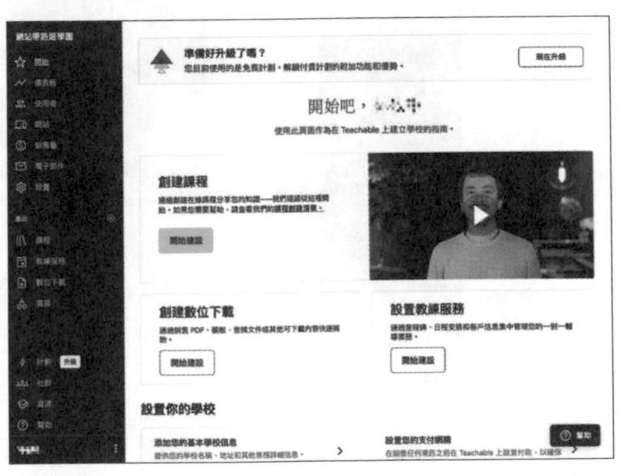

圖6-29：Teachable的網路學校管理控制台（原為英文，此為Google翻譯後示意）。

TIP 詳情請見：

鬆建立課程、銷售課程、行銷課程，所有與課程相關的功能一應俱全，也可以微客製化課程網站的外觀，讓它與自己的網站有一致性，這樣一來，就可以讓粉絲們從自己的官網連過去註冊、購買與上課。

☞**銷售自媒體周邊商品：**設計並銷售自家品牌的產品，例如T恤、帽子等。

6-2-7 累積粉絲的方法

☞**電子報行銷商品：**在網站上蒐集訂閱名單，可以為網站設計出季節性活動，然後發送電子報給訂閱戶，並且銷售你的商品。

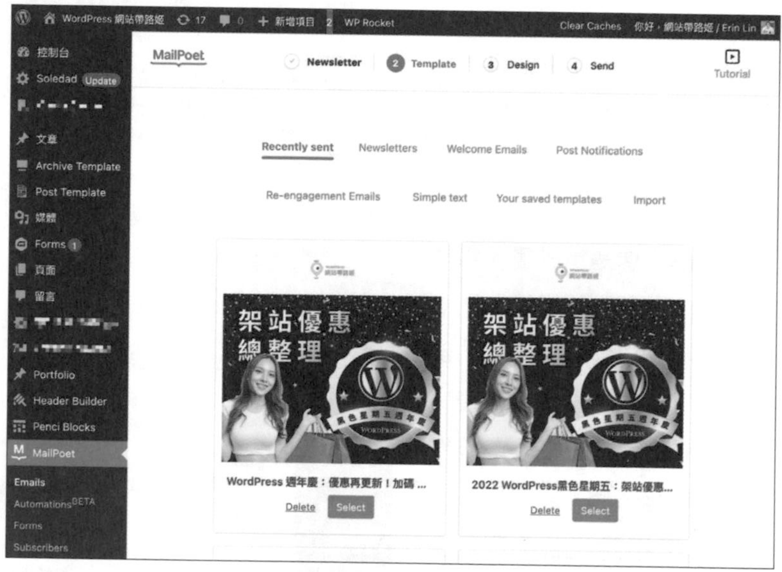

圖6-30：每年11月我會利用MailPoet3外掛發送優惠總整理的電子報給訂閱戶。

● **提供訂閱制內容服務：**可以申請成為PressPlay Academy平台上的創作者，提供自媒體訂閱方案（通常是文章或是影片），讓粉絲訂閱學習，藉此來獲得持續性的收入。

● **建立付費會員社群：**建立一個提供獨家內容和互動的社群，向會員收費來獲得收入，近期較常見的是使用Facebook私人社團、LINE群組。

圖6-31：網站帶路姬舉辦的架站工作坊。

圖6-32：「網站帶路姬」於2021年底所舉辦的「有獎徵站」活動。

6-2-8 舉辦各種活動

☞**舉辦線下課程、工作坊和研討會：**如果你是知識型的部落客，具有別於其他人的專業能力，就可以舉辦這類活動來獲得收入。

☞**舉辦社群活動：**我曾在自己的網站與Facebook社團中舉辦活動，響應的人非常多，雖然沒有收取門票，反而還自掏腰包提供活動獎品，但該活動吸引了更多的新面孔，藉此擴大品牌影響力，或許之後可以思考付費活動。

☞**演講、授課、講師：**當你的品牌開始有點知名度與公信力後，就有機會收到各種講課邀請。我也曾受邀至大專院校講課、到活動當講師等，收入雖然不多，卻是個很好的磨練機會，可拓展人脈、增加品牌知名度。

● **撰寫個人專欄：**除了網站知名度提升、又能寫出自己的獨特角度，也有機會在報紙、雜誌或其他媒體上獲得專欄撰寫機會。

● **出版書籍：**當你的文章內容提供特別的角度，可能就會吸引出版社前來邀約，而出版內容一定要別於在網站就能看的免費內容。

圖6-33：受邀到連鎖加盟大展演講。

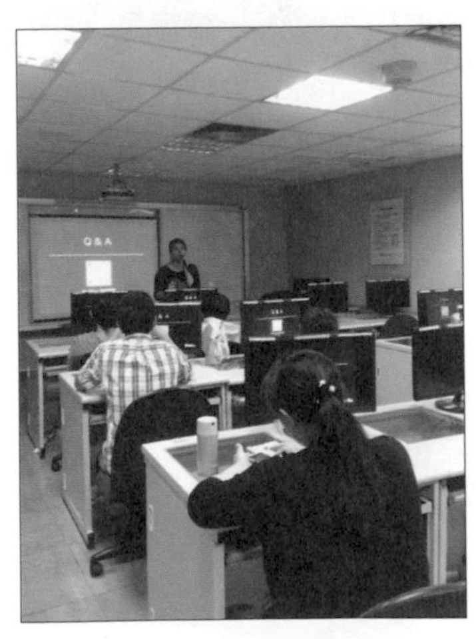

圖6-34：台北市立教育大學授課。

● **品牌合作**：與其他產業的品牌，合作建立新業務，創造雙贏利潤。

● **網路直播**：我曾經與其他品牌合作，一起進行直播銷售，販售線上課程，有為此獲得收入。但這種活動，還是要看個人特質，畢竟要看鏡頭、口條是否流暢清晰，建議可以思考。

6-2-9 累積主被動收入總結

以上是常見的自媒體收入來源，不論你是喜歡與人社交的、喜歡躲在家裡的、喜歡拋頭露面的、不喜歡以真實身分示人的，都有適合自己的賺錢方式。經營自媒體最棒的是，不用再委屈自己去配合不喜歡的工作，而是讓自己喜歡的工作來配合自己的生活步調與人生目標。

然而，這些收入來源中，以我自己的經驗來看，尚未有真正的被動收入，很多老師或YouTuber時常用聳動的標題，像是10種方法讓你月賺多少被動收入等，因而對「被動收入」有著不切實際的幻想，好像只要工作一天，剩下二十天可以躺在沙發上追劇，錢就會滾滾而來。

就線上課程來說，好像以為只要準備一次，在網路上架後就能持續銷售，事實上，會有不斷翻新的其他課程，舊有的課程會越來越賣不動；以Google AdSense收入來說，很多人以為文章累積到了幾百篇，就可以帶來穩定的流量與廣告收入，事實是，一旦停止發文，文章內容會逐漸陳舊，搜尋排名也會衰退，網站流量就越來越少；以聯盟行銷來說，產品評論也會過時，需要花時間不斷更新，才能維持品質與收入。

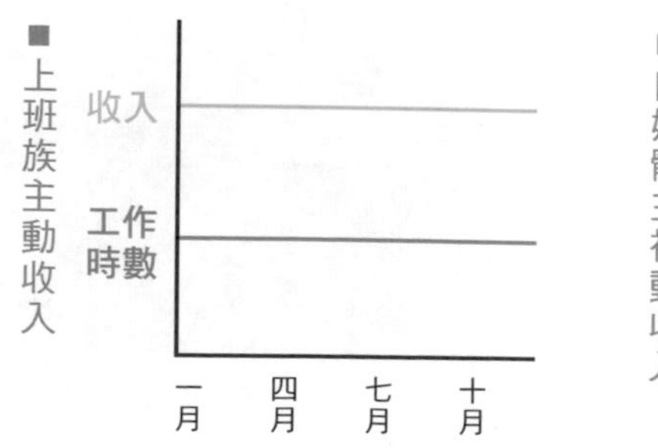

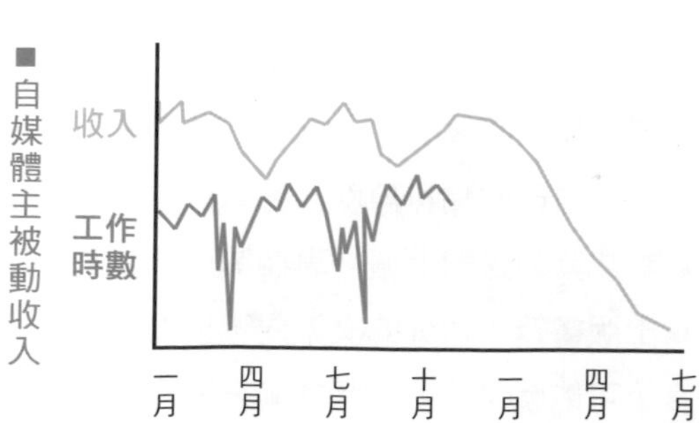

圖6-35：上班族與自媒體的工作時數與收入比較圖。

因此，經營自媒體所帶來的收入，有一部分算是「主→被動收入」，需要主動付出勞力，甚至加班預存一些工作量，才能安排短暫的休息時間，不至於影響被動收入，休息後還必須投入工作以維持收入。

至於收入的高低，端看你選擇哪幾項收入？是否與人合作？是否花錢請人來幫忙？建議可以每年替自己訂定一個簡單的工作計畫，訂好目標收入，評估時間與人力資源，配置最有效率的經營策略，這樣就可以更有條理的一步步朝目標邁進。

本書的最後，給即將開始經營自媒體的你幾點叮嚀，希望能陪伴你度過一開始最無助、最沒有方向的創業期：

☞**請相信自己**：每個人都有自己獨特的價值和觀點，自媒體正是你的最佳舞台，不必擔心自己是否足夠出色，對不確定的事產生懷疑是人的本性，但你必須戰勝這份不必要的懷疑，相信自己可以做到，成功只是早晚的事而已。

☞**請勇於執行**：師父領進門，修行在個人，本書已經分享如何撰寫網站企劃、如何架站、網站維護、持續產出內容、賺取主被動收入，剩下的，就是你何時跨出第一步，並且確實的執行。

☞**不要怕失敗**：在經營自媒體的過程中，將不斷嘗試、挑戰、成長。不論是架站、寫作、設計、拍攝影片、剪輯等，不用害怕失敗，嘗試了才知道是否適合自己。你的事業是顆小小的樹苗，而你所做的嘗試、挑戰與努力，就像是一顆顆的小雨滴，滋養著這顆樹苗，終將會成長茁壯。

☞**與社群多多互動**：不要忘記建立自己的社群，與你的粉絲互動。社群的力量是巨大的，可以為你的自媒體帶來源源不絕的動力。

☞**堅持不懈**：經營自媒體不是100公尺短跑，而是數公里的馬拉松，過程很長，請一定要有耐心，堅持下去，享受路上的風景，回頭你會發現，初創期的日子其實很值得回憶。

☞**有問題，多討論**：如果想找人討論，別忘了可以到網站帶路姬的兩個Facebook社團，這邊會有我，還有眾多老手、新手討論各種問題。在「不懂程式的新手站長 - 網站帶路姬學園」，可專門討論WordPress架站。在「部落格起家的自媒體 - 網站帶路姬學園」，則專門討論自媒體創業。

現在就是最好的時機，請立即行動，開始這段精彩的自媒體之旅吧！

用 WordPress 打造賺錢副業！

跟著帶路姬不用寫程式就能輕鬆架站，成為自媒體經營者

線上讀者回函抽獎活動

感謝各位讀者對於《用 WordPress 打造賺錢副業！》一書的支持，購書憑發票或訂單證明，即可參加抽獎活動，Soledad 佈景主題、Cloudways 主機…等多項豐富好禮等著送給大家！

活動參加方式：

請將《用 WordPress 打造賺錢副業！》購書證明（發票或訂單截圖），與手邊實書一同拍照，前往本活動專屬 google 表單，填寫並上傳相關資訊，即可參加抽獎。

掃描 QRCode 前往本活動專屬 google 表單

參加時間：

即日起至 2023/07/16(日) 晚上 23:59 止

獎項：

- Soledad 佈景主題乙組（市價：約台幣 1,800 元）→ 共 5 名
- Cloudways -(DigitalOcean 2G Premium) 主機乙組一年期（市價：約台幣 10,000 元）→ 共 4 名
- Ranking AI SEO 工具 --- 基礎版（三個月）乙組（市價：台幣 2,664 元）→ 共 5 名

得獎公布時間：

2023/7/21(五) 將於悅知文化 Facebook 粉絲專頁公布得獎名單

感謝 Soledad CLOUDWAYS Ranking 贊助

注意事項：

1. 請完整填寫表單資訊，若同發票號碼重複登錄資訊，將視為一筆抽獎。
2. 悅知文化將個別以郵件或電話聯繫得獎者，google 表單資訊請務必填寫正確資訊。
3. 如聯繫未果，或其他不可抗力之因素，悅知文化得保留活動變更之權利。
4. 獎項贈出後請中獎人自行妥善保管，遺失恕不補發。

Ranking AI SEO 工具
網站帶路姬專屬優惠代碼

● 年訂閱優惠代碼

wpointer_annual

● 月訂閱優惠代碼

wpointer_monthly

❙ 使用說明 ❙

詳細內容請掃描以下 QRCode

❙ 注意事項 ❙

Ranking AI SEO 工具有「基礎」、「進階」、「企業」版本，各有月、年方案，可從中擇一訂閱，使用各別優惠代碼折抵。每個帳號終身限輸入乙次。

線上讀者問卷 TAKE OUR ONLINE READER SURVEY

任何人都能製作自己的部落格，並且對外發聲。
只要規劃得當，並且堅持下去，
每個人都有機會成為下一個知名的自媒體。

——《用WordPress打造賺錢副業！》

請拿出手機掃描以下QRcode或輸入以下網址，即可連結讀者問卷。
關於這本書的任何閱讀心得或建議，歡迎與我們分享 ︶

https://bit.ly/3ioQ55B

用 WordPress 打造賺錢副業！

跟著帶路姬不用寫程式就能輕鬆架站，成為自媒體經營者

作　　者｜網站帶路姬

責任編輯｜鄭世佳 Josephine Cheng
責任行銷｜朱韻淑 Vina Ju
封面裝幀｜讀力設計 independence-design Co.,Ltd
版面構成｜讀力設計 independence-design Co.,Ltd
校　　對｜朱韻淑 Vina Ju

發 行 人｜林隆奮 Frank Lin
社　　長｜蘇國林 Green Su

總 編 輯｜葉怡慧 Carol Yeh
行銷主任｜朱韻淑 Vina Ju
業務處長｜吳宗庭 Tim Wu
業務主任｜蘇倍生 Benson Su
業務專員｜鍾依娟 Irina Chung
業務秘書｜陳曉琪 Angel Chen
莊皓雯 Gia Chuang

發行公司｜悅知文化 精誠資訊股份有限公司
地　　址｜105台北市松山區復興北路99號12樓
專　　線｜(02) 2719-8811
傳　　真｜(02) 2719-7980
悅知網址｜http://www.delightpress.com.tw
客服信箱｜cs@delightpress.com.tw
首版三刷｜2024年7月
建議售價｜新台幣580元

本書若有缺頁、破損或裝訂錯誤，請寄回更換
Printed in Taiwan

ISBN｜978-626-7288-39-9

國家圖書館出版品預行編目資料

用 WordPress 打造賺錢副業：跟著帶路姬不用寫程式就能輕鬆架站，成為自媒體經營者 / 網站帶路姬著 .-- 首版 .-- 臺北市：悅知文化精誠資訊股份有限公司, 2023.06
面；　公分
ISBN 978-626-7288-39-9(平裝)
1.CST: 部落格 2.CST: 網際網路 3.CST: 網頁設計

312.1695　　112006820

建議分類：電腦資訊